158.-

Karl Eichner · Metallkeramik

Karl Eichner

Metallkeramik in der zahnärztlichen Prothetik

Werkstoffe · Indikation · Klinische Verarbeitung

Mit 267 meist farbigen Abbildungen und 9 Tafeln

Carl Hanser Verlag München Wien 1979

Der Autor:
Dr. *Karl Eichner* ist o. Prof. für Zahnärztliche Prothetik an der Freien Universität Berlin

CIP-Kurztitelaufnahme der Deutschen Bibliothek
Eichner, Karl:
Metallkeramik in der zahnärztlichen Prothetik: Werkstoffe, Indikation, klin. Verarbeitung / Karl Eichner. – München : Hanser, 1979.
ISBN 3-446-12596-5

Dieses Werk ist urheberrechtlich geschützt.
Alle Rechte, auch die der Übersetzung, des Nachdrucks und der Vervielfältigung des Buches oder Teilen daraus, vorbehalten.
Kein Teil des Werkes darf ohne schriftliche Genehmigung des Verlages in irgendeiner Form (Fotokopie, Mikrofilm oder ein anderes Verfahren), auch nicht für Zwecke der Unterrichtsgestaltung, reproduziert oder unter Verwendung elektronischer Systeme verarbeitet, vervielfältigt oder verbreitet werden.

Die Wiedergabe von Gebrauchsnamen, Handelsnamen, Warenbezeichnungen usw.
in diesem Buch berechtigt nicht zur Annahme, daß solche Namen im Sinne der Warenzeichen- und Markenschutz-Gesetzgebung als frei zu betrachten wären und daher von jedermann benützt werden dürften.

© 1979 Carl Hanser Verlag München Wien
Druck: Kastner & Callwey, München
Printed in Germany

Meiner Frau gewidmet

Vorwort

Es gibt eine überraschend große Zahl von Veröffentlichungen, die das Gebiet der Metallkeramik betreffen. Seit etwa 15 Jahren kann sie, wie man jetzt weiß, erfolgreich zur Verkleidung von Kronen und Brücken angewendet werden. Sie entspricht dem Wunsch unserer Patienten nach einwandfreiem ästhetischem Aussehen. Sowohl über den Bindungsmechanismus der so unterschiedlichen Werkstoffe Metall-Legierung und gebrannte keramische Masse als auch über mechanische Prüfungen der Bindung ist berichtet worden.

Die Herstellung im Laboratorium ist eingehend von verschiedenen Dentalfirmen beschrieben, jedoch fehlt – wie mir aus verschiedenen Kursen für Zahnärzte deutlich wird – *die Übersicht für den Zahnarzt* mit den klinischen Grundlagen und der selektierten Theorie, deren Kenntnis notwendig ist, um erfolgreich tätig sein zu können.

Mitteilungen über die klinische Anwendbarkeit nach dem Motto »ich habe den Eindruck« genügen auch nicht mehr, besonders nachdem die ursprünglich befürchteten Mißerfolge durch Abplatzen der keramischen Schicht nicht in dem Maße aufgetreten sind wie erwartet. So rücken nun, nachdem ein Überblick über die werkstoffkundlichen Grundlagen besteht (hier ist streng zu differenzieren zwischen Metallkeramik mit Edelmetall-Legierungen und Metallkeramik mit Nichtedelmetall-Legierungen), die klinischen Details in den Vordergrund. Die Frage nach der gegenüber der Einführungsphase erweiterten Indikation muß beantwortet werden, ebenso die Frage nach der Gestaltung des Kronenrandes in Kontakt mit der marginalen Gingiva. Keramik in der Kaufläche wird sehr unterschiedlich beurteilt, besonders, weil derzeit die wissenschaftlichen Vorstellungen über die »richtige Kauflächengestaltung« stark differieren.

Aus den aufgezählten Fragenkomplexen und der genannten Reihenfolge geht hervor, daß einerseits nichts vernachlässigt werden sollte und andererseits auch die Anforderungen der Zahnärzte gestiegen sind und sich ausweiten. Daher ist dieses Buch so geschrieben, daß zunächst von den grundlegenden Möglichkeiten ausgegangen wird. Dann folgt die Darstellung der Indikation, wie sie sich nun für die verschiedenen Metall-Legierungen ergibt, und zum Schluß finden sich – vor der Zusammenstellung des deutsch- und fremdsprachigen Schrifttums – einige Behandlungsbeispiele mit den berühmten kleinen Kniffen, die den klinischen Erfolg ausmachen. Jedem, der die Methode anwenden möchte oder auch bereits angewendet hat, sei die Durchsicht des Buches »Schritt für Schritt« dringend empfohlen, weil sich Mißerfolge in der Metallkeramik besonders gravierend auswirken. Man bedenke, daß auch der Radfahrer nicht unmittelbar in den Rennwagen umsteigen kann, um sich fortzubewegen.

Seit dem Jahre 1963 hat mir eine große Zahl interessierter Mitarbeiter geholfen, das Gebiet der Metallkeramik in der hier dargestellten Form zu erarbeiten und wissenschaftlich abzusichern. Auch erfuhren die Untersuchungen in der Bundesanstalt für Materialprüfung, Berlin-Dahlem, stete Förderung. Ungezählte Gespräche mit Fachleuten aus der Dentalindustrie haben manche Information ergeben und manche Untersuchung initiiert. Hinzu kamen Diskussionsbemerkungen nach Vorträgen und Kursen, die sich oft als hilfreich erwiesen. Diesen Bekannten und Unbekannten sei an dieser Stelle vielmals gedankt. Dem großen Interesse und der zuverlässigen Mitarbeit des Fotografen und Grafikers, Herrn *Hellmuth Nothhelfer,* über fast zehn Jahre, verdanke ich eine ausgezeichnete Bildersammlung, die hier in den Abbildungen und technischen Zeichnungen ihren Niederschlag fand. Die Zeichnungen von klinischen Situationen verdanke ich wiederum meiner Frau, Dr. med. dent. *Sibylle Eichner.*

So kann man jetzt wohl sagen, daß die prothetische Versorgung mit metallkeramisch verkleidetem Zahnersatz – die Metallkeramik – sich mir nun abgerundet, wenn auch nicht abgeschlossen, darstellt.

Berlin, 10. August 1978

Karl Eichner

Inhaltsübersicht

	Vorwort	7
1.	Einführung	11
2.	*Bedingungen an die Metallkeramik*	17
2.1.	Vor- und Nachteile der Edelmetall-Keramik	20
2.2.	Vor- und Nachteile der Keramik mit Nichtedelmetall-Legierungen	23
3.	*Werkstoffkundliche Grundlagen*	27
3.1.	Edelmetall-Legierungen	27
3.2.	Spargold-Legierungen	28
3.3.	Nichtedelmetall-Legierungen	28
3.4.	Keramische Massen	29
4.	*Werkstoffkundliche Untersuchungen*	31
4.1.	Über die Bindung von Keramik und Metall-Legierung	31
4.2.	Untersuchungen zur Aufklärung über die Bindung	36
4.2.1.	Mikromorphologie	36
4.2.2.	Elektronenstrahlmikroanalyse	48
4.2.3.	Elementverteilungsbilder	50
4.3.	Mechanische Untersuchungen zur Prüfung der Festigkeit der Bindung	54
5.	*Grundsätzliche Regeln für die Anwendung von MK-Zahnersatz*	65
6.	*Grundlagen der klinischen Behandlung*	67
6.1.	Präparationshinweise	67
6.2.	Abformung und Modelle	72
6.2.1.	Vorbehandlung	73
6.2.2.	Abformung	74
6.2.3.	Modellherstellung	77
6.3.	Gestaltung von MK-Kronen	80
6.3.1.	Die marginale Gingiva im Verhältnis zur Präparationsgrenze und zum Kronenrand	82
6.3.2.	Stabilität der MK-Kronen	85
6.3.3.	Ausführungsform der MK-Kronen	88
6.4.	Die Anfertigung von MK-Brücken	90
6.5.	Betrachtungen zum ästhetischen Effekt	97
6.6.	Zementieren und Feineinschleifen	99
7.	*Indikation und Kontraindikation vom MK-Zahnersatz*	104
8.	*Fehler beim MK-Zahnersatz*	107
8.1.	Fehler, die der Zahnarzt verursacht	109
8.2.	Fehler, die im Laboratorium verursacht werden	111
9.	*Fragen aus Kursen und nach Vorträgen und deren Beantwortung*	115
10.	*Darstellung von sieben Behandlungsabläufen*	123
11.	*Schrifttumsverzeichnis*	201
11.1.	Deutschsprachiges Schrifttum	201
11.2.	Fremdsprachiges Schrifttum	203
12.	Sachverzeichnis	207

1. Einführung

Der verständliche Wunsch unserer Patienten, so behandelt zu werden, daß im sichtbaren Zahnbereich kein »Gold« zu sehen ist, hat immer wieder Impulse zu Bemühungen gegeben, zahnfarbene Füllungswerkstoffe zu schaffen und zu verbessern, die einzelne Krone zahnfarben zu verkleiden und entsprechende Brücken eingliedern zu können. Bereits in der Richmond-Krone für den devitalen Zahn ist eine keramische Facette eingearbeitet worden. Die sogenannten Halb- und Dreiviertelkronen, von *Rank* inauguriert, verfolgen das Ziel, Zähne im Frontzahnbereich als Brückenpfeiler heranziehen zu können, ohne diese aus ästhetischen Gründen devitalisieren zu müssen.

Die Entwicklung und Verbreitung keramischer Jacketkronen schritt besonders in den zwanziger und dreißiger Jahren dieses Jahrhunderts, mit vielen wohlbekannten Namen verbunden *(Brill, Fehr, Schröder, Kirsten, Ilg* u. a.), stürmisch voran. Es fehlte nicht an Versuchen, Metallgerüste aus Platin-Iridium herzustellen und keramisch zu umbrennen *(Hovestad, Hiltebrandt, Fehr)*, jedoch war es wohl nur unter genauester Einhaltung der Indikation möglich, klinische Erfolge zu erzielen.

So kam allen Zahnärzten die Entwicklung des zahnfarbenen Kunststoffes zur Verkleidung von Metallgerüsten und zur Herstellung sogenannter Einstoff-Kronen und -Brücken mit der zahnärztlichen Nutzbarmachung der PMM-Kunststoffe in der Zahnheilkunde, durch *W. Bauer* Mitte der dreißiger Jahre (1935) patentiert, aber erst nach dem 2. Weltkrieg weiter ausgearbeitet, sehr gelegen. Vielen schien die Aufgabe der zahnfarbenen Verkleidung von Kronen und Brücken gelöst. Es gab jedoch auch Unzufriedene, denen die Farbveränderungen der zahnfarbenen Kunststoffe im feuchten Mundmilieu, die Abrasion des Kunststoffes sowohl an der labialen Facette als auch besonders im Kauflächenkomplex innerhalb einer mehrjährigen Gebrauchsperiode im fest einzementierten Kronen- und Brückenzahnersatz mißfiel. Hinzu kamen ungünstiges Verhalten der Kunststoffe gegenüber der dauernd bedeckten Gingiva, die Mundhygiene erschwerende Plaqueretention und – bei manchen Patienten – ein charakteristischer Foetor ex ore. Leichte Verarbeitung im Laboratorium, einfache Korrekturmöglichkeit im Munde und der bemerkenswerte ästhetische Anfangserfolg von zahnfarbenen Kunststoffen sind sicher Gründe für das Festhalten am Kunststoff und Bemühungen um seine Verbesserung für den Daueraufenthalt im Munde zur Verkleinerung von Kronen und Brücken.

Dennoch scheint mir die Einführung metallkeramischer Systeme in die Zahnheilkunde ein wesentlicher, als erfolgreich zu bezeichnender Fortschritt der prothetischen Versorgung mit Kronen und Brückenzahnersatz zu sein. Der Ruf keramischer Methoden konnte sich seither schnell verbreiten und festigen, die Keramik als Ganzes hat in der Zwischenzeit eine Renaissance erfahren.

Unter Metallkeramik versteht man die Technik, gegossene Metallgerüste durch Aufbrennen keramischer Massen zahnähnlich zu verkleiden. Mit der Einführung metallkeramischer Systeme ist es möglich, die besonderen Vorzüge der Werkstoffe Metall und gebrannte keramische Masse in einem Werkstück für die Anwendung im Munde nutzbar zu machen.

Silver, Klein und *Howard* sowie *Brecker* publizierten im Jahre 1956 erste Veröffentlichungen über metallkeramische Verfahren, bei denen der Slogan »Porcelain baked to gold« charakteristisch ist. Diese Autoren hatten aber wahrscheinlich Vorläufer. So berichtet z. B. *Denés von Mathé* bereits 1933 in der Deutschen zahnärztlichen Wochenschrift »Über die Hejcman'sche Emailkrone«, von der dieser in Budapest damals bereits mehrere hundert eingegliedert haben soll. Leider enthält die Veröffentlichung keine Rezepte der Metall-Legierung oder der keramischen Massen, auch keine genauen Angaben über die klinische Bewertung und Dauerhaftigkeit.

In Deutschland bieten seit 1963 bzw. 1965 die Firmengruppen Vita/Degussa und De Trey/Heraeus keramische Massen und Edelmetall-Legierungen an, die die Metallkeramik ins Leben gerufen und klinisch anwendbar gemacht haben. Es handelt sich um die Vita-VMK-Degudent-Technik und die Biodent-Herador-Gold-Keramik. Vorläufer dieser metallkeramischen Systeme hat es gegeben, die unter den Namen Prisma und Permadent im Handel waren, jedoch haben sich diese aus verschiedenen Gründen nicht durchsetzen können. So waren beispielsweise die Metall-Legierungen zu weich oder die aufgebrannte keramische Verkleidung erwies sich in der Farbwiedergabe als nicht genügend zahnähnlich und zuverlässig. Es fehlten vor allem Angaben zur klinischen Indikation, die sich jeder Zahnarzt durch eigene Anwendung und Mißerfolge erwerben mußte.

Vielleicht ist es auch richtig, an dieser Stelle zu erwähnen, daß Ende der fünfziger und Anfang der sechziger Jahre die klinisch ungünstigen Ergebnisse der kunststoffverkleideten Kronen und Brücken in ästhetischer Hinsicht noch nicht so evident waren. Daher bestand der Wunsch nach dauerhafterer Verkleidung, als zu dieser Zeit mit zahnfarbenem Kunststoff möglich, noch nicht.

So konnten die beiden genannten Firmengruppen ihre metallkeramischen Systeme auch behutsam einführen. Die anfängliche strenge Beschränkung der klinischen Indikation auf einzelne Kronen und kleine Brücken erbrachte Zeit für die Einarbeitung. Es konnten Erfahrungen gesammelt und Mißerfolge durch zu forsches Vorgehen vermieden werden. Außerdem dürfte die Abhaltung von Einführungslehrgängen für Zahnärzte und Zahntechniker wesentlich dazu beigetragen haben, daß sich die Metallkeramik mehr und mehr verbreitete, ohne mit klinischen Mißerfolgen belastet zu werden.

Auch waren wissenschaftliche Untersuchungen mit werkstoffkundlichen Ergebnissen vorgelegt worden, die dem keramisch Tätigen und dem Anfänger die Hinwendung zur Metallkeramik mit Edelmetallen erleichtern konnten.

Im folgenden kamen dann seit etwa zehn Jahren Nichtedelmetall-Legierungen sowie Spargold-Legierungen für das Aufbrennen keramischer Massen auf den Dentalmarkt. Beide Gruppen mußten theoretisch besser als Edelmetall-Legierungen geeignet sein, da sie von vornherein die für die Bindung notwendigen oxidierenden Nichtedelmetalle enthalten.

Der Begriff »Metallkeramik« muß heute, fünfzehn Jahre nach der Einführung von Edelmetall-Legierungen zum Aufbrennen

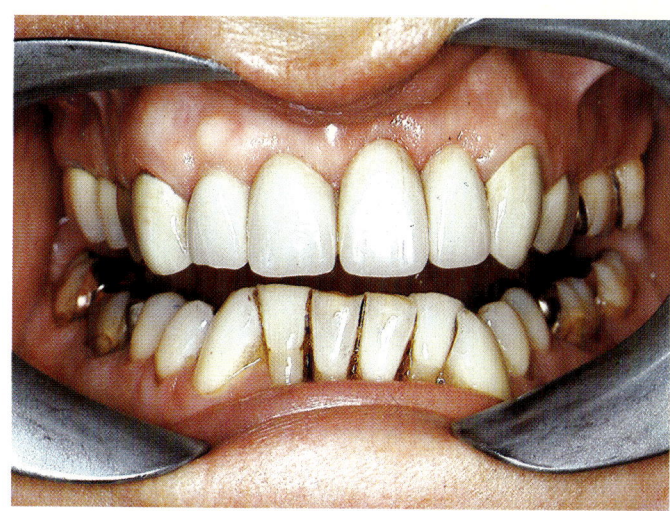

Abb. 1 Frontzahnbrücke von 13 nach 23, 24 zum Ersatz der vier Schneidezähne, in metallkeramischem Verfahren hergestellt, vier Jahre nach Eingliederung. Die Patientin betreibt eine intensive Mundpflege, die wohl dazu geführt hat, daß unterhalb des Kronenrandes bei 13 nun der Zahnhals etwas freiliegt

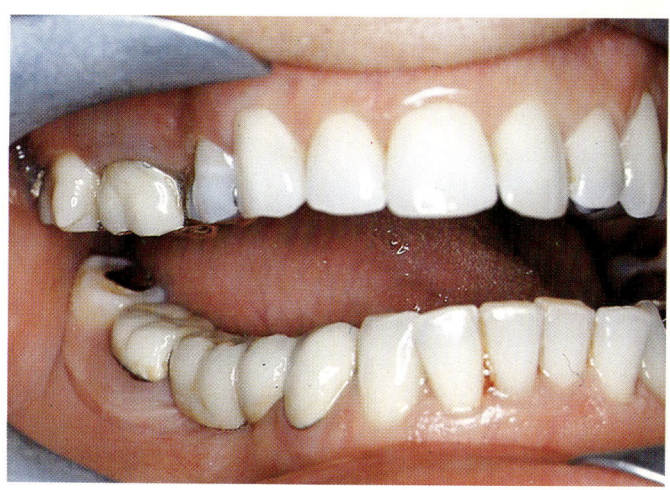

Abb. 2 Metallkeramische Brücke im Seitenzahnbereich von 44 nach 47 zum Ersatz von 45 und 46, 15 Monate nach der Eingliederung bei einer ca. 50jährigen Patientin, die auf gute Mundpflege bedacht ist und deren Gebiß als parodontal resistent zu bezeichnen ist. Der nicht mit keramischer Masse bedeckte Kronenrand bei 47 liegt nun etwas frei

keramischer Massen als Oberbegriff angesehen werden. Der internationale Dentalhandel bietet zur Zeit, nach Angaben von *Schmitz,* immerhin etwa 60 Legierungen an, die für Metallkeramik geeignet sein sollen. Es handelt sich um

22 Edelmetall(EM)-Legierungen

18 Spargold-Legierungen und

19 Nichtedelmetall(NEM)-Legierungen;

von diesen werden insgesamt 22 in Deutschland hergestellt.

Aus diesen Zahlen kann man einerseits auf das große Interesse an metallkeramischen Methoden schließen, andererseits auch auf die Unmöglichkeit, einen wissenschaftlich gesicherten Überblick geben zu können. Aufgrund der nunmehr über zwölf Jahre lang betriebenen mikromorphologischen Untersuchungen mit verschiedenen Mikroskopen können Beobachtungen bestätigt werden, die auf die Bindung der aufgebrannten keramischen Masse auf Metallgerüste schließen lassen. Hinzu kommen eigene praktische Erfahrungen als Zahnarzt und der Überblick, den eine Zahnklinik mit einer großen Zahl experimentierfreudiger wissenschaftlicher Mitarbeiter gestattet.

Es muß jedoch ausdrücklich betont werden, daß aus *einer* Untersuchungsreihe nicht generell auf *alle* metallkeramischen Systeme geschlossen werden kann. Was für Metallkeramik mit Gerüsten aus Edelmetall-Legierungen durch Untersuchungen bewiesen und klinisch sowie labortechnisch erprobt ist, gilt *nicht* für Metallkeramik mit Nichtedelmetall-Legierungen oder Metallkeramik mit Spargold-Legierung. Niemand möge diese Schlüsse aus den bisherigen Veröffentlichungen und der hier vorliegenden Mitteilung ziehen. Leichtfertigkeit ist fehl am Platze, auch wenn von der *Edelmetallkeramik* zur Zeit gesagt werden kann, daß

- ihre klinische Indikation heute bekannt, gegenüber der Einführungsphase spezifiziert, erweitert und erprobt ist,
- labortechnische Anfangsschwierigkeiten, die jede neue Methode mit sich bringt, ausgeräumt sind und
- die wissenschaftlichen Untersuchungen keine ernste Veranlassung zu Warnungen geben.

Der klinische Erfolg hängt, wie stets in der Zahnheilkunde, davon ab, daß eine materialgerechte Verarbeitung der Werkstoffe vorgenommen und daß klinisch exakt, methodengerecht und subtil gearbeitet wird. Die wohlabgestimmte Zusammenarbeit von Zahnarzt und Zahntechniker ist – wie auf allen Gebieten dieses Zusammenwirkens – von ausschlaggebender Bedeutung.

Die Abbildungen 1 und 2 zeigen Brückenzahnersatz einige Zeit (Monate bis Jahre) nach der Eingliederung. Beiden Patienten kann größte Sorgfalt bei der Mundpflege bescheinigt werden. Im Grunde kann man sagen, daß nur bei sehr kritischer Einstellung des Betrachters und bei Vergrößerung der Aufnahme an den klinischen Situationen Vorbehalte gemacht werden können (siehe Bildunterschriften).

Fehler wirken sich bei der Metallkeramik besonders einschneidend und gravierend aus; sie treffen sowohl den Zahnarzt als auch den Zahntechniker, jedoch trägt der Zahnarzt dem Patienten u.a. gegenüber die Verantwortung. Sein Renommée ist bei Mißerfolgen besonders stark belastet.

Bei Anwendung der »Metallkeramik«, es sei dahingestellt mit welchen Metall-Legierungen und welchen keramischen Massen, besteht die Befürchtung, daß die aufgebrannte keramische Schicht vom Metallgerüst abplatzt oder Sprünge zeigt. Zahnärzten, die bereits in den dreißiger Jahren die Metallkeramik auf Platin-Iridiumgerüsten miterlebt haben, dürften diese Befürchtungen wegen der seinerzeitigen Kurzlebigkeit der Zahnersatzarbeiten verständlich sein. Daher ist es nicht angebracht, wenn heute Leichtgläubigkeit das Einfließen »billiger Legierungen« ermöglicht, ohne daß überzeugende wissenschaftliche und klinische Ergebnisse vorgelegt werden. Der Zahntechniker darf nicht entscheiden, was der Zahnarzt letztendlich verantworten muß!

Es kommt hinzu, daß namhafte Fachleute des keramischen und des Metall-Sektors immer wieder die Meinung vertreten, Mißerfolge in der Metallkeramik – gleich welchen Legierungs- und Keramiktyps – seien *personenbezogen!*

Bei der Niederschrift dieser Zeilen kann der Verfasser die allseitigen, beschwörenden Mahnungen der Dentalindustrie nicht überhören; der Sinn dieses Buches ist die Mitteilung über das zweckmäßige Vorgehen, vorzugsweise für den Zahnarzt, aber auch für den Zahntechniker, aufgrund eigener wissenschaftlicher Untersuchungen und klinischer Erfahrungen.

> Erfolge + Mißerfolge = Erfahrung

In bezug auf einige neue Legierungen sind mangelnde zahnärztliche Information und mangelnde Beratung sowie ungenügende klinische Erprobung zu beklagen. Neu entwickelte Werkstoffe werden in den klinischen Großversuch und in die zahnärztliche Praxis übergeben. Könnte es sonst 60 oder mehr Metall-Legierungen für die Metallkeramik geben?

Wenn einige Edelmetall-Legierungen als ausgereift zu bezeichnen sind, wie bereits dargestellt, kann bei den Nichtedelmetall-Legierungen von Fortschritten der Erkenntnisse über ihre sinnvolle und werkstoffbezogene Verarbeitung sowie Verbesserungen berichtet werden. Diese Werkstoffgruppe hätte sich sicherlich nicht seit dem Jahr 1968 auf dem Dentalmarkt und verarbeitet von zahntechnischen Laboratorien gehalten, wenn nicht Zahnärzte mit dem entsprechenden Zahnersatz zufrieden und Laboratorien mit ihm ausgekommen wären. Das ist durch wissenschaftliche Ergebnisse und klinische Untersuchungen zu bestätigen. Offensichtlich kommen Mißerfolge aber »punktuell« vor. So lernte der Verfasser einige Zahnärzte kennen, die mit demselben zahntechnischen Labor zusammenarbeiteten und eine Reihe von Zahnersatzarbeiten mit NEM-Gerüsten wegen Frakturen der keramischen Schicht, zum Teil mit sogenannten Spätsprüngen, nach dem Zementieren aus dem Munde wieder entfernen mußten. Auch von anderen wurden Klagen über die schwierige Verarbeitung und über klinische Mißerfolge laut.

Es sind keine werkstoffkundlich nachweisbaren Gründe für das Mißlingen dieser Arbeiten bekannt. Später darzustellende mikromorphologische Aufnahmen im Rasterelektronenmikroskop bei Vergrößerungen bis zu 2000fach zeigen keine Spalten zwischen Nichtedelmetall-Gerüst und aufgebrannter keramischer Masse, die auf mangelhafte oder fehlende Bindung schließen ließen. Bei mechanischen Untersuchungen, z.B. Bruchtest bei Kronen oder Abscherung der keramischen Masse von Versuchskörpern *(Schmitz)*, liegen die Haftwerte zwar in der Regel etwa 25 Prozent unter denen von Edelmetall-Keramik, jedoch weit über den in der Mundhöhle zu erwartenden Kräften.

Über Spargold-Legierungen ist sowohl werkstoffkundlich als klinisch noch weniger bekannt als über Nichtedelmetall-Legierung. Lediglich in einer Tabelle von *Herrmann* sind Werte für die Haftfähigkeit keramischer Massen auf den Spargold-Legierungen Degucast U und Herabond zu finden. Systematische klinische Untersuchungen und Nachuntersuchungen von Spargold-Legierungen sind nicht durchgeführt worden, obwohl ihre Zahl, wie einleitend erwähnt, beachtlich groß ist.

Aufgrund des klinischen Überblicks muß angenommen werden, daß die Metallkeramik mit Spargold- und Nichtedelmetall-Legierungen einerseits funktioniert, weil die behandelnden Zahnärzte auch bei ihrer Anwendung die für metallkeramische Arbeiten geltenden klinischen Grundregeln einhalten, und weil andererseits die verwendeten aufgebrannten keramischen Massen einen hohen Gütegrad erreicht haben.

Diese bisher sehr werkstoffkundlich gedachten Aussagen müssen noch einige klinische Ergänzungen erfahren. Wegen der bestehenden Behandlungserfolge gegenüber den kunststoffverkleideten Kronen und Brücken haben sich verschiedene Zahnärzte, die auch als Autoren von Veröffentlichungen tätig sind, an mehr oder weniger großen metallkeramisch verkleideten Zahnersatz herangewagt, ohne klinische Berichte abzuwarten. So kann man lesen, daß aus der Sicht des Parodontologen »im allgemeinen bei Metallkeramik marginale Reizungen häufiger vorkommen als bei konventionellen Brückenarbeiten« *(Mühlemann, Rateitschak, Renggli* 1975). Diese Feststellung beruht offensichtlich auf dem berühmten »klinischen Eindruck«, nicht auf einer klinischen Untersuchung. Medizinstatistische Untersuchungen von *Haag* und *Stöhr* (1978) beweisen das Gegenteil und sprechen positiv für Keramik und Metallkeramik. Zur Entschuldigung der Fehlbeurteilung der genannten drei Autoren können die fortschreitende Entwicklung, verbunden mit neuen klinischen Erkenntnissen über die geeignete Methode und die zweckmäßige Kronenrandgestaltung gelten. — Man kann heute auch nicht mehr *Heners* folgen, der die Indikation der Metallkeramik auf diejenigen Patienten einschränken will, »bei denen der ästhetische Anspruch in Einklang mit guter Mundhygiene steht« und der Zahnarzt in der Lage ist, äußerst exakte Arbeit zu leisten. Wenn ein Patient in der Lage ist, gute Mundpflege zu betreiben, können selbst bei zahnärztlich-wissenschaftlich zu beanstandenden Zahnersatzarbeiten selten »Befunde« erhoben werden!

Die Ergebnisse von *Haag* und *Stöhr* sind an Klinik-Patienten erhoben. Sie unterlagen alle bei Herstellung und Eingliederung der Zahnersatzarbeiten der ständigen klinischen Kontrolle und derjenigen Anleitung zur Zahn- und Mundpflege, die die Studierenden an ihre Patienten weitergeben, nicht mehr und nicht weniger. Es handelt sich um das, was man als Hochschullehrer bemüht ist, zukünftigen Zahnärzten mit auf den jahrzehntelangen Weg späterer Tätigkeit mitzugeben. — Die Plaqueretention ist an der glasierten, keramischen Oberfläche geringer als am Kunststoff, somit auch die entzündliche Irritation der marginalen Gingiva. Allerdings muß der Gestaltung des Kronenrandes und der Räume für die der Zahnlücke zugewandten Papillen besondere Aufmerksamkeit entgegengebracht werden.

2. Bedingungen an die Metallkeramik

Die zusammengestellten acht Punkte (Abb. 3) sind im Laufe von zehn Jahren erarbeitet und erweitert worden. Sie sollen zeigen, wie komplex die »Metallkeramik« überhaupt ist. Der Zahnarzt übersieht gern die werkstofflichen Voraussetzungen, der Wissenschaftler die klinischen Notwendigkeiten und der Zahntechniker vergißt gelegentlich die Verantwortung, die ihm bei der Herstellung im Laboratorium, fern vom Patienten und fern vom Versuchsstand, erwächst.

Folgende Werkstoffe wurden im Laufe der Zeit in Untersuchungen einbezogen:

Edelmetall-Legierungen

Degudent,
Herador sowie dazugehörende Deck- bzw. Blendgolde,
Degudent U,
Degudent G (z.T. Degudent H),
Herador H.

Nichtedelmetall-Legierungen

Wiron S,
Ultratec,
Microbond NP 2.

Spargold-Legierungen

Herabond,
Degucast U.

Keramische Massen

Biodent-Universal-Masse,
Vita 68-Masse,
Paint-on-Grundmasse.

Von seiten der Hersteller werden für keramische Massen universelle Anwendungsmöglichkeiten angegeben. Inwieweit die genannten Bedingungen erfüllt werden, sei kurz skizziert.

1. Die *ausreichende Härte und Festigkeit der Metalle* ist gegeben. Sie entsprechen den Edelmetall-Legierungen, die für Kronen und Brückenzahnersatz verwendet werden. Möglicherweise sollte für Degudent G, eine goldfarbene Aufbrennlegierung, die Spannweite von Brücken nicht zu groß gewählt werden, wenn der Brückenkörper aus Metall nicht massiv gestaltet werden kann.

2. Die *Haftung der keramischen Massen* auf Edelmetallgerüsten, Gerüsten aus Nichtedelmetallen und Spargold-Legierungen ist gegeben, wie später noch detailliert dargestellt werden wird. Vorausset-

---

1. Ausreichende Härte und Festigkeit des Metalls
2. Haftung der keramischen Massen
3. Abgestimmte physikalische Eigenschaften beider Werkstoffe
   - Thermisches Ausdehnungsverhalten
   - Schmelzintervalle
   - Benetzbarkeit
4. Ästhetisch befriedigende Ergebnisse
5. Mundbeständigkeit
6. Indifferentes Verhalten gegenüber der bedeckten Gingiva
7. Geringe Temperaturleitfähigkeit
8. Gute Zusammenarbeit zwischen Zahnarzt und Techniker

Abb. 3 Bedingungen an die Metallkeramik

zung ist allerdings, daß sie für Metallkeramik entwickelt worden sind.

3. Von den *physikalischen Eigenschaften* der im Grunde sehr unterschiedlichen Werkstoffe »keramische Massen« und »Metall-Legierung« muß durch entsprechende Beimengungen eine Abstimmung folgender Faktoren erreicht werden:

a) *Thermisches Ausdehnungsverhalten.* Beim keramischen Brennvorgang erfahren beide Werkstoffe eine mehrfache Erwärmung auf ca. 950 °C und eine mehrfache Abkühlung. Die sichere Temperaturführung des Brennofens und die genaue Steuerung des Vakuums sind von Bedeutung. Bei nicht abgestimmtem Dimensionsverhalten und unterschiedlicher Ausdehnung bzw. Kontraktion von ca. 600 °C an käme es zu Sprüngen in der keramischen Masse, zu Spannungsausbildung zwischen beiden Werkstoffen oder Abplatzen der deckenden keramischen Schicht. – Auf die Bedeutung langsamen Abkühlens wird besonders hingewiesen. Die Edelmetall-Legierungen erfahren in dieser Phase ihre Vergütung bzw. Aushärtung. Für die Metallkeramik mit NEM-Legierungen ist diese Phase für das spannungsfreie Sintern (Aufsintern) auf das NEM-Gerüst besonders wichtig.

b) *Schmelzintervalle* der Metall-Legierungen sollten deutlich über dem Sinterungspunkt der keramischen Masse liegen. Es werden heute ausschließlich »niedrig schmelzende keramische Massen« benutzt, die bei höchstens 980 °C zu brennen sind. Für die genannten Edelmetalle werden die Schmelzintervalle, wie folgt, angegeben:

Degudent U   1260 bis 1150 °C
Degudent G   1140 bis 1045 °C
Degudent H   1210 bis 1100 °C
Herador H   1200 bis 1150 °C

Bei den Spargold-Legierungen, die ebenfalls ohne besonderen Aufwand geschmolzen werden können, sind folgende Schmelzintervalle angegeben:

Herabond   1230 bis 1190 °C
Degucast U   1250 bis 1150 °C

Die Nichtedelmetall-Legierungen sind nur mit Acetylen-Sauerstoff-Gebläse oder in Hochfrequenz-Schleudern einzuschmelzen und zu gießen. Die Temperaturen liegen für

Wiron S   bei 1380 °C (neuerdings wird 1340 bis 1150 °C angegeben)
Ultratec   bei 1370 °C
Microbond NP 2 bei ca. 1600 °C

Somit kommt eigentlich nur die Soliduslinie von Degudent G mit 1045 °C in relative Nähe der Brenntemperatur. Diese Legierung erfordert daher sehr exakte Wärmeführung während des Brennens. 150 °C wäre der wünschenswerte Richtwert der Soliduslinie von der Brenntemperatur.

c) *Benetzbarkeit* der Metall-Legierung durch die flüssige keramische Masse während des Brennvorganges muß gegeben sein, aber auch bereits während des Auftragens der Grundmasse auf das Metallgerüst sowie der die Grundmasse deckenden anderen keramischen Massen.

Zusätze in der keramischen Masse beeinflussen das Fließen. So ist z. B. die Grundmasse Paint-on entwickelt worden, um die Benetzbarkeit zu verbessern.

4. *Ästhetisch befriedigende Ergebnisse* im Munde des Patienten können erreicht werden, sofern es dem Zahntechniker gelingt, die gewünschte Farbe zuverlässig zu

treffen. Die früheren Biodent-Massen waren in der Schneidekante sehr schön transparent, deckten jedoch nicht immer die Gegend des zervikalen Kronenrandes genügend ab.

Das taten die ursprünglichen Vita-Massen, sie sahen aber in der Schneidekanten-Gegend zu opak aus und ließen auch bei ultraviolettem Licht einen guten ästhetischen Effekt vermissen. Für Lichtdurchlässigkeit und Lichtreflexion ist mit den neuen keramischen Massen Vita 68, Paint-on, Biodent-Universal-Masse einiges verbessert worden.

Die Grundmassen (Opak-Massen) lassen sich besser auf das Metallgerüst auftragen und decken es vollständiger mit einer etwas dünneren Schicht ab.

Allerdings muß auch bewertet werden, daß sichtbaren metallkeramischen Kronen eine genügende Zahnhartsubstanzschicht, 1 bis 1,4 mm, geopfert werden muß, damit die Verbundwerkstoffe untergebracht werden können und den gewünschten ästhetischen Erfolg gewährleisten.

5. Die *Mundbeständigkeit* der metallkeramischen Systeme mit Edelmetallgerüsten im Vergleich zu Kunststoffverkleidungen gegenüber Nahrungsmitteln, besonders den stark färbenden oder lösenden, scheint gegeben. Gewisse Zweifel bestehen bei allen Legierungen und bei einigen Patienten. Nachdunkeln der frei liegenden Metallanteile kann gelegentlich beobachtet werden.

6. Das *Verhalten der gebrannten keramischen Masse gegenüber der dauernd bedeckten Schleimhaut* kann optimal gestaltet werden, wenn am Modell nicht radiert wurde und Druck auf Papille und Gingiva vermieden wird. Klinische Nachuntersuchungen von *E. Meyer* haben ergeben, daß entzündliche Veränderungen der Gingiva zum größten Teil von der dauernd gequetschten Papille, also vom Übergang des Brückenkörpers in den Brückenanker, ausgehen. Gerade dieser Abschnitt ist häufig dem Modell (z.B. bei Sägeschnittmodellen) nicht zu entnehmen. Auch fällt der Kronenrand nicht selten zu dick aus. Metall und keramische Masse spannen dann den Zahnfleischrand, der sich wegen dieser unphysiologischen Beanspruchung schnell zurückzieht. Der Kronenrand muß durch Stufen- oder mindestens Hohlkehlpräparation in die natürliche Zahnkrone hineingelegt werden, wenn das mögliche, günstige Verhalten metallkeramischer Kronen erreicht werden soll.

7. Während Metalle hohe Temperaturleitfähigkeit besitzen, die wegen der möglichen Pulpairritation unerwünscht ist, zeichnen sich gebrannte keramische Massen durch *schlechte Temperaturleitung* (Isolation) aus. Diese ist klinisch wichtig, weil dem Patienten nur auf diese Weise Schmerzen bei unterschiedlich temperierten Speisen und Getränken erspart bleiben.

8. *Eine gute Zusammenarbeit zwischen Zahnarzt und Zahntechniker* ist – wie überall, aber hier besonders – die Voraussetzung für ein gutes Gelingen metallkeramischer Arbeiten.

Fünf Punkte sollen hervorgehoben werden, weil sie spezifisch sind:

- Der Gelegenheitskeramiker kann nicht die notwendigen Erfahrungen sammeln, die die Metallkeramik erfordert. Auch ist eine Vermengung von Edelmetall-Verarbeitung und den anderen Systemen, besonders mit den NEM-Legierungen, eine Gefahr für den Erfolg. – Raucher können keine Keramiker sein, weil Aschespuren

starke Farbabweichungen in der gebrannten Keramik verursachen können. Ein sauberes Speziallaboratorium für Keramik muß verfügbar sein.
- Ein guter Techniker für Modellguß-Prothesen muß nicht auch ein geeigneter Bearbeiter von Nichtedelmetall-Legierungen für die Metallkeramik sein. Er könnte beispielsweise Instrumente und Apparate gleichzeitig für Chrom-Kobalt-Molybdän- und Nickel-Chrom-Legierungen verwenden und dadurch die Oberfläche der Ni-Cr-Legierungen für den Brennprozeß schädlich beeinflussen.
- Die einwandfreie, methodengerechte Werkstoff-Verarbeitung muß vom Laboratorium garantiert sein. Dies gilt sowohl für die Verarbeitung der Metall-Legierung zum Aufbrennen, als auch für die keramischen Massen.
- Von allen eingeführten Herstellern keramischer Massen oder Metall-Legierungen für die Aufbrennkeramik sind Gebrauchsanweisungen mit detaillierten Verarbeitungsvorschriften bekannt. Sie werden in der Regel auf dem neuesten Stand gehalten. Oft sind jedoch die zahntechnischen Anweisungen dominierend und die klinischen, zahnärztlichen Belange zu wenig berücksichtigt. Dennoch muß dringend empfohlen werden, den Anweisungen genau zu folgen, um in der Anfangsphase der Anwendung metallkeramischer Systeme Mißerfolge zu vermeiden. Experimentieren sollte nur der Erfahrene, wenn überhaupt.
- Von den Herstellern der Legierungen und keramischen Massen werden sowohl *Werkstoff-Ketten* als auch geeignete *Laborgeräte* angeboten, deren Verwendung dringend empfohlen wird. Offensichtlich haben hierbei die Firmengruppen Vita/Degussa und de Trey/Heraeus durch den zeitlichen Vorsprung bei der Einführung der Metallkeramik auf Edelmetall-Legierungen weniger Schwierigkeiten, als die Hersteller von Nichtedelmetall-Legierungen für die Metallkeramik. Es besteht nicht nur die Gefahr der Abweichung von der Werkstoff-Kette für die NEM-Legierung zum Aufbrennen, sondern auch die Gefahr der Vermischung mit anderen Arbeitsgängen.

2.1. Vor- und Nachteile der Edelmetall-Keramik

Mit keramisch verkleidetem, festsitzenden Zahnersatz können folgende *Vorteile* (Abb. 4) erreicht werden. Es handelt sich vorwiegend um klinische Faktoren, die für die Edelmetall-Keramik sprechen:

1. Die *ästhetischen Wünsche.*

2. Die *funktionellen Anforderungen* im Frontzahngebiet (beim Sprechen) und im Kauflächenkomplex (beim Kauen) können erfüllt werden.

3. Die *Mundbeständigkeit* metallkeramischer Systeme mit Edelmetall-Legierungen ist gegeben. Der Zahnersatz ist weitgehend indifferent gegenüber Mundflüssigkeiten, Speisen, Medikamenten, Wärme, Kälte u. a.

4. Glasierte, keramische Zahnersatzteile zeigen *indifferentes Verhalten gegenüber*

---

1. Ästhetik
2. Erfüllung funktioneller Anforderungen
3. Mundbeständigkeit
4. Verhalten gegenüber der bedeckten Gingiva
5. Temperaturleitfähigkeit
6. 15 Jahre lang klinisch erprobt

Abb. 4 Vorteile der Edelmetall-Keramik

der bedeckten Gingiva. Allerdings sind die Voraussetzungen hierfür recht schwierig zu erfüllen. Sie resultieren in erster Linie aus der geeigneten Modellherstellung, z. B. nach Sammelabformungen mit Übertragungskappen. Meistermodelle dieser Art geben die Lage und Ausdehnung der marginalen Gingiva deutlich wieder, die für die zweckmäßige Gestaltung der Kronenränder und Übergänge vom Brückenkörper zum Brückenanker wichtig sind. Bei Modellen nach Doppelabformung, die das Zersägen notwendig machen, gehen häufig wichtige Anteile verloren.

5. Die geringe *Wärme- und Kälteleitfähigkeit* der keramischen Massen (Isolation) ermöglicht die Anwendung metallkeramischer Zahnersatzarbeiten.

6. Keramische Arbeiten mit Edelmetall-Gerüsten sind nun *15 Jahre in klinischer Erprobung.* Die ursprünglich begrenzte Indikation konnte wesentlich erweitert werden. Allerdings gibt es einige Kontraindikationen klinischer und labortechnischer Art, die später zu besprechen sind.

Wenn im folgenden die *Nachteile* (Abb. 5) keramischer EM-Zahnersatzarbeiten zusammengestellt werden, geschieht das in der Absicht, sie zu vermeiden.

1. Die weitergehende, labiale oder bukkale *Präparation* der Zahnhartsubstanz von 1,15 bis 1,4 mm ist erforderlich, um Metallgerüst und keramische Schicht ohne Verdickung dieser Zahnflächen unterzubringen und die Krone oder den Brückenanker stabil gestalten zu können. Eine Stufenpräparation verhindert die zu dünne Gestaltung des Kronenrandes. Auch ästhetischen Nachteilen kann so begegnet werden, da Lichtdurchlässigkeit und Lichtreflexion weitgehend von der keramischen Schichtstärke abhängen.

2. Die Bindung der keramischen Massen auf den Edelmetall-Gerüsten geschieht durch die sogenannten *Haftoxide.* Diese sehen grau bis schwarz aus, auch bei goldfarbenen Edelmetall-Legierungen. Ist die deckende, keramische Schicht nur dünn zu gestalten, müssen Deckgolde (nicht oxidierendes Feingold) zur Farbstabilisierung angewendet werden. Es gibt dennoch gelegentlich eine Diskussion mit Patienten, die sich über die grauglänzende Farbe der (Gold-)Edelmetall-Legierung an freiliegenden Stellen einer Brücke wundern. Ist diese Situation voraussehbar, empfiehlt es sich, goldfarbene Aufbrenn-Legierungen (z. B. Degudent G oder Degudent H) zu verwenden.

3. Gebrannte *keramische Massen in der Kaufläche* müssen sehr genau gestaltet werden. Der Aufbau von Höckern in der Kaufläche ist schwierig, weil diese während des Brennens sintern und sich verkleinern. Nach der Eingliederung (also nach dem Zementieren) muß daher häufig an Stellen der Okklusion von der Glasur abgeschliffen

---

1. Präparation
2. Farbe der Haftoxide
3. Keramik in der Kaufläche
4. Biegefestigkeit der Metalle, Sprödigkeit der gebrannten keramischen Massen
5. Labortechnische Verarbeitung im Einstückguß
6. Keine Reparaturmöglichkeit im Munde
7. Nicht gerade billig

Abb. 5 Nachteile der Edelmetall-Keramik

werden, um eine gute artikuläre Äquilibrierung zu erreichen.

4. Sowohl die geringe *Biegefestigkeit* von früheren Edelmetall-Legierungen als auch die *Sprödigkeit* früherer keramischer Massen wurden behoben. Die Härte der Aufbrenn-Legierungen entspricht den normalen Edelmetall-Legierungen für Kronen und Brücken.
Ermüdungsbrüche von Metallgerüsten sind nur an Stellen ungenügender Lötung oder zu dünner Gestaltung am Übergang vom Brückenkörper zum Brückenanker zu befürchten. Es sei erwähnt, daß es klinische Situationen gibt, die ein metallkeramisch verkleidetes Brückenzwischenglied nicht zulassen, wenn nämlich der Abstand zwischen dem ausgeheilten Kieferkamm und den antagonistischen Zähnen nur 5 bis 6 mm beträgt. – Der Sprödigkeit keramischer Massen ist durch Änderung der Zusammensetzung begegnet worden. Die Bestandteile Quarz und Feldspat wurden zugunsten der Tonerde reduziert.

5. Der weitverbreitete *Einstückguß* von Brücken, insbesondere bei vielgliedrigen Brücken, ist *im Prinzip ungeeignet* für metallkeramischen Zahnersatz. Die Genauigkeit einer größeren Brücke wird bei keramischer Verblendung mehrere Male durch Erwärmung auf die Brenntemperatur der keramischen Massen strapaziert: um die Zahl der Brennvorgänge häufiger als z.B. bei kunststoffverkleideten Brücken. Letztere haben den Vorteil, beim Einsetzen gewissen Druck auszuhalten und damit doch an die gewünschte Stelle im Munde zu kommen. Druck und Gewaltanwendung bei keramisch verkleidetem Zahnersatz dagegen ist verhängnisvoll und führt leicht zu Frakturen in der keramischen Schicht, muschelförmigen Aussprüngen u.a.

Größere keramische Brücken sollten geteilt hergestellt und erst nach dem keramischen Verkleiden gelötet werden. Die Einarbeitung von Geschieben im Metallgerüst zu dessen Teilung hat sich bewährt. Dadurch werden Herstellungs-Ungenauigkeiten nicht an den Zahnarzt weitergegeben, der sich dann bei der Patientenbehandlung abmühen muß. Auch ist die Herstellung im Laboratorium weniger gefahrvoll und einfacher. (Dieser Punkt der Aufzählung von Nachteilen scheint sehr deutlich die besondere Situation bei der Metallkeramik aufzuzeigen, die nur gemeinsam von Zahnarzt und Zahntechniker überwunden werden kann.)

6. Der Metallkeramik haftet der schwerwiegende Nachteil an, daß es keine *adäquaten Reparaturmöglichkeiten* bei Frakturen der keramischen Schicht nach dem Zementieren des Zahnersatzes gibt. Wer möchte schon zu einer der bekannten oder neueren Kunststoffverarbeitungsmethoden greifen, die im Munde möglich sind, wenn er die klinischen Vorteile der Keramik anwenden will! So bleibt letztlich nur die Entfernung des Zahnersatzes aus dem Munde und seine Neuanfertigung, nach Möglichkeit unter Vermeidung des Fehlers, der zur Fraktur geführt hat. (Es bleibt die Diskussion, wer den Schaden trägt.)

7. Metallkeramische Zahnersatzarbeiten sind *nicht gerade billig*. Dies sollte jeder wissen, der sie herstellt und anwendet. Schon aus diesem Grunde kann auf allseitige optimale Bemühungen nicht verzichtet werden.

1. Höheres Schmelzintervall
2. Größere Härte und Festigkeit
3. Geringere Temperaturleitfähigkeit
4. Geringeres spezifisches Gewicht
5. Geringere Metallkosten
6. Aufgußfähig

Abb. 6 Vorteile der Nichtedelmetall-Legierungen im Vergleich zu Edelmetall-Legierungen

2.2. Vor- und Nachteile der Keramik mit Nichtedelmetall-Legierungen

Für die Anwendung von NEM-Legierungen als Gerüstwerkstoff für Kronen und Brücken können einige *positive Punkte* angeführt werden (Abb. 6).

1. Das wesentlich höher als bei Edelmetall-Legierungen liegende *Schmelzintervall* der NEM-Legierung bringt für die keramische Verarbeitung bei mehrmaligem Erhitzen auf Brenntemperatur (950°C) den Vorteil der größeren Standfestigkeit des Gerüstes mit sich. Ein Verziehen der Brücke ist weniger wahrscheinlich.

2. Die größere *Härte und Festigkeit* der NEM-Legierungen, d. h. der mechanischen Werte, erlauben eine grazilere Gestaltung der Krone oder Brücke an Stellen, an denen wenig Platz ist. Allerdings wirkt sich dieser Vorteil nicht häufig aus, da das Metallgerüst bei der Metallkeramik die um die keramische Schicht reduzierte Form des Zahnersatzes aufweisen soll.

3. Die geringere *Temperaturleitfähigkeit* von NEM-Legierungen ist positiv zu bewerten. Sie beträgt immerhin eine Zehnerpotenz weniger als bei EM-Legierungen, für Wiron z.B. 0,015 cal/cm · s · °C gegenüber 0,12 cal/cm · s · °C bei Degudent. Dieser Vorteil käme klinisch zum Tragen, wenn große Abschnitte des Metallgerüstes nicht mit Keramik, die gut isoliert, bedeckt wären.

4. Das geringere *spezifische Gewicht* hat bei der Herstellung eines Metallgerüstes im Vergleich zu Edelmetall den Vorteil des geringeren Metallverbrauches und den des geringeren Gewichtes. Beide Faktoren können eher als fiktiv denn als relevant bezeichnet werden.

5. Ob die geringeren *Metallkosten* sich effektiv auswirken, muß dahingestellt bleiben. Zur Zeit (Frühsommer 1978) beträgt das Preisverhältnis einer NEM-Legierung zu einer EM-Legierung tatsächlich 1 zu 4, jedoch können später zu besprechende Punkte diesen Vorteil leicht aufheben.

6. Wegen der Bildung einer Oxidschicht bei Erwärmung sind NEM-Legierungen *aufgießbar,* d.h. der aufgegossene Teil kann nach dem Guß vom ursprünglich vorhandenen Gerüst abgelöst werden. Ob dieser Faktor häufig angewendet wird, muß dahingestellt bleiben.

Im Vergleich zu den metallkeramischen Edelmetall-Legierungen lassen sich einige *Nachteile* der NEM-Legierungen für die Metallkeramik, die in erster Linie die Verar-

1. Schwierige Verarbeitung des Metalls (Gießen, Ausarbeiten, keine Lötung)
2. Nicht optimale Paßgenauigkeit
3. Schwierige keramische Verblendung
4. Nickel-Allergie (?)
5. Gefährdung des Zahntechnikers durch Nickelstaub (?), Kobalt, Beryllium

Abb. 7 Nachteile der Nichtedelmetall-Legierungen im Vergleich zu Edelmetall-Legierungen

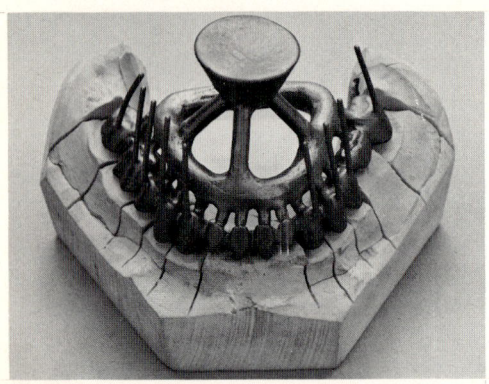

Abb. 8 Die große Brücke, in einem Stück aus Nichtedelmetall-Legierung gegossen (ebenso wie aus Edelmetall-Legierungen), kann wegen der unsteuerbaren Kontraktion nicht auf das Modell passen. Hier wird gezeigt, wie die Guß- und Luftabzugskanäle angebracht sein müssen

Keramische Massen	70 000 N/mm²
Edelmetall-Legierungen	100 000 N/mm²
Nichtedelmetall-Legierungen	200 000 N/mm²

Abb. 9 Elastizitätsmoduli der Werkstoffe für Metallkeramik (Wagner)

beitung im zahntechnischen Laboratorium betreffen, nennen (Abb. 7).

1. Die *Verarbeitung* von NEM-Legierungen *ist schwierig*. So ist wegen des hohen Schmelzintervalls zum Gießen ein Acetylen-Sauerstoff-Gebläse oder eine Hochfrequenz-Schmelzanlage notwendig. – Die Härte der Legierung erschwert das manuelle Ausarbeiten eines Gerüstes. – Alle Apparaturen und Geräte (z.B. Schleifinstrumente, Sandstrahlgebläse, Schmelzmuffeln u.ä.) müssen von anderen NEM-Legierungen getrennt werden (Modellguß-Legierungen!), da Verunreinigungen der Metalloberfläche die Bindung mit der aufzubrennenden keramischen Schicht gefährden. Auch der Vorteil der geringen Temperaturleitfähigkeit ist labortechnisch eine Erschwerung, weil die Wärmeabgabe bei den Brennprozessen langsamer erfolgt und, um Sprünge in der keramischen Schicht auszuschließen, auf jeden Fall berücksichtigt werden muß. Der keramische Arbeitsprozeß benötigt mehr Zeit (und Geduld). – Diese Schwierigkeiten könnten möglicherweise die Preisgestaltung beeinflussen.

2. Gußobjekte aus NEM-Legierungen weisen in der Regel eine hinreichende, jedoch *nicht optimale Paßgenauigkeit* auf. Dies wirkt sich bei großen Objekten negativer als bei kleinen aus. Die in einem Stück gegossene große Brücke (Abb. 8) kann aufgrund theoretischer Erwägungen (und klinischer Erfahrungen) nicht passen. Schwierigkeiten, die sich auf dem Modell durch mehrmaliges Aufsetzen des Gerüstes auf Gipsstümpfe durch Abradierung beheben lassen, werden an den Zahnarzt weitergegeben. Bei NEM-Keramik ist die Einprobe des Gerüstes dringend anzuraten.

3. Die *keramische Verblendung* von NEM-Gerüsten ist *schwierig*, da die Abstimmung der physikalischen Eigenschaften beider Werkstoffe Metall und Keramik wegen der stark unterschiedlichen Elastizitätsmoduli (Abb. 9) nicht so günsig wie bei EM-Legierungen ausfallen kann. Der E-Modul von NEM-Legierungen ist doppelt so groß wie der Elastizitätsmodul von EM-Legierungen. Dadurch ist der Unterschied zur Keramik sehr groß, er bringt Gefahren bei der Verarbeitung mit sich.
Weiterhin kann eine zu geringe oder starke Produktion von Oxid bei zeitlich ungenauem Vorglühen des Metallgerüstes (10 min bei 960°C im Brennofen ohne Vakuum

sind gefordert) die Bindung der keramischen Grundmasseschicht beeinflussen oder verhindern. Die dunkle Oxidschicht erfordert stets eine angemessen dicke Grundmasse-(Opak-)Schicht zur Abdeckung. Eine zu starke Grundmasseschicht verhindert das Entweichen von eingemischter Luft und Gas während der Verarbeitung im Vakuum und schließt diese als Blasen ein. Das mindert die mechanische Qualität der keramischen Schicht und ihre Bindung.

4. Verschiedene NEM-Legierungsbestandteile haben Diskussionen über ihre Verwendungsfähigkeit in fest einzugliederndem Zahnersatz ausgelöst, z.B. das Nickel. *Nickel-Allergien* z.B. sind bei der Herstellung von Modeschmuck bekannt, aber in Verbindung mit Kronen und Brücken aus keramisch verkleideten NEM-Legierungen noch nicht beschrieben, jedoch denkbar. Dementsprechend könnte der *Nickelstaub* beim Ausarbeiten der Kronen oder Brückengerüste aus einer NEM-Legierung den Zahntechniker gefährden, der gegen Nickel allergisch ist (etwa 2 % der Menschen sind gegen Nickel allergisch. Die Berührung mit dem Metall oder einer Legierung, die Nickel erhält, ruft Rötung und Juckreiz hervor. Ob das auch im Munde möglich ist, muß dahingestellt bleiben). Diese Möglichkeit soll zumindest erwähnt werden. Ähnliches gilt für Kobalt. – Auch Beryllium, sofern es Bestandteil der NEM-Legierung ist, hat Untersuchungen ausgelöst und eine beachtenswerte Beurteilung erfahren (siehe S. 29).

Somit ergeben sich in möglichen Verarbeitungsfehlern und -erschwernissen, die im zahntechnischen Laboratorium auftreten können, die hauptsächlichsten Schwierigkeiten bei der Metallkeramik mit NEM-Legierungen. Sie sind nur bei sorgfältigem, subtilem Vorgehen unter Berücksichtigung der entsprechenden Werkstoffe und von anderen Arbeitsprozessen getrennter Geräte zu vermeiden. Zusammengefaßt handelt es sich um:

- die Arbeitsausführung durch einen Spezial-Techniker für Metall und einen für Keramik,
- das Gießen in einer nur für keramische NEM-Legierungen vorgesehenen Gußmulde,
- das Ausarbeiten mit geeigneten, nur für keramische NEM-Legierungen vorgesehenen Schleifkörpern,
- das Abstrahlen mit geeigneten Gebläsen, die die Metalloberfläche nicht zerklüften,
- zeitlich exaktes Glühen zur Oxidbildung,
- zweckmäßiges Auftragen und Brennen der Grundmasseschicht, gegebenenfalls in zwei Schichten,
- die Vermeidung zu vieler Brände,
- langsame Abkühlung nach jedem Brand zur Vermeidung von Sprüngen,
- sog. Lötung nicht vorsehen.

Wie später noch gezeigt wird, ergeben wissenschaftliche Voruntersuchungen gute Bindung zwischen NEM-Legierungen und aufgebrannten keramischen Massen und bei mechanischen Tests genügend feste Haftung. Für auftretende klinische Mißerfolge kommen demnach einerseits die genannten Verarbeitungsfehler im Laboratorium in Frage, andererseits klinische Unzulänglichkeiten. Beispielsweise können letztere entstehen, weil die zahnärztliche Sorgfalt einem Zahnersatz aus Nichtedelmetall gegenüber einem anderen aus Edelmetall geringer ist. Die Werkstoffeigenschaften der NEM-Legierung werden zu hoch eingeschätzt und die Hoffnung gehegt, klinische Unzulänglichkeiten durch Werkstoffqualität ausgleichen zu können.

Da der Zahnarzt Fehler des metallkeramischen Zahnersatzes vor dem Patienten zu verantworten hat, sei erwähnt, daß die geschilderte Werkstoffqualität »größere Härte und Festigkeit« bei der Notwendigkeit der Entfernung eines NEM-keramischen Zahnersatzes unter Erhaltung der Brückenpfeiler zu einem enormen Nachteil wird. Diese NEM-Gerüste sind außerordentlich mühevoll aufzuschneiden, kaum aufzubiegen, also nur unter großen Schwierigkeiten und Verwendung von Diamantschleifern für die Keramik und Hartmetallbohrern für die NEM-Schicht zu entfernen.

3. Werkstoffkundliche Grundlagen

3.1. Edelmetall-Legierungen

Die EM-Legierungen für keramische Verfahren enthalten

Gold (70 bis 90 Gew. Prozent),
Platin (2 bis 15 Gew. Prozent)
und andere sog.
Platinmetalle, z.B. Palladium (0,5 bis 10 Gew. Prozent), Iridium, Rhenium,
Silber (bis zu 5 Gew. Prozent),
Kupfer (1 Gew. Prozent),
Indium,
Zinn,
Eisen u.a.

Durch ihre Zusammensetzung können diese EM-Legierungen den harten (z.B. Degudent, Herador) und extraharten (z.B. Degudent U) Dentallegierungen zugerechnet werden. Sie besitzen hohe mechanische Eigenschaften, die den Legierungen der Vorläufer unter den Aufbrennlegierungen (Prisma, Permadent) fehlten. Sie bilden ein feinkörniges Gefüge; Voraussetzung ist allerdings langsames Abkühlen nach dem Guß sowie nach jedem einzelnen Brennvorgang, um die Selbst-Vergütung bzw. Aushärtung vom weichgeglühten Zustand zu gewährleisten. Diese Eigenschaften ermöglichen die Kombination der Edelmetall-Legierungen für Metallkeramik mit anderen gießbaren Edelmetall-Legierungen und deren Lötung.

Nichtedelmetalle müssen den Legierungen zugesetzt sein, damit sie die zur Bindung an die keramischen Massen notwendige Oxidschicht beim Vorglühen des Metallgerüstes einer Krone oder Brücke bilden können. Hierfür sind in erster Linie Indium, Zinn und Spuren von Eisen verantwortlich. Die Oxide müssen eine sichere, dauerhafte Bindung der keramischen Schicht gewährleisten, dürfen aber keine Verfärbung der Keramik hervorrufen.

Mit wenigen Ausnahmen sehen die MK-Edelmetall-Legierungen wegen des hohen Gehaltes an Platin und Palladium nicht goldfarben, sondern weißlich-grau aus. In goldfarbenen EM-Legierungen (z.B. Degudent G und Degudent H) sind neben den anderen Metallen 80 bis 90 Gew. Prozent Gold enthalten, jedoch weniger Palladium. Durch diese Goldfarbe wird – an jenen Stellen, wo Gold zwangsläufig sichtbar ist, z.B. am Kronenrand – den ästhetischen Wünschen und Vorstellungen der Patienten (und der Zahnärzte) eher entsprochen als mit weißlich-grauen Legierungen. Die mechanischen Werte liegen nur geringfügig unter den vergleichbaren, nicht goldfarben aussehenden EM-Legierungen.

Für weißlich-graue EM-Legierungen sind Deck- bzw. Blendgolde entwickelt worden, die dem Metallgerüst aufgeschmolzen werden können, um einen goldfarbenen Untergrund zu erzeugen. Sie werden angewendet, wenn zu wenig Platz für eine genügend dicke keramische Schicht vorhanden ist. Deckgolde haben nicht die Aufgabe, die Bindung zwischen dem Metallgerüst und der aufgebrannten keramischen Masse zu verbessern. Der Begriff »Bonding agents«, der gelegentlich im anglo-amerikanischen Schrifttum und von dortigen Herstellern gebraucht wird, ist falsch und irreführend.

An in der Mundhöhle schlecht »belüfteten« Stellen, z.B. in der Zahnfleischtasche, kann man gelegentlich das Nachdunkeln der weißlich-grauen EM-Legierung innerhalb von Monaten oder Jahren bemerken. Dies ist, sofern diese Stellen einsehbar sind, störend und sollte bei der Planung und Herstellung von fest einzugliederndem Zahnersatz von vornherein berücksichtigt werden.

3.2. Spargold-Legierungen

Spargold-Legierungen, auch als goldarme Legierungen bezeichnet, zeichnen sich dadurch aus, daß sie vorzugsweise

Silber (18 bis 40 Gew. Prozent) und
Palladium (29 bis 60 Gew. Prozent)

enthalten, während der Anteil an

Gold (40 bis 2 Gew. Prozent)

reduziert worden ist. Außerdem sind in ihnen Zusätze von Zinn, Indium, Zink, Eisen, Kupfer und Rhenium enthalten, zusammen höchstens 8 bis 10 Gew. Prozent. Spargold-Legierungen für Metallkeramik sehen weißgrau aus. Sie gewinnen an Bedeutung, wenn der Goldpreis stark anzieht. Sie zeichnen sich dadurch aus, daß sie im zahntechnischen Laboratorium ohne besonderen Aufwand, also wie EM-Legierungen zu verarbeiten und zu gießen sind, d.h. mit einer Gas-Sauerstoff-Flamme (Beispiele: Degucast U, Herabond).

3.3. Nichtedelmetall-Legierungen

Die Nichtedelmetall-Legierungen (z.B. Wiron, 1968; Wiron S, 1974; Wiron 77, 1977; Ultratec; Mikrobond NP 2) haben in der Metallkeramik stets Beachtung gefunden, die jedoch regional unterschiedlich ist. Diese Legierungen haben einen hohen Anteil an

Nickel (ca. 70 Gew. Prozent) und
Chrom (15 bis 20 Gew. Prozent).

Sie enthalten weiterhin

Molybdän,
Mangan,
Aluminium,
Silizium und andere Elemente.

Im Grunde sind die NEM-Legierungen für das Aufbrennen keramischer Massen besonders geeignet, da sie keine Zusätze für die notwendige Oxidbildung zur Bindung an keramische Massen benötigen.

Die labortechnische Verarbeitung von NEM-Legierungen ist als schwierig zu bezeichnen, weil diese z.B. mit Acetylen-Sauerstoff-Gebläsen oder in Hochfrequenz-Schleudern gegossen werden müssen, um die notwendige Schmelztemperatur des Metalles über 1300 °C zu erreichen. Auch bringt die Härte der Legierungen gewisse Mühe beim Ausarbeiten und Polieren der Kronen- bzw. Brückengerüste mit sich. Es scheint erforderlich zu sein, die Herstellung und Bearbeitung von NEM-Gerüsten im Labor streng zu trennen von der Herstellung der Modellgußgerüste; dies betrifft beim Gießen die Schmelzmulde, das Abstrahlmaterial, die Schleifkörper für das Ausarbeiten, u.ä., um Verunreinigungen der Gerüstoberfläche durch andere Metalle zu vermeiden.

Von Wiron ist zu Wiron S übergegangen

worden, weil die ursprüngliche Legierung zur Förderung der Gießfähigkeit 1 Gew. Prozent Beryllium enthielt. Beryllium könnte karzinogen sein; das wurde besonders in den USA diskutiert. Es bestand zwar keine Gefährdung für den Patienten oder Zahnarzt, sondern am ehesten für den Zahntechniker, der NEM-Legierungen verarbeitet und dabei Staub einatmet. Obgleich *Moffa* diese Möglichkeit durch Untersuchungen ausschließen konnte, wurde das Naß-Schleifen empfohlen, um die maximale Arbeitsplatz-Konzentration (den MAK-Wert) sicher zu unterschreiten. Die Bremer Goldschlägerei hat die NEM-Legierung auf Wiron S ohne Beryllium umgestellt. Von Ultratec ist bekannt, daß es weiterhin Beryllium (1,2 Gew. Prozent) enthält, weil das die Gußeigenschaften verbessert.

3.4. Keramische Massen

Keramische Massen für die Metallkeramik sind nicht in großer Zahl bekannt.
Biodent-Universal-Massen, Vita-68-Massen und die Grundmasse Paint-on (Vita) sind Weiterentwicklungen ursprünglicher Massen für die Metallkeramik (Vita-VMK-Massen; Biodent-Gold-Keramik-Massen). Die Verbesserung der Vita-VMK-Massen zu den Vita-68-Massen lag u. a. z. B. darin,

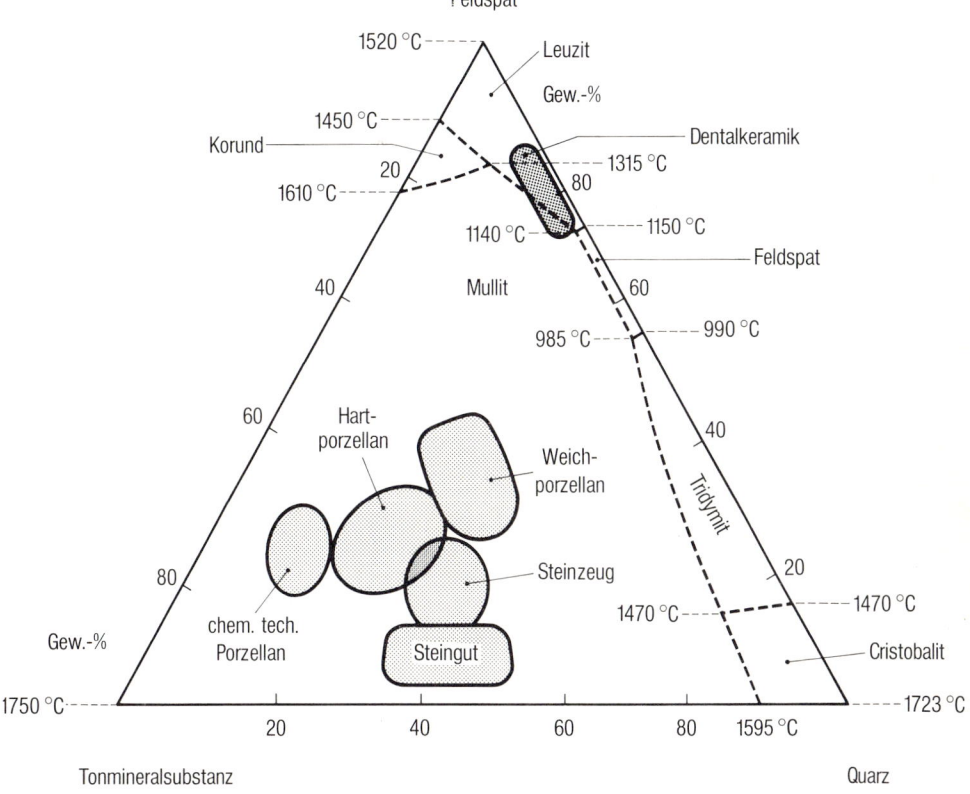

Abb. 10 Graphische Darstellung des Dreistoffsystems: Feldspat – Tonmineralsubstanz – Quarz. Die dentalkeramischen Massen enthalten vorzugsweise Feldspat und Quarz und so gut wie keine Tonerde

daß MK-Kronen nun unter *allen* Beleuchtungsverhältnissen, auch bei ultraviolettem Licht, natürliche Fluoreszenz zeigen.

Keramische Massen bestehen vorzugsweise aus den Oxiden des Siliziums (55 Gew. Prozent), Aluminiums (15 Gew. Prozent), Kaliums (10 Gew. Prozent) sowie Natriums, Kalziums u.a. Charakteristisch sind für die Biodent-Universal-Masse das Cer und für die Vita-68-Masse das Titan. Es sei erwähnt, daß sich die Zusammensetzung keramischer Masse in Richtung auf die Mineralien Feldspat und Quarz unter Ausschaltung von Kaolin so weit vom ursprünglichen »Porzellan« (25 Gew. Prozent Quarz, 25 Gew. Prozent Feldspat, 50 Gew. Prozent Tonerde) entfernt hat, daß sich die wissenschaftlich richtige Bezeichnung »Keramik« durchgesetzt hat. Dies ist der Oberbegriff für Gegenstände, die aus pulverförmigen Erden geformt und durch Brennen verfestigt werden. Über die Zusammensetzung der Keramik als ein Dreistoff-System gibt die graphische Darstellung (Abb. 10) Aufschluß.

Eigenschaften, die keramische Massen für die Metallkeramik auszeichnen sollen, sind (nach *Schmitz*):

- Sichere Bindung zur Metall-Legierung durch Koppelung an die Haftoxide.
- Gute Modellierbarkeit und Standfestigkeit.
- Angemessenes Ausdehnungsverhalten.
- Niedrige Brennschwindung.
- Hohe Temperaturwechsel-Beständigkeit.
- Unempfindlichkeit bei Wiedererhitzen, z.B. beim Löten oder Vergüten.
- Hohe Festigkeit gegen Schlag, Abscherung und Biegebeanspruchung.
- Zuverlässige Farbwiedergabe.
- Mundbeständigkeit.
- Gute Beschleif- und Polierbarkeit.

Grundsätzliche Übereinstimmung der für die Verwendung unterschiedlich ausgelegten Grundmasse, Dentinmasse, Schmelzmasse u.a. muß natürlich bestehen. Der Entwicklung und Verarbeitung der Grund- oder Opak-Masse muß besondere Beachtung geschenkt werden, weil sie sich einerseits mit dem Metallgerüst direkt verbinden muß, andererseits fest »beim Abkühlen unter Druckspannung« aufsitzen soll *(Schmitz)*. Daher besitzt die Grundmasse einen geringfügig kleineren Ausdehnungskoeffizienten. Die Dicke der Grundmasseschicht soll 0,2 bis 0,3 mm nicht übersteigen; das richtet sich letzten Endes nach den klinischen Platzverhältnissen. Außerdem muß sie blasenfrei aufgetragen werden. Dies zu erreichen ist beispielsweise durch die aufpinselbare Grundmasse Paint-on erleichtert worden. – Bei den NEM-Legierungen bereitet die Verarbeitung der Grundmasse eher Schwierigkeiten als bei den EM-Legierungen, weil eine möglicherweise zu starke Schicht von Oxiden der NEM-Legierungen durch eine zu dicke Grundmasseschicht gebunden wird. Es können sog. Froschaugen entstehen. Daher wird das Auftragen in zwei Schichten empfohlen, zuerst eine dünne Schicht für die Bildung der Haftung zwischen Nichtedel-Metall und Keramik und dann eine zweite abdeckende Schicht. (Es ist zu erfahren, daß auch andere Wege des gleichmäßigen Auftragens, z.B. elektrolytisch, versucht werden.) Das Brennen geschieht jeweils im Vakuum, auch bei den Dentin- und Schmelzmassen. Lediglich der abschließende Glanzbrand wird atmosphärisch, d.h. ohne Vakuum, durchgeführt.

4. Werkstoffkundliche Untersuchungen

4.1. Über die Bindung von Keramik und Metall-Legierung

Im deutschen Schrifttum findet sich bereits 1965 eine eingehende Darstellung von *Wagner,* der – unter Berücksichtigung der Veröffentlichungen von *O'Brien* und *Ryge* sowie von *Shell* und *Nielsen* – sowohl den zwischenmolekularen oder Assoziationskräften (nach einem älteren Begriff »van der Waals'sche Kräfte« genannt) als auch der Ionenbindung Bedeutung für die Bindung von Keramik und Metall-Legierung zuschreibt. Eine gewisse Analogie zur industriellen Emailletechnik wird gelegentlich erwähnt *(Schmitz).*

Die Assoziationskräfte entstehen durch intermolekulare, elektrische Aufladung, die sich beim Zusammentreffen von positiven und negativen Ladungen als Anziehungskräfte auswirken.

Zusätze von Nichtedelmetallen in Edelmetall-Legierungen bilden beim Glühen in der Atmosphäre durch Sauerstoffeinwirkung an der Oberfläche eines Metallgerüstes eine sichtbare Oxidschicht. Aus dieser ergibt sich die Möglichkeit der Ionenbindung, da die Metalloxide einerseits in der Metall-Legierung verankert sind, andererseits sich in den keramischen Massen sowohl Sauerstoff-Ionen als auch Silizium-Ionen finden, die eine besondere Affinität zum Sauerstoff haben (Abb. 11).

Während *Shell* und *Nielsen* aufgrund ihrer mechanischen Untersuchungen (Abb. 12), die heute schon als klassisch bezeichnet werden können, keine mechanische Unterstützung der Bindung annehmen, veranschlagen *Vickery* und *Badinelli* (1968) mechanische Bindungskräfte mit 22 %; außerdem rechnen sie noch mit 26,5 % Druckretentionskräften, die in der Phase des Aufschrumpfens der keramischen Masse auf das Metallgerüst während der Abkühlung entstehen.

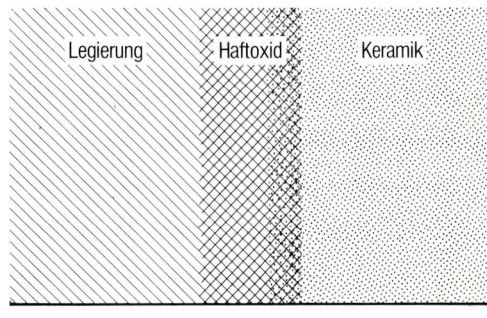

Abb. 11 Haftmechanismus der Metallkeramik (Weber 1976), Me* bedeutet oxidierte Metall-Legierung

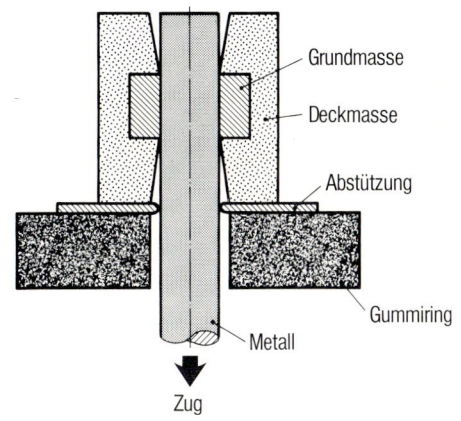

Abb. 12 Shell-Nielsen-Verfahren zur Bestimmung der Zugfestigkeit zwischen Metall-Legierung und aufgebrannter keramischer Masse

Die chemischen Bindungskräfte (auch primäre Bindung) werden heute allgemein als die hauptsächlichsten Haftvermittler bezeichnet (mehr als 50 %), da die Assoziationskräfte (auch sekundäre Bindung) nur sehr klein (1 %) und vor allem keiner direkten Meßtechnik zugänglich sind *(Eichner* 1967, *Herrmann, Hennig* 1976).

Als *Oxidbildner,* die in erster Linie der Metall-Legierung, aber auch der keramischen Grundmasse zugesetzt sein können, kommen nur Metalle in Frage, die keinen ungünstigen Einfluß auf die zahnähnliche Farbe der keramischen Massen ausüben. So scheiden Antimon-, Kobalt-, Kupferoxide beispielsweise aus, andere aber sind trotz ihrer Farbbeeinflussung zu finden, wie aus später geschilderten Untersuchungen zu entnehmen ist. *Hennig* (1976) teilt dazu mit, daß Indium (mit 0,5 bis 2,7 Gew. Prozent in den EM-Legierungen enthalten) ein helles, gelbgraues Oxid bildet und Zinn, das mit Indium gut zu kombinieren sei, ein hellgraues. Eisen könne maximal mit 0,5 Gew. Prozent zugesetzt werden, da es, wie allgemein bekannt, stark oxidiert und dann rotbraun aussieht. Typische Oxidzusätze für die Grundmasse (Opak-Masse) sind (nach *Donaghy* 1976) ZnO, SnO_2, Ce_2O_3, ZrO, TiO_2 und als Flußmittel Kalium- und Bor-Oxide.

Für Untersuchungen der Grenzlinie bzw. Grenzfläche werden längsgeschnittene Kronen (Abb. 13) und Brückenglieder benutzt, die oberflächlich vorbereitet werden, je nachdem wie die Untersuchung erfolgt (siehe später).

In Edelmetall-Legierungen konnten *Lautenschlager* und *v. Radnoth* als Oxidbildner Indium, Zinn und Eisen nachweisen (Abb. 14) und außerdem die Oxidschicht in mikromorphologischen Bildern darstellen. Das ist sehr schwierig, weil dazu eine Ät-

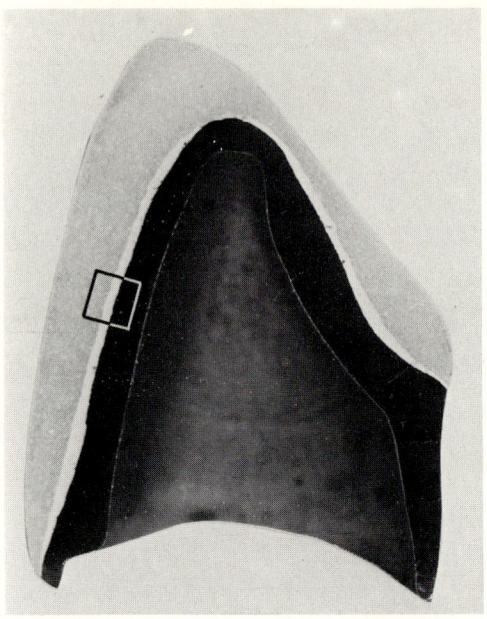

Abb. 13 Längsschnitt durch eine MK-Krone mit der Einzeichnung eines Ausschnittes, der untersucht wird

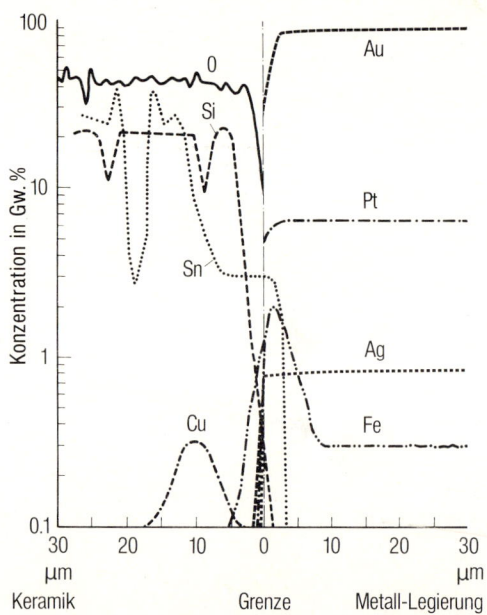

Abb. 14 Konzentrationsgefälle der Elemente eines metallkeramischen Systems an der Grenzfläche (nach Lautenschlager, v. Radnoth und Elkinton)

zung der Präparat-Oberfläche notwendig ist, die nur über kurze Zeit (30 Sekunden bis 2 Minuten) erfolgen darf. Bei längerer Ätzzeit oder zu stark wirkendem Ätzmittel geht die Oxidschicht verloren.

Bei der Edelmetall-Legierung Herador, mit der Keramik-Masse Biodent gebrannt, zeigte die Grenze zwischen beiden Materialien eine zwei bis drei μm breite Kontaktzone, bei der die keramische Masse während des Aufbrennens in das Metallgefüge eingedrungen sein muß. Die geätzte Oberfläche wird in einem elektronenmikroskopischen Bild (Abb. 15) dargestellt und die Penetration der Werkstoffe ineinander durch die Skizze (Abb. 16) verdeutlicht. *Lautenschlager* und *v. Radnoth* teilen weiterhin mit, daß bei anderen metallkeramischen Systemen andere Grenzschichtbreiten zu beobachten sind, so für Degudent mit Vitamassen (1967) und das Ceramco-System nur Kontaktlinien, während bei den Systemen Microbond und Ney (1967) Kontaktzonen von 30 bis 50 μm Breite festzustellen waren, die jedoch als unregelmäßige Strukturen bezeichnet werden und möglicherweise auf sog. Bonding agents und Deckgolde zurückzuführen sind.

Spärlicher als über die Bindung der EM-Legierungen mit keramischen Massen sind die Mitteilungen über die Bindung der NEM-Legierungen. Einerseits handelt es sich bei den Hauptbestandteilen um Nichtedelmetalle, die ohne Zusätze Oxide bilden, andererseits ist von Nickel (zu 70 Gew. Prozent enthalten) bei Oxidbildung ein ungünstiger dunkler Farbeinfluß zu befürchten *(Schmitz)*. Auch Chrom birgt die Gefahr der Grünverfärbung der keramischen Massen in sich, wenn auch die Oxidbildung von *Hennig* (1976) als günstig für die Haftung bezeichnet wird, ebenso wie bei Mangan und Beryllium.

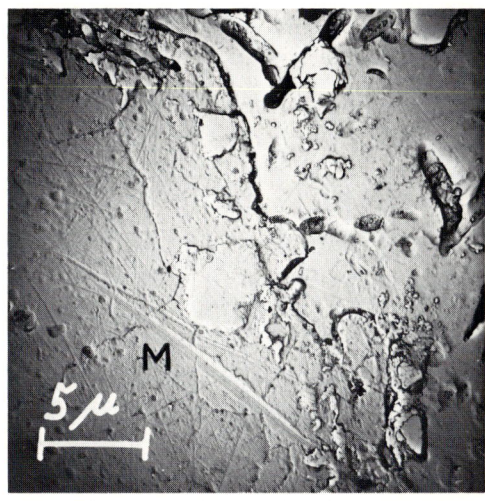

Abb. 15 Elektronenmikroskopisches Bild von einer Grenzfläche des Systems Herador mit keramischer Biodent-Masse nach kurzzeitiger Ätzung

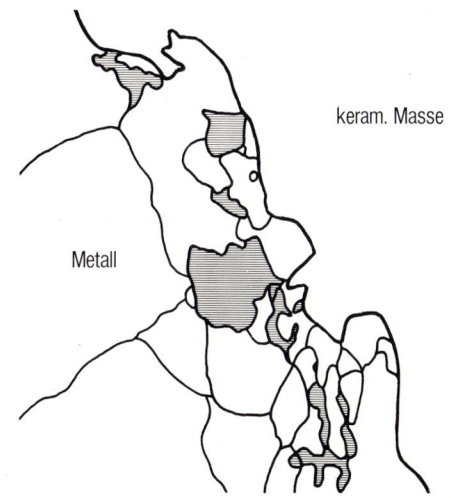

Abb. 16 Schematische Darstellung von Abb. 15. Die schraffierten Felder stellen die in das Metallgefüge eingedrungene keramische Masse dar

Baran untersuchte in letzter Zeit die Bindung NEM-Legierung/keramische Grundmasse und stellte eine an Legierungselementen verarmte Zone von 20 bis 30 μm unterhalb der Oxidzone fest

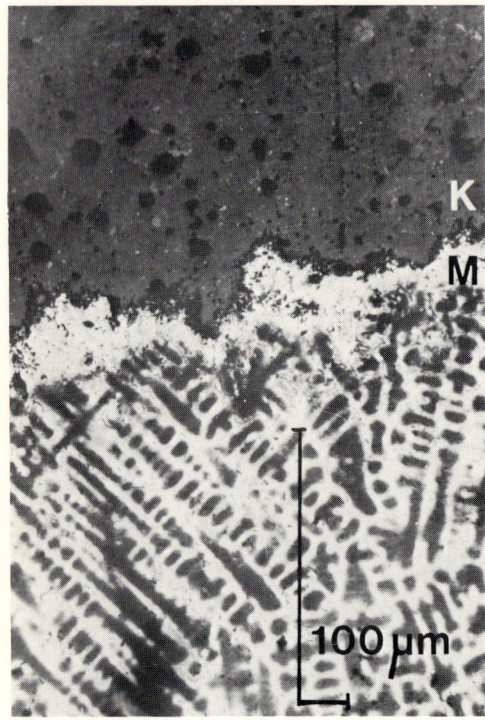

Abb. 17 Unterhalb der auf eine NEM-Legierung aufgebrannten keramischen Schicht entsteht eine 20 bis 30 μm breite Zone, die an Legierungsbestandteilen verarmt ist. Dies hängt von der Zahl der Glühbehandlungen vor dem Brand ab (Baran)

für NEM-Legierungen und NEM-Keramik wird das Oxidbrennen genau beschrieben und auch die intakte Oxidschicht als wichtige Komponente der Bindung dargestellt. Die Gefahr besteht in der schnell vorkommenden Überproduktion von Oxiden und einer zu dicken Oxidschicht, welche die Festigkeit der Bindung stark herabsetzen kann.

Da der Legierungsaufbau von EM-Legierungen (feinkörnig und dendritisch) und von NEM-Legierungen (mehrphasig) zu den charakteristischen Legierungsunterschieden gehört, muß auch mit der Übertragbarkeit der Erfahrung auf die Metallkeramik mit beiden Legierungstypen sehr vorsichtig umgegangen werden.

Gemeinsam haben EM-Legierungen und NEM-Legierungen das *Haftvermögen* für keramische Massen, weil die Abstimmung der Ausdehnungskoeffizienten von Legierung und Keramik unterhalb des Transformationsbereiches, also von ca. 600 °C an, gelungen ist (Abb. 18). Für EM-Legierun-

(Abb. 17). Die Breite dieser Zone (bei Wiron S, Ultratec, Microbond NP 2 nachgewiesen – nicht bei Wiron 77) hängt von der Zahl der Glühbehandlungen, nicht von der Zahl der Brände der keramischen Schicht ab. Das bedeutet, daß ein zu starkes Oxidbrennen (zwei- oder mehrmals) eine Veränderung in der Phasenstruktur der NEM-Legierungen verursachen kann. *Baran* erwähnt, daß Wiron 77 das Element Niobium enthält, was bei den NEM-Legierungen als Ausnahme zu vermerken ist; Niobium verhindert die Ausbildung einer dicken Oxidschicht.

In den verfügbaren Verarbeitungsleitfäden

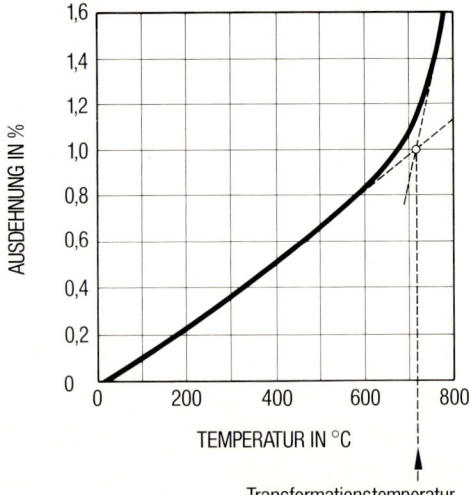

Abb. 18 Vom Beginn der Abweichung der linearen Ausdehnung bis zum fast senkrechten Verlauf der Ausdehnung ist der Transformationsbereich anzusetzen (Wagner)

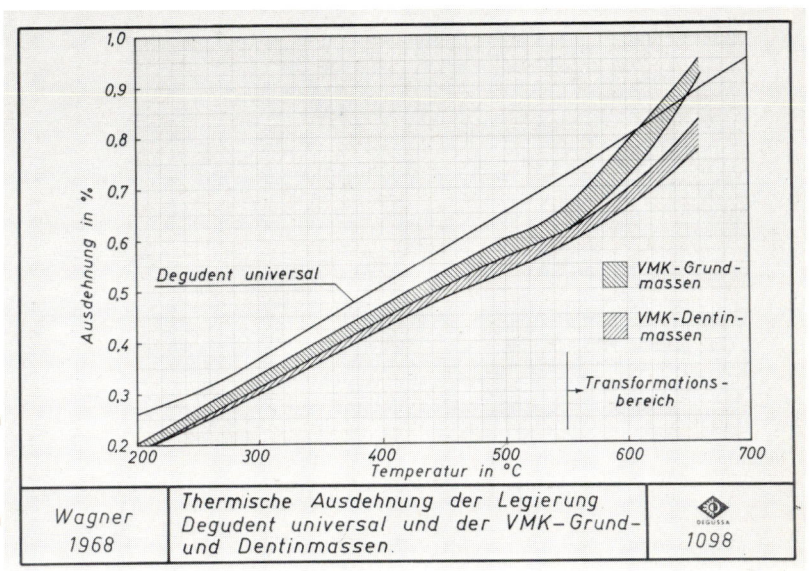

Abb. 19 Thermisches Verhalten einer Legierung und abgestimmter keramischer Massen gemessen im Dilatometer (Wagner)

gen hat *Wagner* diesen wichtigen Faktor bereits 1965 in seiner grundlegenden Arbeit beschrieben. Bis zu dieser Temperatur (600 °C) von Brenntemperatur (960 °C) an ist die keramische Masse plastisch und leicht verformbar. Sie benetzt das standfeste Metallgerüst und schmilzt diesem auf. Innerhalb des Transformationsbereiches vollziehen sich strukturelle Wandlungen innerhalb der keramischen Masse, die für deren Eigenschaften von Bedeutung sind *(Wagner, Volf)*. Unterhalb des Intervalls des Transformationsbereiches sind die keramischen Massen dann starr und spröde. Das bedeutet, daß die Ausdehnungskoeffizienten dieser so unterschiedlichen Werkstoffe nun gleich sein müssen, um Sprünge in der Keramik zu vermeiden. In Dilatometerkurven, die das Ausdehnen bzw. Kontrahieren bei Temperatureinfluß zeigen (Abb. 19), wird das übereinstimmende Verhalten dargestellt. Die keramischen Massen liegen ein wenig unterhalb der dargestellten EM-Legierung; das bedeutet, daß die Keramik dem Metallgerüst unter Druckspannung aufsitzt (Abb. 20). Für die Bindung ist dieses Verhalten erwünscht, denn keramische Massen können Druckspannungen in beachtlichem Umfang aushalten, dagegen sind sie gegen Zugspannungen empfindlich. Spannungen zwischen beiden Werkstoffen, oder im Gefolge Sprünge, können nur entstehen, wenn die Abkühlung auf Raumtemperatur nicht langsam und gleichmäßig erfolgt. Es ist zu bedenken, daß NEM-Legierungen wegen der geringen Temperaturleitfähigkeit im Vergleich zu EM-Legierungen Wärme langsamer abgeben, also mehr Zeit zur Abkühlung auf Raumtemperatur beanspruchen, um die Kontraktion beider Werkstoffe nicht zu stören.

Daher ist ausdrücklich darauf hinzuweisen, daß es trotz der technisch gelungenen Abstimmung des *thermischen Ausdehnungsverhaltens* beider Werkstoffe, der aufeinander eingestellten *Schmelzintervalle,* der möglichen *Benetzung,* der gezielten *Bil-*

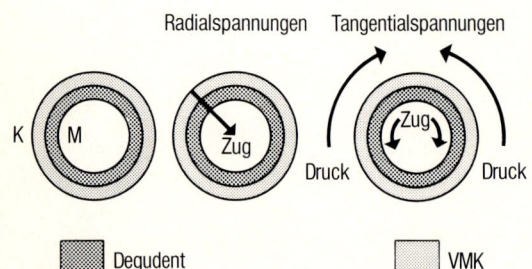

Abb. 20 Darstellung der Ausbildung von Axial-, Radial- und Tangentialspannungen bei der Abkühlung nach dem Aufbrennen der keramischen Massen auf das Metallgerüst (Wagner)

dung einer Oxidschicht und gelungener Bindung bei der Verarbeitung leicht zu Fehlern kommen kann.

4.2. Untersuchungen zur Aufklärung über die Bindung

Auf verschiedenen Wegen ist es heute möglich, zur Aufklärung über die Bindung beizutragen. Die Geräte, die dazu benutzt werden können, wurden in den vergangenen 15 Jahren wesentlich verbessert. So ist ihre Anwendung auch für die Untersuchung der Metallkeramik einfacher geworden, insbesondere gilt das für das Rasterelektronenmikroskop.

4.2.1. Mikromorphologie

Die mikromorphologische Untersuchung der Grenzflächen wurde zunächst nur mit dem Lichtmikroskop vorgenommen, bald sind dann das Rasterelektronen- und das Elektronenmikroskop eingesetzt worden. In einer Veröffentlichung *(Eichner* u. Mitarb. 1970) wurde z.B. über die Untersuchungen von zehn metallkeramischen Systemen berichtet: Übersichtsbilder von Längsschnitten durch Kronen oder Brückenzwischenglieder in achtfacher Vergrößerung wurden neben lichtmikroskopische, rasterelektronenmikroskopische und elektronenmikroskopische Bilder bei steigender Vergrößerung gestellt und die Bindung beurteilt.

Die Tafeln I und II (S. 37, 38) zeigen solche Beispiele für ein Brückenzwischenglied, aus Degudent mit Deckgold und Vita-Massen gebrannt, sowie das System der NEM-Legierung Wiron mit Biodent-Masse. Bei Anwendung des Auflichtmikroskopes (LM) lassen sich infolge der Lichtdurchlässigkeit der gebrannten keramischen Masse keine ausreichenden Schlüsse über die Bindung zwischen Metall-Legierung und Keramik ziehen. Jedoch ist das LM für Übersichtsinformationen und zur Beurteilung des Metallgefüges geeignet. Vorteilhaft ist ferner, daß man lichtmikroskopisch farblich unterschiedliche Bestandteile gut erkennen kann, zum Beispiel das goldfarbene Degudent G (Abb. 21). Auch heben sich die Blend- oder Deckgoldschichten deutlich von dem weißgrauen Metallgerüst einer Krone ab (Abb. 22). Bei stärkeren Vergrößerungen wirken sich dagegen die unterschiedlichen Lichtreflexzonen der Werkstoffe und das begrenzte Auflösungsvermögen des LM nachteilig zur Beurteilung der Grenzschicht zwischen Metall-Legierung und aufgebrannter keramischer Masse aus.

Untersuchungen mit dem Durchstrahlungs-Elektronenmikroskop (TEM) sind nur

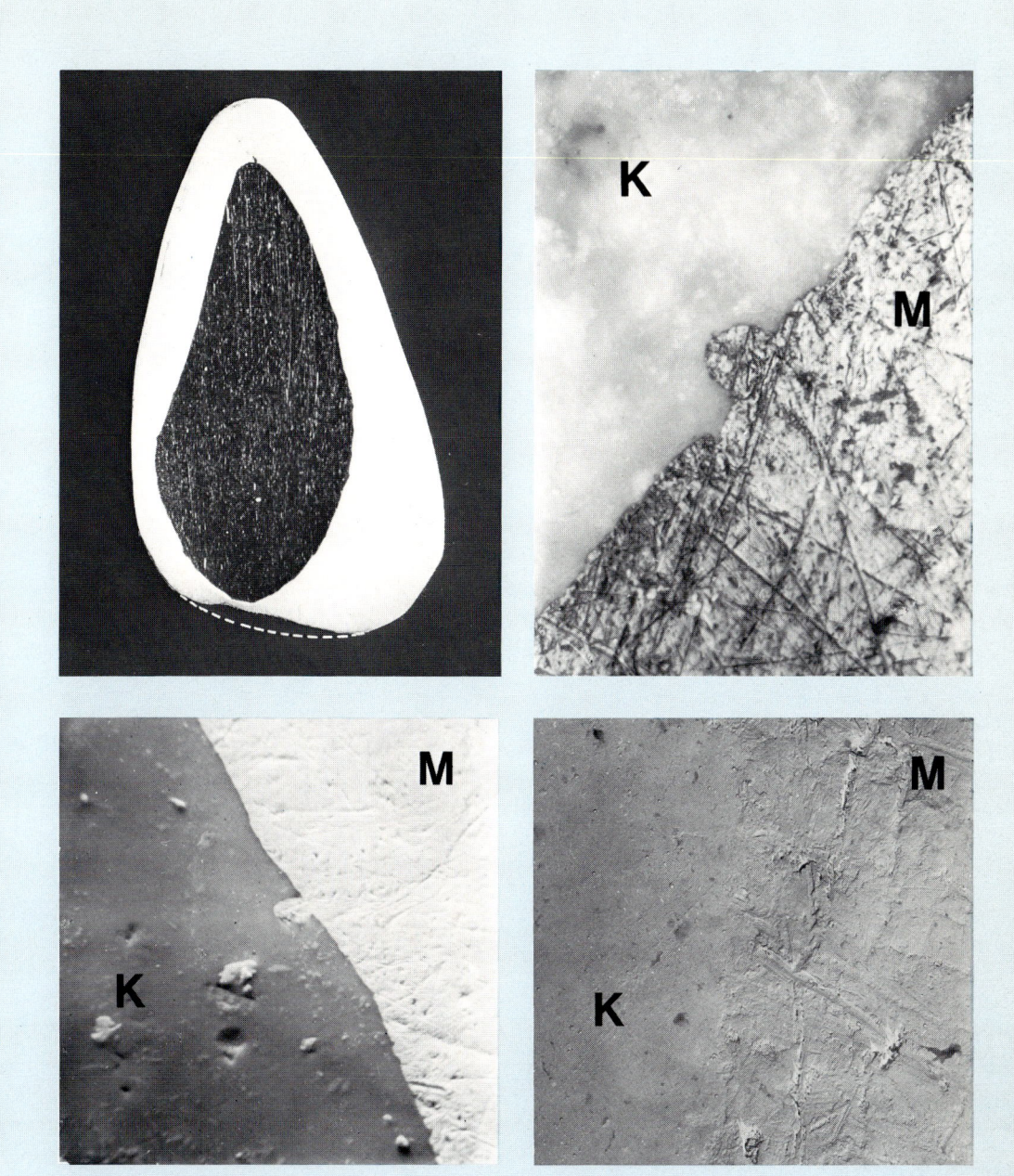

Tafel I
Darstellung der Grenzfläche einer Edelmetall-Legierung zur keramischen Masse:
System Degudent N – Vita-Masse und Deckgold
links oben: 8fache Vergrößerung im Lichtmikroskop
rechts oben: 820fache Vergrößerung im Lichtmikroskop
links unten: 1050fache Vergrößerung im Rasterelektronenmikroskop
rechts unten: 6000fache Vergrößerung im Elektronenmikroskop
(K = Keramik, M = Metall-Legierung)

Tafel II
Darstellung der Grenzfläche einer Nichtedelmetall-Legierung zur keramischen Masse:
System Wiron – Biodent-Masse
links oben: 8fache Vergrößerung im Lichtmikroskop
rechts oben: 820fache Vergrößerung im Lichtmikroskop
links unten: 1070fache Vergrößerung im Rasterelektronenmikroskop
rechts unten: 6000fache Vergrößerung im Elektronenmikroskop
(M = Metall-Legierung)

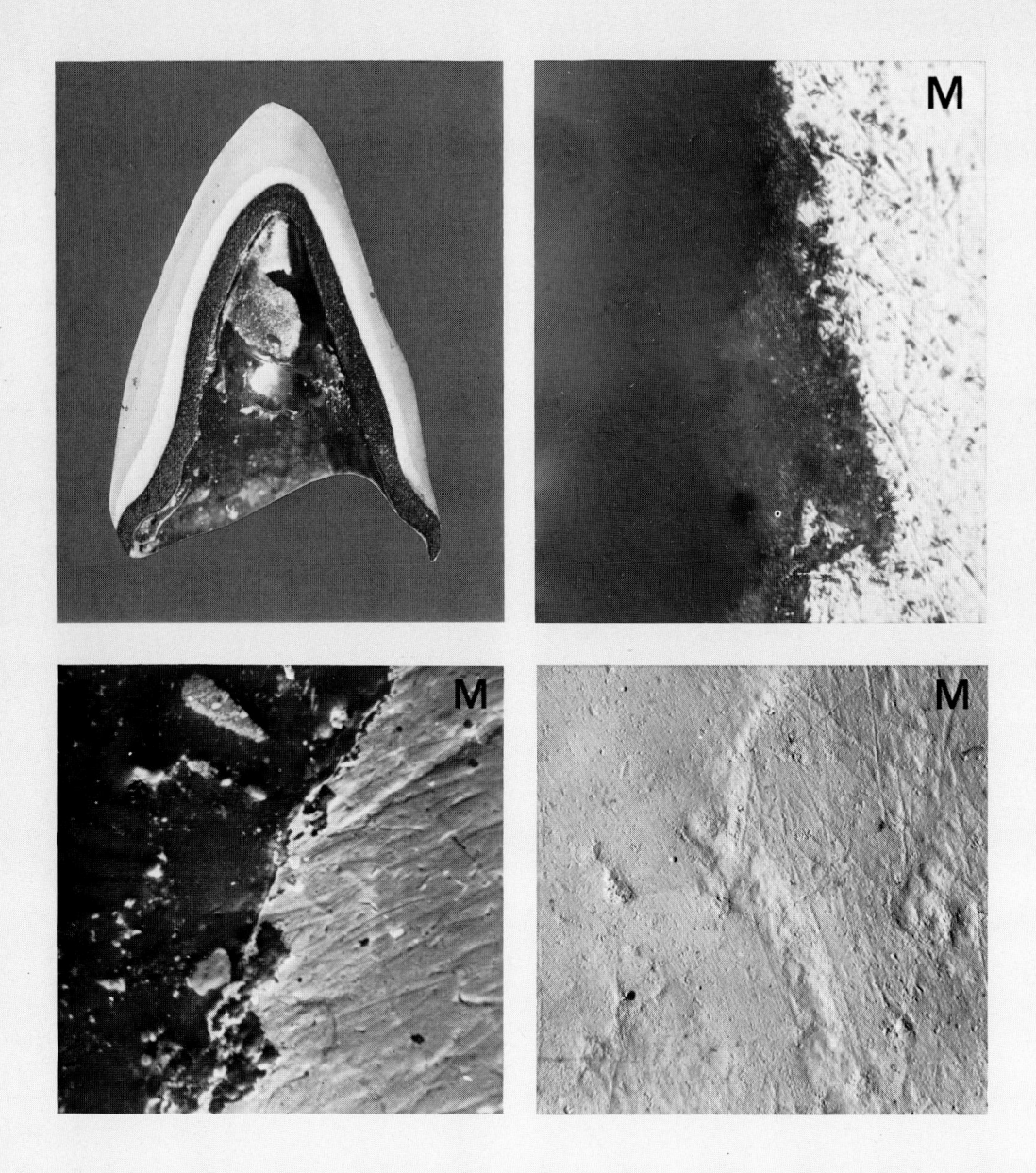

Abb. 21 Darstellung der Edelmetall-Legierung Degudent G bei 200facher Vergrößerung im Lichtmikroskop mit Paint-on- und Vita-Masse

Abb. 22 Darstellung der Edelmetall-Legierung Degudent U (weißlich-grau) mit Deckgold (goldfarben) bei 80facher Vergrößerung im Lichtmikroskop mit Vita-Masse

indirekt durch Verwendung von Matrizenabdrücken der Präparatoberfläche, die anschließend mit einem Metallschatten im Vakuum bedampft werden müssen, möglich. Dieser zusätzliche Herstellungsgang des zu betrachtenden Objektes stellt eine nicht unbedeutende Erschwerung der Untersuchung dar. Der Vorteil der Methode liegt in der starken Vergrößerungsmöglichkeit (bis zu 20 000fach) und dem guten Auflösungsvermögen (Tafel III, S. 43). Dadurch können eindeutige Aufschlüsse über die Bindung von Metall-Legierung und keramischer Masse gewonnen werden (Abb. 23). Allerdings läßt die Matrizenmethode die Darstellung einer stark zerklüfteten Oberfläche, z.B. durch eine Stufe oder einen größeren Spalt hervorgerufen, nicht zu.

Diese Nachteile lassen sich durch die Anwendung eines Rasterelektronenmikroskopes (REM) vermeiden, weil die Untersuchung der Präparatoberfläche nach kurzer Vorbehandlung (Bedampfung mit einer dünnen Goldschicht) direkt möglich ist (Tafel IV, S. 44/45). Die große Schärfentiefe

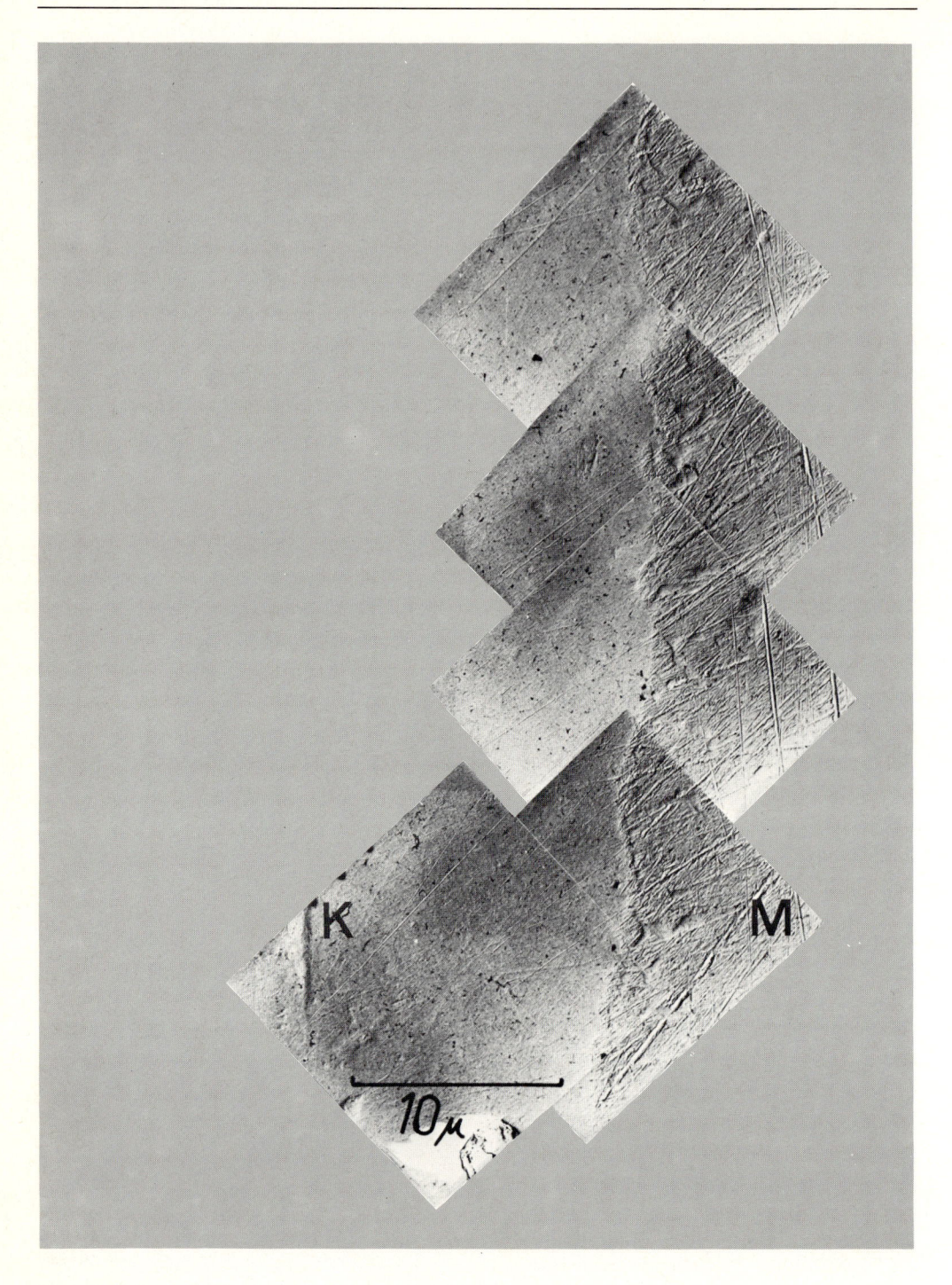

Abb. 23 Fünf Bilder in einer Reihe, im Elektronenmikroskop aufgenommen, zeigen bei 5000facher Vergrößerung fugenlose Anlagerung der keramischen Masse Biodent an Herador

des REM bei Objektbetrachtung ermöglicht es, Vertiefungen, wie sie durch Blasen, Hohlräume, Sprünge oder einen Spalt zwischen oder innerhalb der Werkstoffe angetroffen werden könnten, deutlich darzustellen. – Eine zusätzliche Information liefert die unterschiedliche Sekundärelektronenemission von der keramischen Oberfläche und von der Metall-Legierung, die auf Helligkeitsunterschieden (unterschiedliche Reflexion von Elektronen) beruht; die Keramik (K) stellt sich dunkel, die Metall-Oberfläche (M) hell dar.

Die Frage der Grenzschichtbeschaffenheit der Metallkeramik konnte durch Anwendung der drei genannten Mikroskope in bezug auf lückenlose Anlagerung wesentlich gesichert werden. Seit den ersten Veröffentlichungen (1968, 1970, 1971 u. a.) setzten sich bei der Einführung neuer metallkeramischer Systeme orientierende LM- und REM-Untersuchungen in der Zwischenzeit über alle Jahre fort, z.B. auch bei Einführung der NEM-Legierungen für diese Art von Metallkeramik.

Inzwischen sind eine große Zahl weiterer Metall-Legierungen im Dentalhandel angeboten worden und die keramischen Massen wurden geändert bzw. ihre Anwendung universell möglich gemacht.

Von großer Wichtigkeit ist es daher, zum heutigen Zeitpunkt hervorzuheben, daß die Metall-Legierungen streng voneinander getrennt betrachtet werden müssen. Was für Metallkeramik mit Edelmetallgerüsten gesagt wird, gilt nicht generell für Nichtedelmetall- oder Spargold-Legierungen!

Die nun verfügbaren Ergebnisse betreffen nur einige Edelmetall-Legierungen, nämlich Degudent U, Degudent G, Herador H, Degudent H sowie die NEM-Legierungen Wiron S, Ultratec und Microbond NP 2. Von den keramischen Massen wurden Vita-68, Biodent Universal und die Grundmasse Paint-on sowie die Spezialmassen Vivodent PE und Microbond High Life-Masse berücksichtigt. Von seiten der Hersteller wird die gegenseitige Austauschbarkeit angegeben.

Die Untersuchung der Bindungszonen wurde mit dem Lichtmikroskop und dem Rasterelektronenmikroskop durchgeführt, weil sie einen genügend sicheren Aufschluß, besonders im Zusammenhang mit anderen Untersuchungen, die das REM erlaubt, ergaben.

Die Tafel IV (S. 44/45) stellt acht verschiedene Edelmetall-keramische Systeme im REM bei Vergrößerungen um 2000 dar. Wie bereits von *Lautenschlager* und *v. Radnoth* aufgezeigt, sind auch hier unterschiedliche Grenzschichtkonturen (Grenzlinien und Kontaktzonen bis zu 5 µm Breite) feststellbar, die nicht durch die mechanische Oberflächenbearbeitung zu erklären sind, sondern spezifisch sein müssen. Kontaktzonen wurden durch die Benetzung des oxidierten Metallgerüstes mit der keramischen Grundmasse während des ersten Brennvorganges und mit einer Diffusion der keramischen Masse in die Metalloberfläche, also als Reaktion während des Brennvorganges, erklärt.

Es ist zu sehen, daß sich die Bindung von Degudent U anders darstellt als die der anderen beiden Legierungen. Bei Degudent U ist eher von einer Grenzlinie zu sprechen als von einer ausgeprägten Kontaktzone. Diese ist bei Degudent G und Herador H ausgeprägt. Das häufig angewendete Degudent U, mit Paint-on-Grundmasse und Vita-68-Massen gebrannt, wird in Abb. 24 in einem Reihenbild (REM, V = 2000) aus acht Mikroaufnahmen zusammengesetzt, dargestellt. Auf einer Strecke von 280 µm

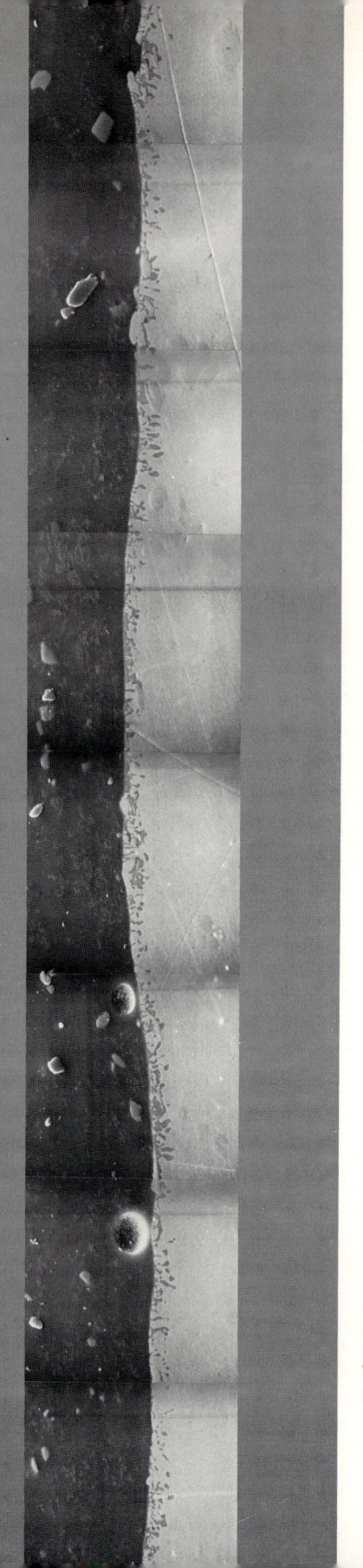

Abb. 24 Die Reihenaufnahme, aus acht REM-Aufnahmen zusammengesetzt, stellt das MK-System Degudent U mit Paint-on-Grundmasse und Vita-68-Masse bei 2000facher Vergrößerung auf einer Strecke von 280 µm dar

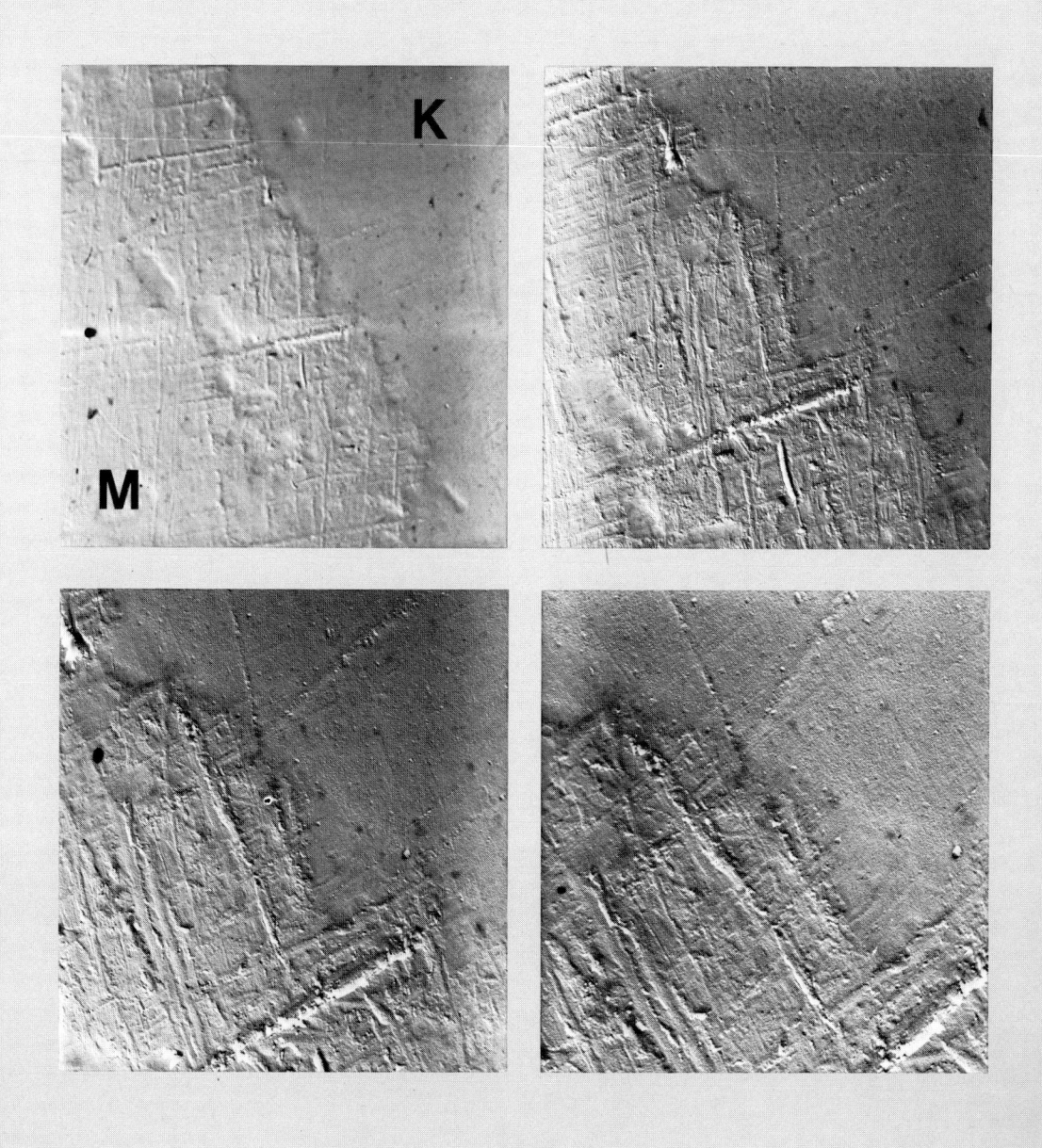

Tafel III
Darstellung der Grenze zwischen Degudent N und VMK-Masse im Elektronenmikroskop bei steigender Vergrößerung (5000-, 10000-, 15000- und 20000fach) der gleichen Präparatstelle

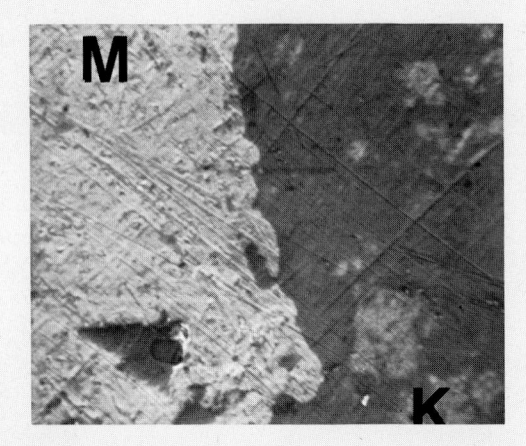

Deg. Univ./Biod. Univ. M.

Herad. H./Biod. Univ. M.

Deg. G./Vita-68-M.

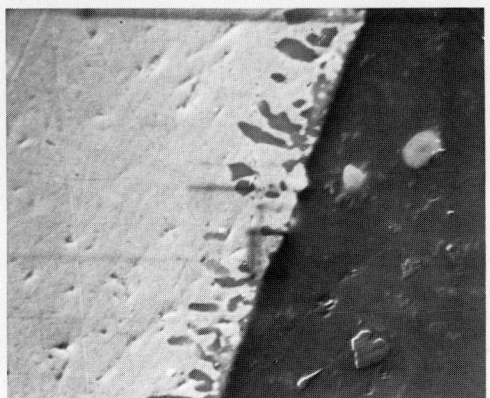

Deg. G./Paint-on- u. Vita-68-M.

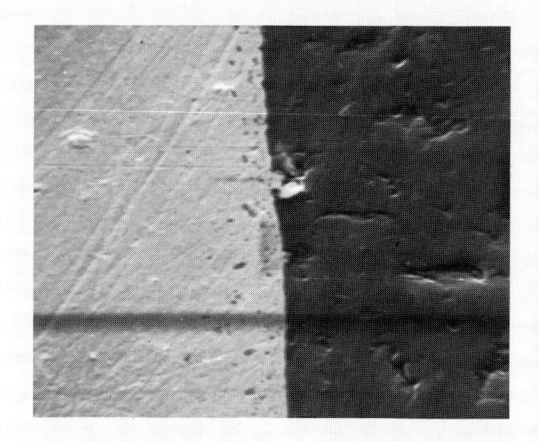

Deg. Univ./Vita-68-M.

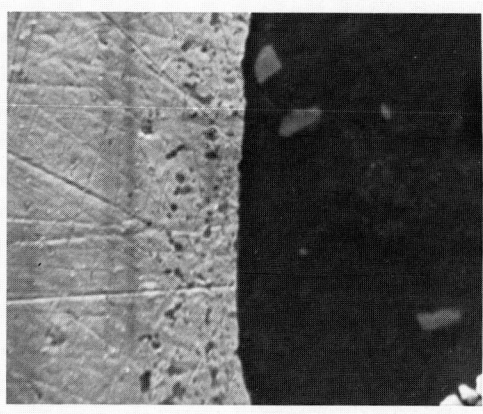

Deg. Univ./Paint-on- u. Vita-68-M.

Deg. H./Vita-68-M.

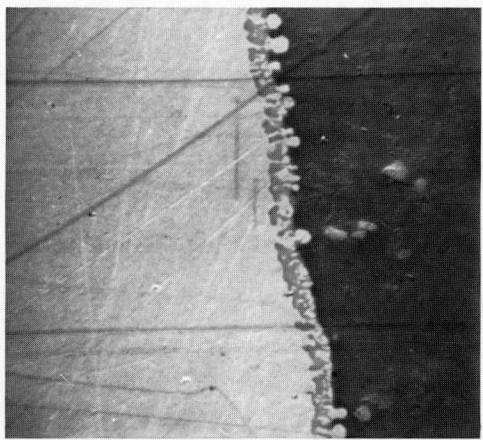

Deg. H./Paint-on- u. Vita-68-M.

Tafel IV
Acht verschiedene edelmetallkeramische Systeme, aufgenommen im REM bei Vergrößerungen um 2000

ist, mit Ausnahme einer unbedeutenden Fehlerstelle, die vollständige Bindung beider Werkstoffe miteinander dargestellt. Wäre an irgendeiner Stelle ein Spalt von 5 μm Breite, würde sich diese »Nicht-Bindung«, wie in Abb. 25 durch Manipulation erzeugt, zeigen.

Abb. 25 Ein 5 μm breiter Spalt zwischen Metall und Keramik würde sich bei 2000facher Vergrößerung so darstellen, hier durch Manipulation des Bildes erzeugt

Während des Brandes der »niedrig schmelzenden Massen« werden Temperaturen bis 980 °C erreicht, d. h. sie liegen deutlich unter dem Schmelzintervall von Degudent U, das von 1260 bis 1150 °C angegeben wird. Die Soliduslinie von Degudent G kommt mit 1045 °C der Brenntemperatur sehr nahe, die Liquiduslinie liegt bei 1140 °C. Bei diesem Schmelzintervall ist eine oberflächliche Verflüssigung (und damit eine Diffusion der keramischen Masse) denkbar. Das Schmelzintervall von Herador H liegt von 1200 bis 1150 °C. Möglicherweise stellt sich so bei 2000facher Vergrößerung die keramisch durchdrungene Oxidschicht dar.

Einschlüsse oder Blasen sind nicht häufig anzutreffen, so daß von gelungenen metallkeramischen Arbeiten und einer guten Bindung gesprochen werden kann. In der keramischen Grundmasse geben einzelne Bezirke eine hellere Elektronenreflexion. Diese zeigen kristalline Bestandteile an, die – wie aus Elementverteilungsbildern zu entnehmen – für die jeweilige keramische Masse charakteristische Bestandteile (Cer, Titan) enthalten.

Die Tafel V (S. 47) stellt drei von *Sauer* untersuchte NEM-Legierungen, mit speziellen keramischen Massen gebrannt, dar. Es handelt sich ebenfalls um mikromorphologische Bilder, die im REM aufgenommen wurden. Nur bei Microbond NP 2 mit High Life-Masse beträgt die Vergrößerung 1180:1, ist also etwas geringer ausgefallen. Metall-Legierung und gebrannte keramische Masse treffen in allen drei untersuchten Systemen in Grenzlinien zusammen. Alle Oberflächenrauhigkeiten sind bündig von der keramischen Masse ausgefüllt. Bei starken Oberflächenzerklüftungen könnte es immerhin vorkommen, daß das Metall von der keramischen Masse nicht überall benetzt wird. Mehrere Blasen sind lediglich in der keramischen Grundmasseschicht beim System Microbond NP 2 mit High Life-Masse zu erkennen. Da sich diese Blasen innerhalb der Grundmasse befinden, sind sie wahrscheinlich beim Auftragen der zu trockenen Opakschicht eingebracht worden. Würde es sich um Gasbildungen handeln, die aus der Metall-Legierung herrühren – wie beim Prozeß des sog. Degasing angenommen und auch von *Plischka* beschrieben –, würden sich die Blasen an der Grenzfläche, also zwischen Metall-Legierung und Keramik, ansammeln. Dieser Vorgang konnte bei der Untersuchung, besonders der letzten Serien, nicht beobachtet werden. (Daher ist wohl den Ansichten von *Hennig* [1976] und

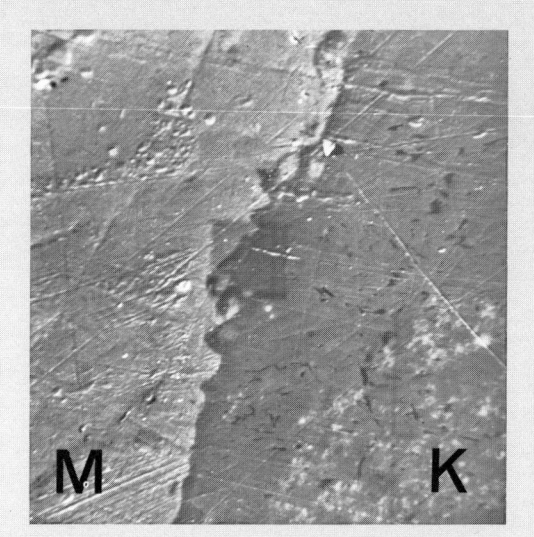

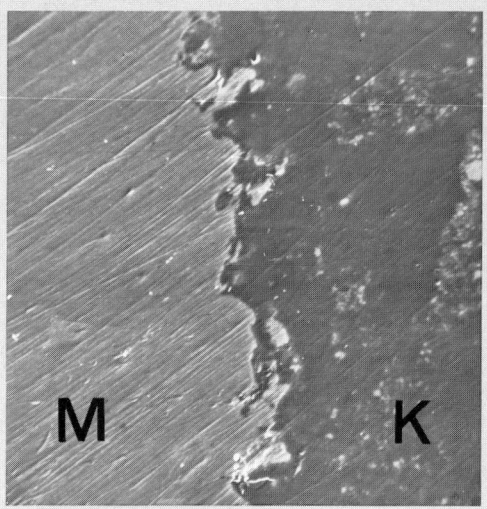

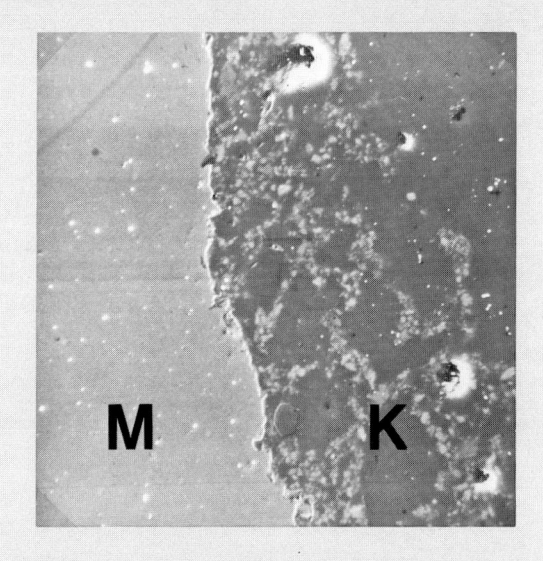

Tafel V
Drei verschiedene NEM-keramische Systeme, aufgenommen im REM bei Vergrößerungen von 1180 bis 2300. Links oben: Microbond NP 2 mit High-Life-Masse (1180:1) rechts oben: Wiron S mit Biodent-Masse (2300 : 1) unten: Ultratec mit Virodent-PE-Masse (2000 : 1)

48 Werkstoffkundliche Untersuchungen

Wagner [1965] zuzustimmen, daß »Degasing« nur bei Überhitzung der Metall-Legierung, »Heißextraktion«, möglich ist, d. h. unter methodengerechten, zahntechnischen Bedingungen *nicht* vorkommt, weder beim Gießen der Metall-Legierungen noch beim Oxidbrennen oder gar beim Aufbrennen keramischer Massen.)

Bei dem weitaus größten Teil der REM-Mikrobilder ist auffallend, daß die keramischen Massen annähernd frei von Hohlräumen und Lufteinschlüssen sind. Spalten oder Sprünge waren bei den mikromorphologisch untersuchten Kronen und Brückenzwischengliedern nicht anzutreffen.

Während die Grenze zwischen Metall-Legierung und Keramik im REM-Bild deutlich sichtbar ist, stellt sich der Übergang zwischen Grund- und Dentinmasse nur verschwommen und nicht so deutlich wie im LM dar. Beide Schichten gehen fließend ineinander über. Nur vereinzelt treten in diesem Bereich Bläschen auf. Spalten und Risse, die auf mangelhafte Verbindung der keramischen Schichten mit unterschiedlicher Aufgabe hindeuten, konnten bei keinem der untersuchten MK-Präparate gefunden werden.

Von allen in Tafel IV und V (S. 44/45 und 47) dargestellten metallkeramischen Systemen sind Reihenbilder vorhanden, die nicht von ausgewählten Abschnitten aufgenommen wurden, sondern die die tatsächlichen Bindungsverhältnisse der *genannten* metallkeramischen Systeme darstellen.

4.2.2. Elektronenstrahlmikroanalyse

Das Rasterelektronenmikroskop (REM) ermöglicht durch ein gekoppeltes Zusatzgerät, den energiedispersiven Röntgenanalysator, die qualitative chemische Zusammensetzung der Präparatoberfläche punktförmig und ohne sie zu zerstören zu ermitteln. Die in den Tafeln IV und V (S. 44/45 und 47) zusammengefaßten metallkeramischen Systeme sind alle auf diese Weise untersucht worden (Röntgenanalyse: EDAX, d. h. energie *d*ispersing *a*nalysis *x*-ray). Zunächst sollen einige der Analysen wiedergegeben werden.

Die EM-Legierung Herador H, gegossen und mehrfach einem Brennprozeß bei 950 °C unterzogen, zeigt in der qualitativen EDAX-Analyse bei einer Untersuchungsdauer von 400 Sekunden beispielsweise (Abb. 26): Gold (Au), Palladium (Pd), Kalium (K), Indium (In) und Eisen (Fe). – Die Höhen der Kurvenspitzen geben keinen genauen Aufschluß über die vorhandene Menge der Elemente, sondern nur einen groben Anhalt. Auch liegen Indium (In) und Zinn (Sn) bei dieser Analyseform so dicht beieinander, daß sie nicht genau identifiziert werden können.

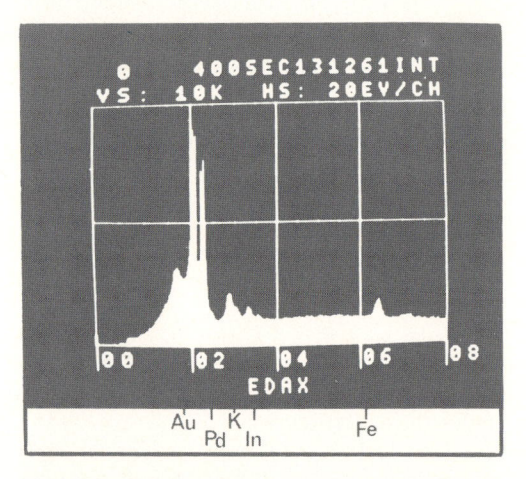

Abb. 26 Röntgenanalyse von Herador H, gegossen und mehrfach beim keramischen Brennprozeß auf 950 °C erhitzt

Die röntgenanalytische Untersuchung der NEM-Legierungen ergab *(Sauer),* daß die drei untersuchten Legierungen aus den gleichen Elementen zusammengesetzt sind (Abb. 27). Sie bestehen hauptsächlich aus Nickel (Ni) und Chrom (Cr) und haben außerdem Beimengungen von Aluminium (Al), Silizium (Si), Schwefel (S), Mangan (Mn) und Eisen (Fe). Da die Röntgenanalyse die Bestimmung der Elemente erst von der Ordnungszahl 9 (Fluor) an aufwärts ermöglicht, kann z.B. nicht überprüft werden, ob sich in den untersuchten NEM-Legierungen das Element Beryllium (Ordnungszahl 4) befindet. Außerdem wird Sauerstoff (Ordnungszahl 8) nicht nachgewiesen.

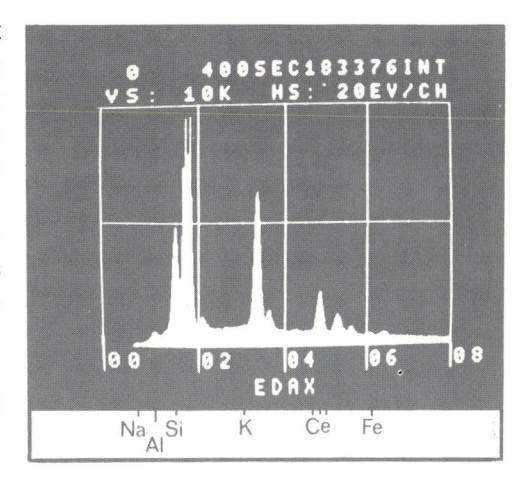

Abb. 28 Röntgenanalyse der keramischen Grundmasse von Biodent-Universal mit dem charakteristischen Element Cer

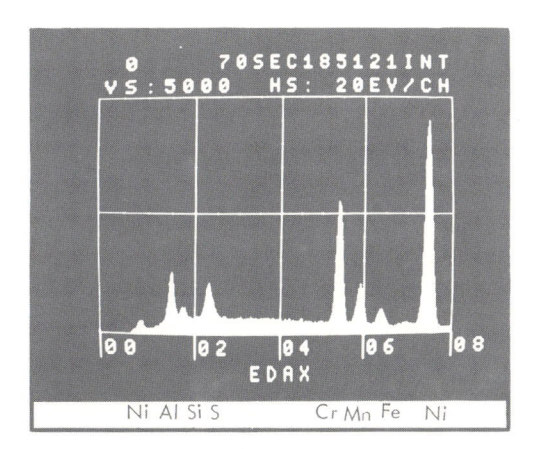

Abb. 27 Röntgenanalyse der NEM-Legierung Wiron

Die keramischen Grundmassen bestehen zum größten Teil aus Silizium (Si), Aluminium (Al) und Kalium (K) und haben Zusätze von Natrium (Na) und Kalzium (Ca). Unterschiedlich sind bei den keramischen Massen die Zusätze von Cer (Ce) bei der Biodent-Universal-Masse und von Titan (Ti) bei der Vita-Grundmasse Paint-on (Abb. 28).

Während die bisher angeführten Mikroanalysen zur Bestätigung der bekannten Angaben durchgeführt wurden, gewinnt die Röntgenanalyse der Grenzschicht zur Ergründung des Bindungsmechanismus an Interesse, weil sie punktförmig durchzuführen ist. – Bei dem System Degudent G mit der Grundmasse Paint-on und Vita-68-Masse ergibt sich in der Grenzschicht eine Bestätigung des Vorhandenseins der erwarteten Oxidbildner Indium (In), Zinn (Sn) und Eisen (Fe); (Abb. 29). Bei stärkerer

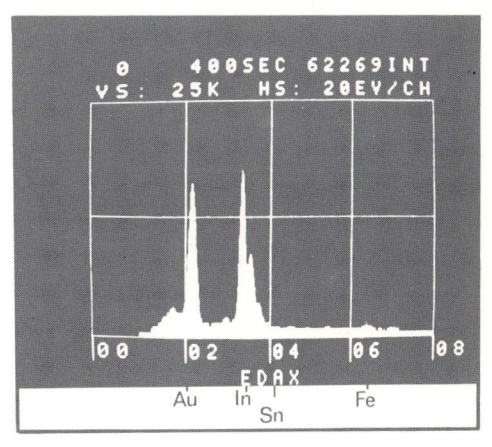

Abb. 29 Punktförmige Röntgenanalyse in der Grenzzone von Degudent G mit Paint-on- und Vita-68-Masse: die Oxidbildner Indium (In), Zinn (Sn) und Eisen (Fe) sind nachzuweisen

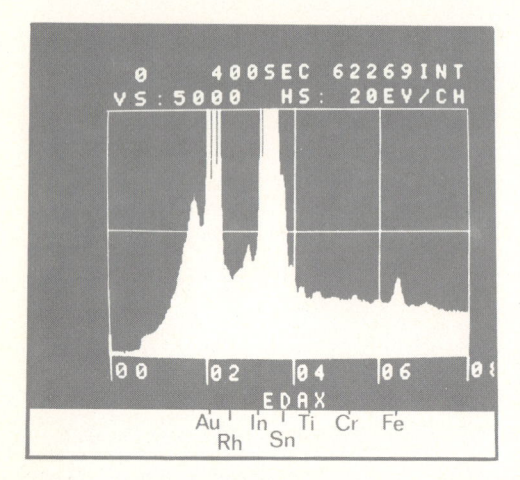

Abb. 30 Bei stärkerer Vergrößerung der gleichen Stelle in der Röntgenanalyse finden sich außerdem die Elemente Rhodium (Rh), Titan (Ti) und Chrom (Cr)

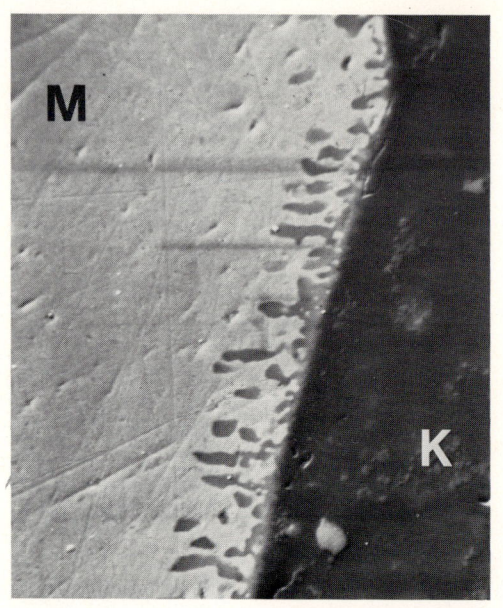

Abb. 31 REM-Bild der Grenzzone von Degudent G(M) mit Paint-on- und Vita-68-Masse (K), 2600:1

Vergrößerung (Abb. 30) lassen sich außerdem Rhodium (Rh), Titan (Ti) und Chrom (Cr) nachweisen.

Eine Grenzschichtanalyse bei NEM-Legierungen, mit keramischen Massen bebrannt, ergibt keine anderen Zusammensetzungen als die der Werkstoffe in ihrem Inneren, da die Oxidation, wegen der Nichtanzeige von Sauerstoff, nicht dargestellt wird.

4.2.3. Elementverteilungsbilder

Das REM erlaubt weiterhin die Herstellung von Elementverteilungsbildern, die mit Hilfe eines Elektronenstrahles registriert werden. Der Ausschnitt des Präparates wird auf jeweils ein Element hin abgetastet (abgerastert). Je stärker das Element an einer Stelle vertreten ist, um so mehr Impulse werden aufgezeichnet (akkumuliert). Bei 2600facher Vergrößerung ist die Verbindungszone zwischen Degudent G und den keramischen Massen Paint-on sowie Vita-68 im mikromorphologischen Bild dargestellt (Abb. 31). Verteilungsbilder sind von Eisen, Aluminium, Silizium, Titan, Chrom sowie Indium und Zinn aufgezeichnet worden. Die Anreicherung von Indium und Zinn (die analytisch schwer zu trennen sind) in der Bindungszone ist auffällig (Abb. 32). Die Aufzeichnungen zeigen Anreicherungen sowohl in der Metall-Legierung als auch in der Keramik. Es wird angenommen, daß sich die oxidbildenden Elemente Indium und Zinn während der Wärmevorbehandlung (Oxidglühen) an der Metalloberfläche ansammeln und während der Brennprozesse auch in die keramischen Massen diffundieren. Charakteristisch verteilt ist z.B. auch Titan als Bestandteil keramischer Vita-Massen (Abb. 33). Eisen ist in der Metall-Legierung viel anzutreffen, aber auch in der keramischen Masse. Seine Verteilung ist nicht so spezifisch, weil das Element weit verbreitet ist. Silizium und Aluminium sind die Hauptbestandteile der keramischen Masse, dürf-

Abb. 32 Das Verteilungsbild von Indium und Zinn bei gleicher Vergrößerung wie das REM-Bild von Abb. 31. Eine Anreicherung der Oxidbildner in der Grenzzone ist deutlich zu erkennen

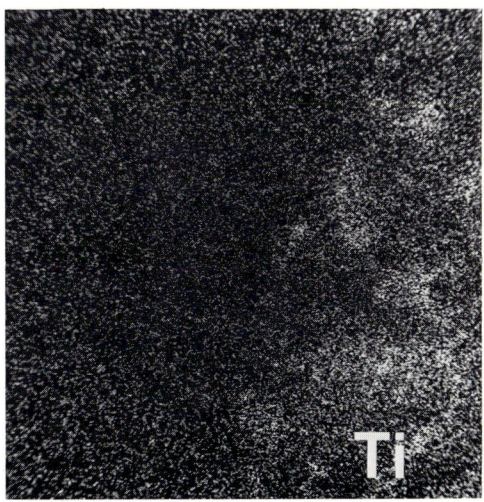

Abb. 33 Verteilungsbild von Anreicherungen des Titan im gleichen metallkeramischen System wie Abb. 31 (Degudent G mit Paint-on- und Vita-68-Masse)

ten aber – ebenso wie Chrom – auch durch die Poliermittel im metallkeramischen Präparat eine starke Verbreitung gefunden haben. Tafel VI (S. 52/53) zeigt die Elementverteilung von Aluminium (Al), Silizium (Si), Kalium (K), Titan (Ti); alle Elemente sind in der gebrannten keramischen Schicht besonders anzutreffen sowie Palladium (Pd) und Eisen (Fe) in der Edelmetall-Legierung Degudent U bei einer Vergrößerung 2400fach. Das mikromorphologische Bild zeigt, im Vergleich zu Abb. 31 von Degudent G bei annähernd gleicher Vergrößerung, auch in den Elementverteilungsbildern eine unterschiedliche Struktur. Auf diese unterschiedlichen Grenzausbildungen ist bei Erläuterung der Tafel IV (S. 44/45) bereits hingewiesen worden.

So ergeben sich durch verschiedene Untersuchungsmethoden bei den dargestellten metallkeramischen Systemen, aber auch für andere in die Untersuchungsreihen einbezogene (siehe S. 17), aber *nur* für diese, klare Aufschlüsse über die Bindung von Metall-Legierung und keramischer Masse sowie über die Elementverteilung an der Grenzlinie oder in der Grenzzone und die Zusammensetzung der Werkstoffe. Es wäre verhängnisvoll, diese Ergebnisse zu verallgemeinern, insbesondere von der einen Legierungsart auf eine andere zu schließen. Es kann kein Überblick über alle verfügbaren Legierungen gegeben werden. Die Hersteller von Legierungen könnten allerdings aus den gegebenen Darstellungen über die Mikromorphologie der Grenze u. a. entnehmen, welche Voruntersuchung sie durchführen müßten, bevor an eine klinische Erprobung gedacht werden kann.

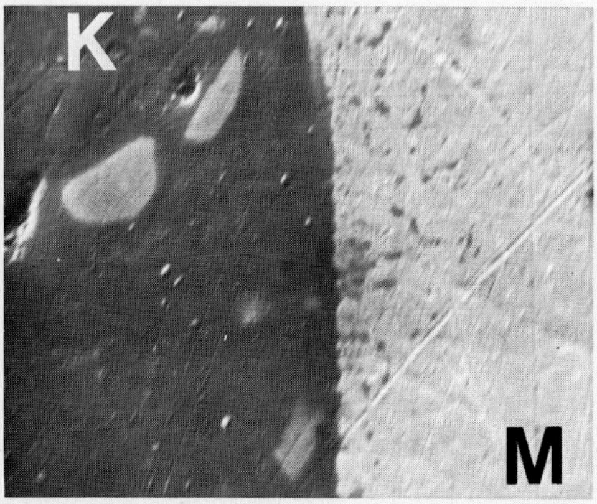
K
M

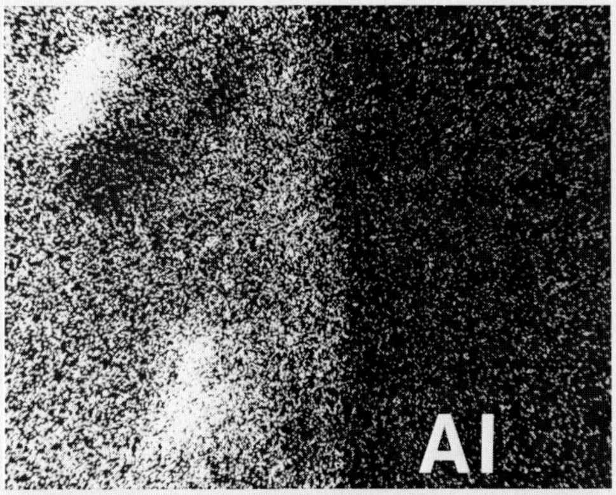
Al

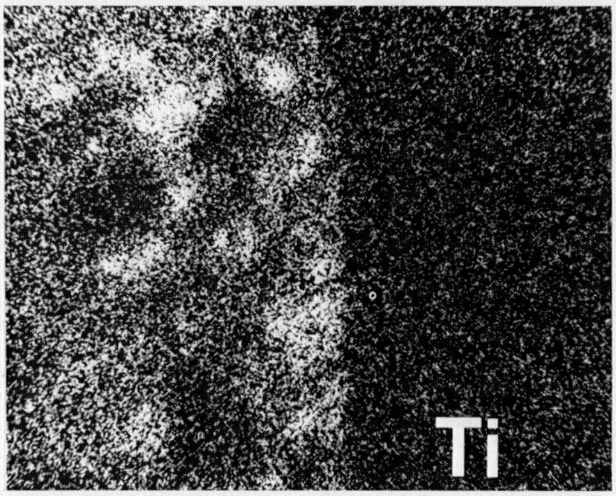
Ti

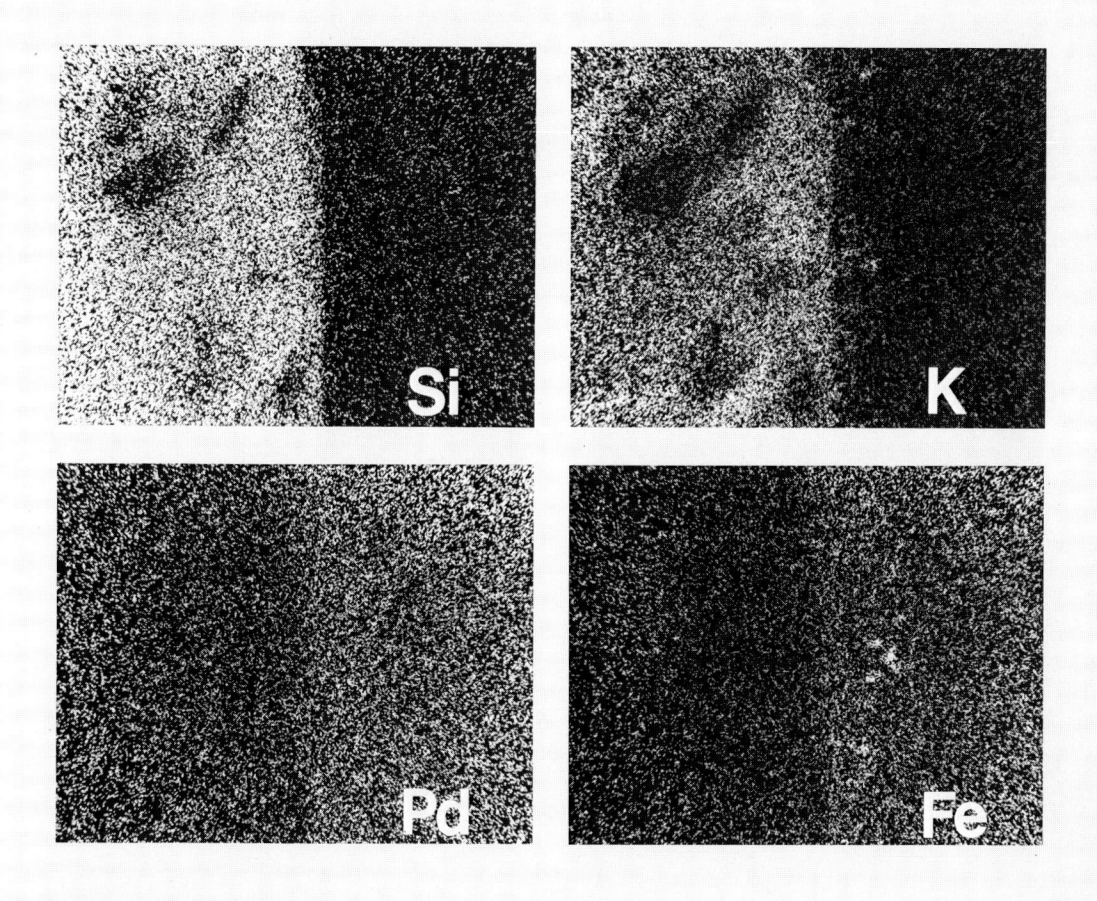

Tafel VI
Elementverteilung bei Degudent U mit Paint-on- und Vita-68-Masse im Vergleich zur mikromorphologischen Darstellung der gleichen Stelle im REM bei 2400facher Vergrößerung; links: Keramik, rechts: Edelmetall-Legierung

4.3. Mechanische Untersuchungen zur Prüfung der Festigkeit der Bindung*

Seit Bekanntwerden der Metallkeramik werden verschiedene mechanische Testmethoden empfohlen und angewendet, um einerseits die Festigkeit der Bindung zwischen Metall-Legierung und aufgebrannter keramischer Masse unter Beweis zu stellen, und andererseits verschiedene Metall-Legierungen oder deren Oberflächengestaltung miteinander zu vergleichen. Bedauerlicherweise geben die Hersteller Meßwerte aus eigenen Verfahren an und jede Forschergruppe bemüht sich, aus eigenen Werten Klarheit zu erlangen *(Hennig)*. Die Methoden befinden sich in mehr oder weniger grobem Bezug zur Laborarbeit oder zur klinischen Tätigkeit. Die geschilderten Methoden sind noch nicht genormt, daher einzeln zu bewerten, gewinnen aber doch, wegen gelegentlich gleichlaufender Tendenzen, an klinischer Bedeutung; das meint der Kliniker, der werkstoffkundlich interessiert ist.

Shell und *Nielsen* (1962) waren die ersten, die ein Verfahren zur Bestimmung der Bindungsfestigkeit entwickelt haben. Ein runder Stab aus der aufbrennfähigen Legierung wird mit keramischer Masse ummantelt und dieser Prüfkörper auf Zug beansprucht (siehe Abb. 12). Andere Methoden mit Hammerschlag oder einer auf das metallkeramische System fallenden Stahlkugel können nur zur groben Orientierung angewendet werden. Sie testen zwar das MK-System, jedoch auf Druck; gegen diese Einwirkung erweisen sich fast alle Keramiken als recht widerstandsfähig.

Ein Verfahren zur Bestimmung der Zugfestigkeit in einer Universal-Prüfmaschine entwickelte *Püchner* (1971), bei dem er die keramische Grundmasse zwischen zwei Blöcke der zu prüfenden Metall-Legierung brannte (Abb. 34) und diesen gemeinsamen Prüfkörper durch Zug zu zerstören suchte.

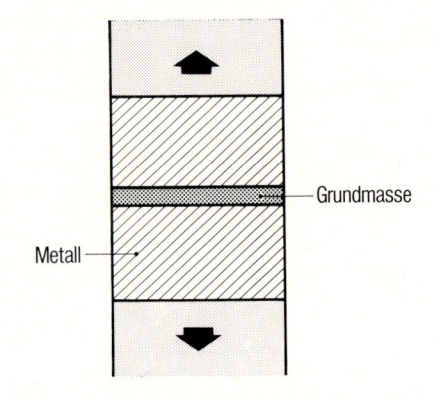

Abb. 34 Verfahren zur Bestimmung der Zugfestigkeit metallkeramischer Systeme (Püchner 1971)

In einer ersten Untersuchungsserie bestimmte er nur die Zugfestigkeit von fünf metallkeramischen Systemen, bei denen EM-Legierungen mit und ohne Deck- bzw. Blendgold sowie eine NEM-Legierung bei von den Herstellern angegebenen Brenntemperaturen verarbeitet worden waren. Die Deck- bzw. Blendgolde wurden in die Untersuchungsserie einbezogen, weil sie als Trennschicht zwischen Metall-Legierung und keramischer Grundmasse hätten wirken können. Die Ergebnisse (Abb. 35) stellen Mittelwerte aus jeweils 10 Messungen eines Systems dar, die eine relativ hohe Bindung auf den Quadratmillimeter widerspiegeln, wenn auch die Werte für die geprüfte NEM-Legierung um ca. 20 %

---

* Sofern die wissenschaftlichen Untersuchungen vor Einführung der neuen Maßeinheiten am 1. 1. 1977 veröffentlicht wurden, sind alte Angaben beibehalten worden. Neuere Untersuchungen enthalten die Angaben 9,80665 N (Newton) = 1 kp

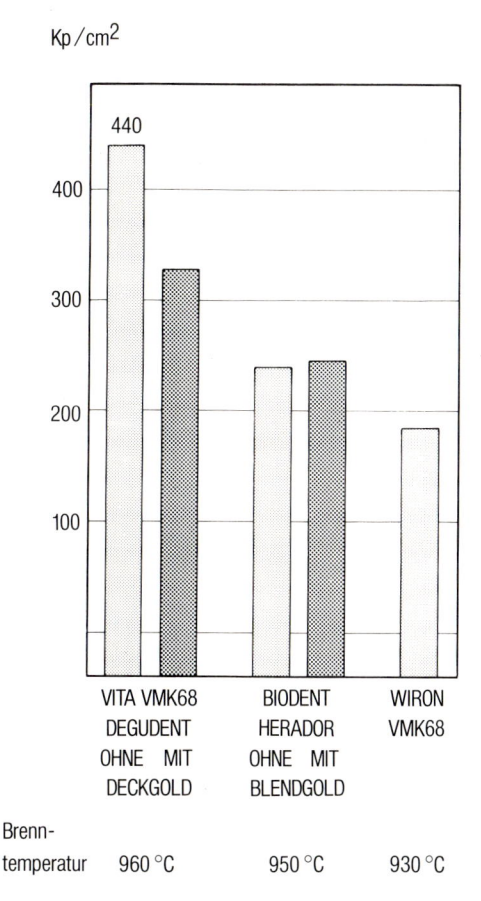

Abb. 35 Mittelwerte von je zehn Zugfestigkeitsprüfungen fünf metallkeramischer Systeme bei vorgeschriebener Brenntemperatur (Püchner 1971)

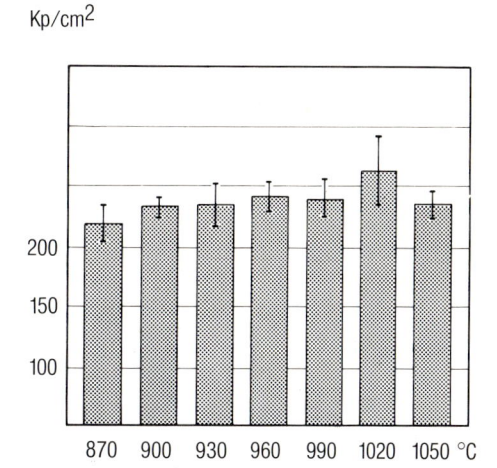

Abb. 36 Ein Abweichen von der empfohlenen Brenntemperatur von Vita-VMK-68-Masse (950 °C) auf Wiron verändert die Werte der Zugfestigkeitsprüfungen nicht wesentlich (Püchner 1971)

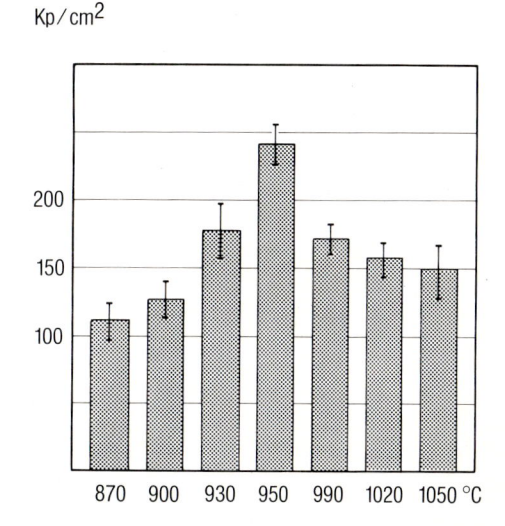

Abb. 37 Bei dem MK-System Biodent-Herador mit Blendgold ergibt sich ein starkes Abfallen der Zugfestigkeitswerte, wenn höher oder niedriger als bei empfohlener Brenntemperatur (950 °C) gebrannt wird (Püchner 1971)

niedriger liegen. – Während in einer zweiten Versuchsserie bei dem System Wiron mit Vita-68-Masse keine starke Temperaturabhängigkeit festgestellt werden konnte (Abb. 36), war das für die vier Edelmetall-Keramik-Systeme zu eruieren, d. h. wenn bei den EM-Legierungen von der empfohlenen Brenntemperatur der Grundmasse (950 °C bzw. 960 °C) abgegangen wird, fällt die Festigkeit der Bindung deutlich ab. Ein Unterbrennen der keramischen Grundmasse schwächt die Bindung mehr als ein Überbrennen um das gleiche Temperaturintervall (zwei Beispiele: Abb. 37 und Abb. 38).

Interessant ist noch folgende Feststellung

Kp/cm²

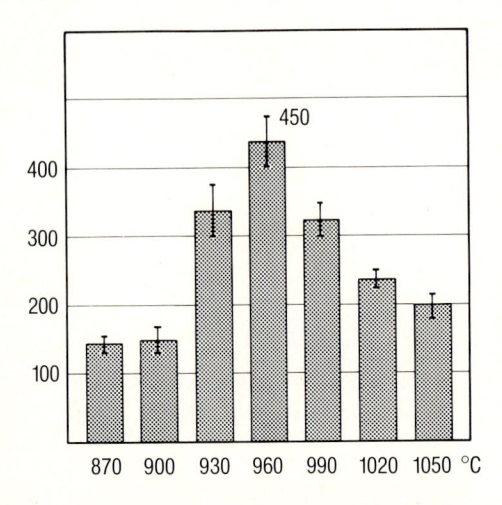

Abb. 38 Die gleichen abweichenden Ergebnisse der Zugfestigkeitsprüfungen ergeben sich beim Über- oder Unterbrennen des Systems Degudent U mit Vita-68-Masse (Püchner 1971)

Püchners bei seinen Versuchen: In keinem Falle seiner Zerstörungsversuche konnte eine vollständige Freilegung der Metall-Legierung von keramischer Grundmasse beobachtet werden. Bei 400facher Vergrößerung im Lichtmikroskop konnten stets anhaftende keramische Inseln beobachtet werden (Abb. 39).
Die Berücksichtigung der genauen Brenntemperatur ist ein wichtiger labortechnischer Hinweis aus diesen Untersuchungen von *Püchner,* der außerdem dazu beigetragen hat, Vorstellungen über die hohe Festigkeit der Bindung zu entwickeln und damit das klinische Vorgehen zu unterstützen.
Ein anderer Laborversuch mit direkter klinischer Relevanz ist von *Voss* 1969 veröffentlicht worden. Er hat untersuchen wollen, welche MK-Kronenform sich im Gebrauch voraussichtlich bei Belastung am besten bewähren wird. Er stellte drei verschiedene Modifikationen von MK-Eckzahnkronen her und testete sie bei gerader Belastung (Abb. 40) und bei einem Druck von 45° so, wie ein oberer Eckzahn bei

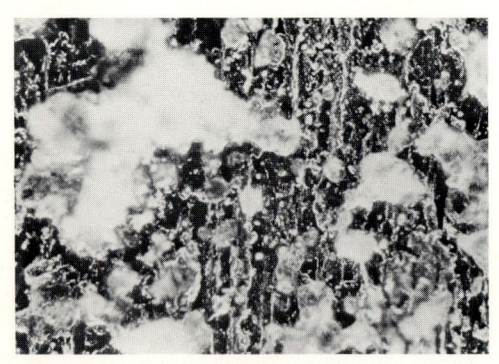

Abb. 39 Oberfläche der EM-Legierung mit keramischen Inseln nach Zugtest, Vergrößerung 400fach, Lichtmikroskop

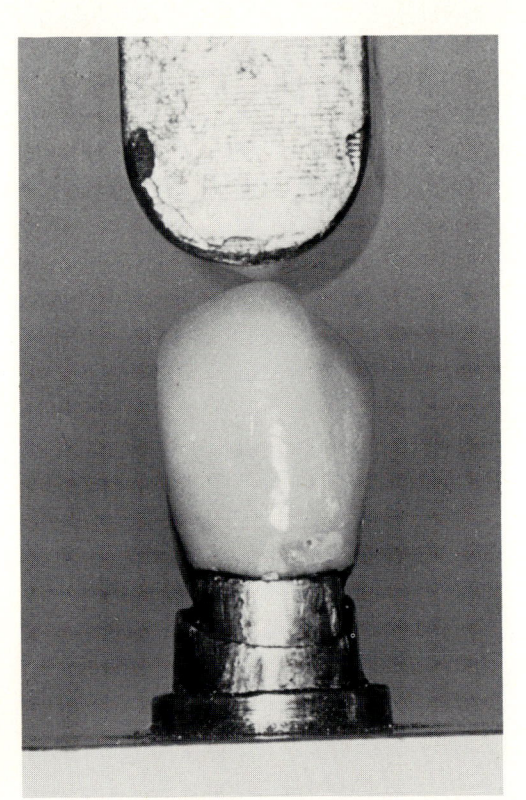

Abb. 40 Senkrechte Druckbelastung auf eine MK-Krone in einer Zwick-Universal-Prüfmaschine

Werkstoffkundliche Untersuchungen

Typ	Werkstoff	mittlere Belastung beim Bruch	Bruchfigur
A 	Degudent-Universal | Biodent	42,5 kp	
B 	Degudent-Universal | Biodent	67,2 kp	
C 	Degudent-Universal | Biodent	48,5 kp	

Typ	Werkstoff	mittlere Belastung beim Bruch	Bruchfigur
A	Wiron | Biodent	40,7 kp	
B	Wiron | Biodent	58,6 kp	
C	Wiron | Biodent	49,3 kp	

Typ	Werkstoff	mittlere Belastung beim Bruch	Bruchfigur
A	Degudent-Universal | Biodent	39,5 kp	
B 	Degudent-Universal | Biodent	49,4 kp	
C 	Degudent-Universal | Biodent	41,3 kp	

Typ	Werkstoff	mittlere Belastung beim Bruch	Bruchfigur
A 	Wiron | Biodent	39,0 kp	
B 	Wiron | Biodent	43,8 kp	
C 	Wiron | Biodent	35,2 kp	

Abb. 41 Festigkeit metallkeramischer Kronen des Systems Degudent U mit Biodent-Masse in Abhängigkeit von der Gestaltung des Metallgerüstes (Voß 1969).

Abb. 42 Festigkeit von MK-Kronen des Systems Wiron-Biodent-Masse, ebenfalls in Abhängigkeit von der Gestaltung des Metallgerüstes (Voß 1969).

Seitschub des Unterkiefers voraussichtlich belastet wird. Die Metallgerüste der Kronen hatten unterschiedliche Form, wie in den beiden Ergebnistabellen zu erkennen ist (Abb. 41 und Abb. 42). Auch die Metall-Legierungen Degudent U und Wiron wurden miteinander verglichen. Aus den Ergebnissen ist zu entnehmen, daß es ungünstig ist, den Metallunterbau bis zur Schneidekante reichen zu lassen oder auch die gesamte orale Seite einer Krone keramisch zu verkleiden. Die MK-Kronen mit freistehender Schneidekante wiesen in allen Untersuchungsvarianten die höchsten Werte auf. *Craig* und Mitarb. entwickelten die günstigste Formgebung metallkeramischer Kro-

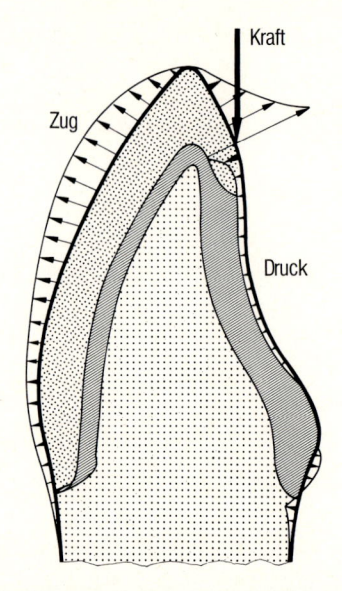

Abb. 43 Zug- und Druckspannungen an der Oberfläche von metallkeramischen Kronen bei axialer Belastung links und bei Belastung im Winkel von 30° im computerisierten Modell, Umzeichnung nach Farah u. a.

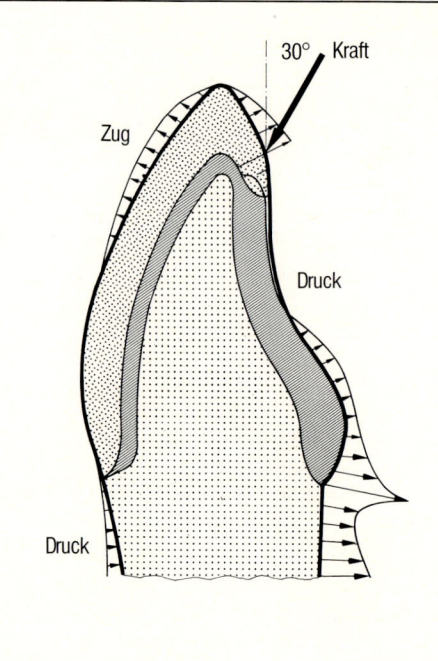

nen mit spannungsoptischen Untersuchungen. Sie bestätigen dabei im wesentlichen die von *Voss* experimentell gewonnenen Ergebnisse. Sie ermittelten, daß die Grenzlinie zwischen Keramik und Metallgerüst auf der labialen Schulter in einem Winkel von 30° zur Okklusionsebene liegen soll. Hinsichtlich der Festigkeit erwies sich die metallkeramische Krone der keramischen Mantelkrone als überlegen. Des weiteren wurde erhärtet, daß ein größerer Querschnitt des Metallgerüstes am Zahnhals, besonders auf der oralen Seite des Zahnes, die Spannungen deutlich reduziert. Die Grenzlinie vom Metall zur keramischen Schicht sollte oral so weit wie möglich vom Angriffspunkt der Last, also dem Okklusionskontakt, entfernt sein. Die Vollummantelung der metallkeramischen Krone erwies sich gegenüber einer Form der Krone, bei der der orale Abschnitt mit dickerem Metallquerschnitt gestaltet ist, als ungünstiger.

In weiteren Arbeiten haben *Craig* und Mitarb., insbesondere aber dann *Farah* mit *Craig,* die zweidimensionalen spannungsoptischen Untersuchungen weitergeführt und die Spannungsverhältnisse am idealisierten Zahn- und Kronenmodell mit Hilfe eines Computers analysiert.

Es zeigt sich, daß bei axialer Belastung die Zugspannungen vorwiegend an der Schneidekante und der Labialfläche angreifen, während die orale Fläche vorwiegend auf Druck beansprucht wird (Abb. 43 links). Für die Festigkeit der Keramik interessieren vorwiegend Zugspannungen, da hierdurch eher Sprünge und Risse auftreten als bei Druckspannungen. Erfolgt die Belastung nicht axial zur Zahnachse, sondern in einem Winkel hierzu – bei der Untersuchung von *Farah* wurden 30° gewählt

Metall-Legierung / Keramik	$\bar{x}$	SD	SE	MIN	MAX	n
Degudent U / Paint-on+ Vita-VMK-68	2452 N	862,0 N	272,6 N	1324 N	3658 N	10
Degudent U poliert / Paint-on+ Vita-VMK-68	1824 N	367,6 N	122,6 N	1393 N	2452 N	9
Degudent G / Vita-VMK-68	2236 N	500,1 N	223,6 N	1843 N	3089 N	5
Herador H / Biodent universal	1775 N	522,7 N	233,4 N	1177 N	2530 N	5
Wiron S / Biodent	1235 N	406,9 N	128,5 N	843 N	2108 N	10

Abb. 44 Ergebnisse von Belastungsversuchen bis zum Bruch bei axialer Belastung von MK-Kronen vier verschiedener, neuer metallkeramischer Systeme und der Variante des polierten Metallgerüstes: Mittelwert unter $\bar{x}$ in Newton (9,806 Newton sind 1,0 kp), Standardabweichung (SD), Standardfehler (SE) und kleinster (Min) sowie größter (Max) gemessener Wert. n = Zahl der Kronen (Voss u. Eichner 1978)

Metall-Legierung / Keramik	$\bar{x}$	SD	SE	MIN	MAX	n
Degudent U / Paint-on+ Vita-VMK-68	1559 N	385,4 N	121,6 N	961 N	2305 N	10
Degudent U poliert / Paint-on+ Vita-VMK-68	1412 N	407,9 N	128,5 N	824 N	2157 N	10
Degudent G / Vita-VMK-68	1226 N	299,1 N	133,4 N	784 N	1520 N	5
Herador H / Biodent universal	1226 N	220,6 N	99,0 N	971 N	1442 N	5
Wiron S / Biodent	1167 N	416,2 N	140,2 N	618 N	1912 N	10

Abb. 45 Ergebnisse von Versuchen bis zum Bruch bei Belastung in einem Winkel von 45°, Erläuterungen siehe Abb. 44

– so ergibt sich eine völlig andere Verteilung der Spannungen. Die Abb. 43 rechts zeigt die Ergebnisse. Die höchste Zugspannung tritt am *oralen* Rand der Krone auf und die höchsten Druckspannungen am Angriffspunkt der Last und geringere am labialen Rand der Metallkeramik-Krone. Sie wurden bei einer Belastung von 444,8 N (ca. 45 kp, 100 lb) mit $1,620 \times 10^8$ N/mm² (2350 psi) am oralen Rand und $2,895 \times 10^6$ N/mm² (420 psi) labial angegeben.

Diese Untersuchungen lassen jedoch nur eine Orientierung zu über die Frage, welche Belastungen von metallkeramischen Kronen bei der praktischen Anwendung ausgehalten werden. Es war deshalb angezeigt, mit einer Reihe neuer oder verbesserter Werkstoffe orientierende Untersuchungen über die Belastbarkeit von metallkeramischen Kronen bis zum Bruch durchzuführen.

Die Untersuchungen sind außerordentlich mühevoll und kostspielig. Sie können aber als klinisch bedeutsam bezeichnet werden. Das war auch der Grund dafür, daß *Voss* und *Eichner* ähnliche Untersuchungen 1977/78 anstellten, als neue EM-Legierungen, das neue Wiron S und neue keramische Massen (Paint-on-Masse und Biodent-Universal-Masse), im Dentalhandel angeboten wurden. Aus der ersten Untersuchungsserie von *Voss* (1969) wurde ausschließlich die am günstigsten zu beurteilende MK-Kronenform ausgewählt. Bei EM-Legierungen und einer NEM-Legierung wurde mit gerader und 45° geneigter Druckbelastung getestet, allerdings handelte es sich bei dieser Untersuchungsserie um mittlere Schneidezähne. Die Abb. 44 und 45 stellen die Ergebnisse dar. Im Vergleich zu den früheren Untersuchungen von 1969 fallen die höheren Kräfte auf, die

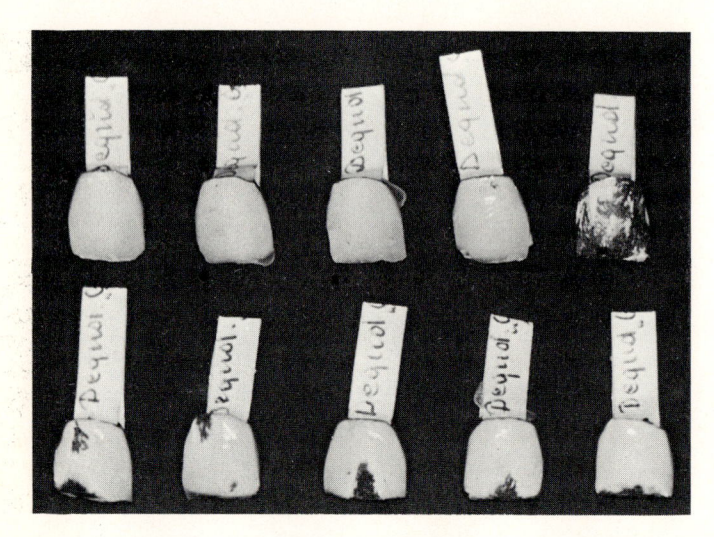

Abb. 46. Zehn getestete MK-Kronen vom System Degudent G mit Vita-68-Masse zeigen, daß bei Druckanwendung die Fraktur in der Regel durch die aufgebrannte keramische Masse verläuft, nicht aber die Keramik vom Metall abplatzen läßt

zum Zerstören der keramischen Schicht notwendig waren. Es war bei diesen Serien, wie schon früher von *Voss* berichtet, in der Regel zu einer Fraktur in der aufgebrannten Schicht, nur selten zum Abplatzen der gesamten keramischen Verkleidung des Metallgerüstes gekommen. Die zehn abgebildeten MK-Kronen nach dem Test (Degudent G mit Vita-68-Masse) können als Beispiel gelten (Abb. 46).

Veranlassung zu einer weiteren Testserie war die Frage eines Zahnarztes, der wissen wollte, ob die Haftung bei polierter und danach oxidierter Kontaktschicht mit gebrannter keramischer Grundmasse gleich gute oder andere Werte ergäbe. Aus manchen mikromorphologischen Bildern konnte man den Eindruck gewinnen, daß bei polierter Metalloberfläche keine schlechteren Werte zu erwarten seien. Da ein Test besser ist als die Meinung von einhundert Experten, wurde auch diese Untersuchungsreihe angeschlossen, mit Änderung nur eines Parameters, nämlich der Oberflächenbehandlung. – Die Ergebnisse bei beiden Testvarianten, gerader und um 45° geneigter Druck, waren bei polierter Kontaktschicht mit anschließender Oxidation geringer, wie Abb. 44 und Abb. 45 ebenfalls ausweisen. Zur Erklärung kann man die von verschiedenen Autoren angeführte Notwendigkeit der systematischen Oberflächenanrauhung rund um das Kronengerüst anführen. Möglicherweise ist es die bessere Haftfähigkeit an einer rauhen Oberfläche, die für die keramische Masse als mechanische Verzahnung zu werten ist. Hinzugerechnet werden muß aber auf jeden Fall die Oberflächenvergrößerung durch die Rauhigkeit. *Hennig* hatte bereits 1976 auf diese Möglichkeit aufmerksam gemacht und durch eine Skizze verdeutlicht (Abb. 47). – Wiederum auffallend und statistisch gesichert ist der niedrigere Wert für die Haftung der NEM-Legierung bei gerader Belastung (Abb. 48). Es muß jedoch erwähnt werden, daß die notwendigen Drucke zur Fraktur beträchtlich über denen liegen, die in der Mundhöhle aufgewendet werden, sowohl beim Kauen als auch bei regulatorischen Kontrollbewegungen, vorausgesetzt, das Gebiß inclusive der MK-Krone oder einer MK-Brücke ist durch Feineinschleifen äquilibriert. – Auch bei diesen Untersuchungen handelt es sich um klinisch orientierte Untersuchungen im

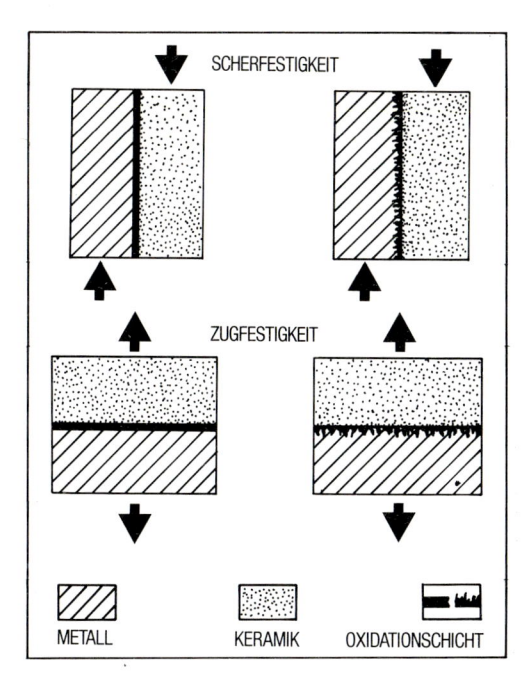

Abb. 47 Die Festigkeit der Bindung wird durch eine rauhe Oberfläche des Metallgerüstes und der daraus resultierenden Oberflächenvergrößerung verstärkt (Umzeichnung nach Henning)

Metall / Keramik	$\bar{x}$	IW
Degudent U / Paint-on + Vita-VMK-68	2452 N	p= 0,001
Wiron S / Biodent	1235 N	

Abb. 48 Bei axialer Belastung von MK-Kronen aus Degudent U, VMK-Massen und Wiron S-Gerüsten mit Biodent-Masse ergaben sich statistisch gesicherte Werte

Werkstoffkundelaboratorium, die richtungweisend, sowohl für den Zahnarzt als auch für den Zahntechniker, sein können.

Schmitz und *Schulmeyer* haben sich bemüht, eine Normtestung mit möglichst einfacher Prüfkörperherstellung für die Testung auf Abscherung bekanntzumachen und allgemein zu verbreiten. Immerhin erfüllt die Methode die Forderung nach einfacher, reproduzierbarer Prüfkörperherstellung (Abb. 49) und geringer Streuung der Prüfergebnisse mit einer maximalen Toleranz von 10 %. Ergebnisse mit diesem Testverfahren, das als Verbundtest Metall : Keramik, Methode *Silver, Klein* und *Howard,* modifiziert nach *Schmitz* von *Herrmann* bezeichnet wird, sind in dessen Veröffentlichung 1976 zu finden. Diese Zusammenstellung ist nicht nur wegen der Methode interessant, sondern auch, weil

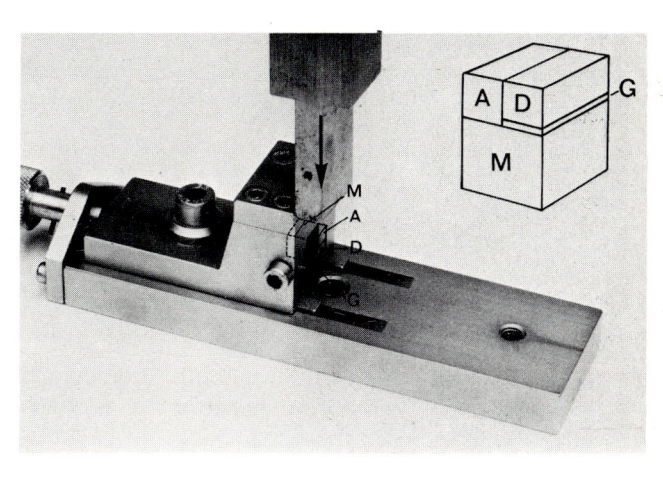

Abb. 49 Beim Schertest (Firma Wienand) kommen die skizzierten Prüfkörper zur Anwendung, bei denen auf einen Metallwürfel (M) einseitig Grund- und Dentinmasse (G und D) aufgebrannt werden. Für den Test wird der Prüfkörper so in die Vorrichtung eingespannt, daß die auf Verbundfestigkeit zu prüfende Grundmasse sich bei jeder Probe in gleicher Lage zum Laststempel befindet, der auf Kunststoff (A) aufsetzt. Die Probe wird bis zur völligen Abscherung der Grundmasse belastet und die Haftfestigkeit der Grundmasse an der Metall-Legierung ermittelt

Verbund: Metall-Keramik		
Methode Silver, Klein, Howard modifiziert durch Zahnfabrik Wienand		
Herador G		
Herador H	60	"
Degudent N	366	"
Degudent Universal	387	"
Degudent G	387	"
Herabond	350	"
Degucast	383	"
Wiron S	333	"
Ultratec	330	"
Streuung < 10%		

Abb. 50 Verbundtest Metall-Legierung : Keramik. Werte von Herrmann und Wagner 1971.

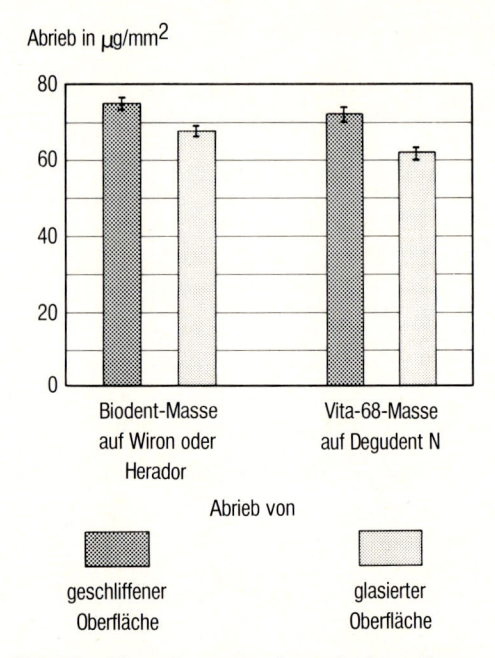

Abb. 51 Die gebrannten keramischen Massen Biodent und Vita 68 zeigten beim Abriebtest (Habeck 1971) jeweils stärkeren Abrieb, wenn die deckende Glasurschicht vorher entfernt worden war

es die einzige bekannte Arbeit ist, in der EM-Legierungen (Herador G, Herador H und Degudent N, U), Spargold-Legierungen (Degucast U und Herabond) und NEM-Legierungen (Wiron S und Ultratec) berücksichtigt worden sind (Abb. 50). In der Zwischenzeit konnte man einer persönlichen Mitteilung von *Wagner* (1976) entnehmen, daß weitere Untersuchungen mit diesem Verbundtest erfolgten und die Tabelle daher vervollständigt und z. T. verbessert werden kann. Die Oberflächenvorbehandlung hat bei diesen weiteren Untersuchungen besondere Beachtung erfahren. – Die Auskünfte über die Spargolde Herabond und Degucast U sind im Zusammenhang beachtenswert und könnten, wenn weitere Ergebnisse bekannt werden, zur wissenschaftlichen Absicherung auch dieser metallkeramischen Systeme beitragen. – Interessant sind auch in dieser Ergebnisreihe die ca. 20 % niedrigeren Werte für NEM-Legierungen.

Klinische Bedeutung kann auch den Ergebnissen von *Habeck* beigemessen werden, der Abrieb und Härte metallkeramischen Zahnersatzes untersuchte. Für den Abrieb (Abb. 51) ergab sich, daß sich eine fein angeschliffene keramische Oberfläche, also eine Oberfläche ohne Glasur, etwas stärker abrieb als eine Keramik mit Glasur. Dieses Ergebnis steht in guter Relation zu den Ergebnissen der Härtemessungen. *Habeck* führte diese mit dem Durimet-Kleinlastprüfer (Fa. Leitz) durch, bei dem ein pyramidenförmiger Diamant unter Last (z. B. 25 oder 50 p*) über die harte Oberfläche gezogen wird; dabei ergeben sich Ritze, deren Breite gemessen wird (Methode nach *Martens;* Abb. 52). Die Ritzhärten der geschliffenen Oberfläche im Vergleich zur glasierten und feuerpolierten, d. h. nach dem sog. Bisquitbrand, sind in

* 1 p = 0,00980665 N

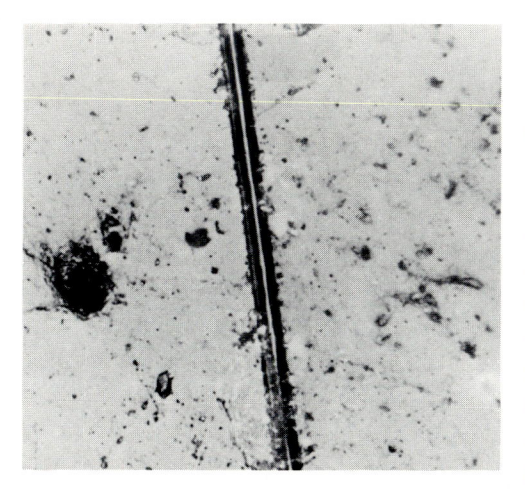

Abb. 52 Ritzhärtemessung nach Mertens: Ein pyramidenförmiger Diamant wird unter Last über die Keramik geführt. Der Ritz ist hier 10 μm breit; V = 400 x

den Mittelwerten geringer als die unterschiedlich glanzgebrannten. Es ergibt sich ein signifikanter Unterschied zwischen der glasierten Schicht der Biodent-Masse gegenüber der glasierten Vita-68-Masse (Abb. 53), der von der Legierung des Metallgerüstes unabhängig ist.

Für die klinische Einordnung der Ergebnisse ist wichtig zu wissen, daß die Ritzhärte von Schmelz mit Werten zwischen 24,2 und 35,05 p* unter denen der geschliffenen, glasurlosen keramischen Schichten (40,8 bis 46,3 p*, im Mittel bei 43,5 p*) liegt.
– Aus *Habecks* Untersuchungen ergibt sich klinisch, daß die fein angeschliffene, unpolierte und unglasierte Oberfläche einer MK-Krone oder -Brücke in den Punkten der Okklusion besser abriebfähig ist. Hinzugefügt werden muß, daß zum Anschleifen eine sehr feine Körnung (600) verwendet werden sollte. Diese würde nach einer Definition von *Jung* einer Vorpolitur entsprechen. – Es sei erwähnt, daß andere Autoren auf die Bedeutung der Glasurschicht für die Festigkeit der Keramik hinweisen. Dies ist nicht zu bestreiten, ergab sich jedoch klinisch als wenig bedeutsam, da die Druck-Festigkeitswerte, wie geschildert, sehr hoch liegen. Die Vorstellung, daß die Glasurschicht nicht »beschädigt« werden darf, könnte den Zahnarzt veran-

* 1 p = 0,00980665 N

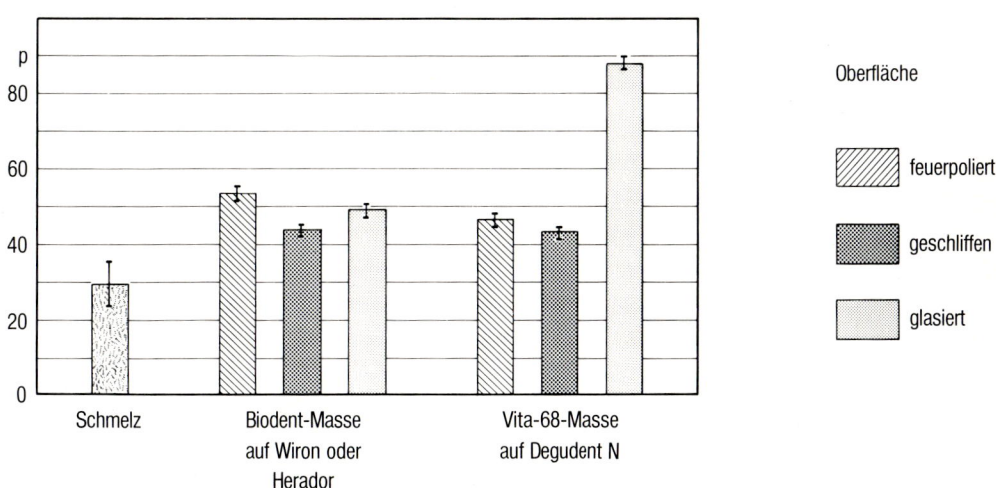

Abb. 53 Es wird die Ritzhärte von gebrannter Biodent-Keramik-Masse und Vita-68-Masse in je drei Säulen dargestellt: feuerpoliert, geschliffen, glasiert. Die einzelne Säule links stellt eine Wertskala für Schmelz dar (nach Habeck)

lassen, auf das so wichtige »Feineinschleifen nach dem Zementieren« zu verzichten und mögliche Frühkontakte zu belassen oder nur an den antagonistischen Zähnen schleifen zu wollen. Aufgrund der geschilderten Ergebnisse kann die Glasurschicht durchaus beschliffen werden. Nach mehrwöchiger Nutzung zeigen diese angeschliffenen keramischen Schichten deutlich polierte Schliff-Facetten.

5. Grundsätzliche Regeln für die Anwendung von MK-Zahnersatz

Sowohl dem Zahnarzt als auch dem Zahntechniker müssen einige grundsätzliche Regeln (Abb. 54) für die Anwendung der Keramik bekannt sein. Diese gelten auch für die Metallkeramik, obgleich das Metallgerüst dazu da ist, Mißerfolge zu reduzieren.

1. Keine spitz auslaufenden Keramikränder
2. Gleichmäßig dicke keramische Schicht
3. Geringe Zahl der Brennvorgänge anstreben
4. Spannungsfreies Eingliedern in den Mund
5. Druck- und Gewaltanwendung sind verhängnisvoll
6. Keine Kraft von innen auslösen
7. Glasur kann kleinflächig abgeschliffen werden

Abb. 54   Regeln für Metallkeramik

1. *Spitz auslaufende Keramik-Ränder müssen vermieden werden,* weil diese leicht abplatzen und von hier Sprünge durch die ganze keramische Schicht ihren Ursprung nehmen. (Alle Bemühungen um die stufenlose, keramische Jacketkrone sind fehlgeschlagen.)

2. Die auf ein Metallgerüst *aufgebrannte keramische Schicht* soll überall *gleichmäßig dick* sein. Die Voraussetzung hierfür ist, daß das Metallgerüst, um die keramische Schicht reduziert, bereits bei der Modellation in Gußwachs entsprechend gestaltet wird. Sich dies vorstellen zu können, erfordert viel Einfühlungsvermögen und Übung des Zahntechnikers. – Ungleichmäßig dicke keramische Schichten haben Schwachstellen, von denen bei Belastung Frakturen ausgehen können; außerdem können während des Abkühlens von Brenntemperatur auf Zimmertemperatur Spannungen entstehen.

3. Eine *geringe Zahl von Bränden* zur Aufbringung der keramischen Schicht auf das Metallgerüst ist erwünscht. Oftmaliges Brennen kann zu Farbveränderungen und zur Rekristalisation der keramischen Massen führen. Damit wäre einerseits die Farbgenauigkeit des Zahnersatzes gefährdet, andererseits ändert sich der Elastizitätsmodul der Keramik und damit das Ausdehnungsverhalten. Wiederum können Sprünge in der keramischen Schicht ausgelöst werden, besonders beim Abkühlen nach dem Brand. – In dieser Beziehung erfordert die Metallkeramik mit NEM-Legierungen genaue Einhaltung des Abkühlungsmodus, wie bereits mit der langsameren Wärmeabgabe begründet.

4. Ein keramisch verkleideter Zahnersatz muß sich *spannungsfrei eingliedern* lassen. Diese Grundforderung ist besonders schwierig zu erfüllen. Selbst wenn ein Metallgerüst einprobiert wurde und gut auf die präparierten Zähne paßte, muß mit Formveränderungen während des Aufbrennens der keramischen Massen gerechnet werden, da diese unter Druck auf das Metallgerüst aufsintern (bzw. aufschrumpfen). Der erste Versuch, eine MK-Krone oder -Brücke auf die Pfeiler aufzusetzen, muß

demnach vorsichtig unternommen werden, gegebenenfalls sollten die Anker mit einer dünnfließenden Abformmasse (Lastic 55, Xantopren o. ä., auch Wachs ist geeignet) ausgelegt und aufgesetzt werden. Stellen direkten Kontaktes zwischen Metallgerüst und Zahnhartsubstanz markieren sich deutlich und werden gezielt innen am Metall beschliffen, ohne jedoch die Metall-Wandstärke wesentlich zu dezimieren oder gar durchzuschleifen. – Grobe Fehler, die bei der Herstellung im Laboratorium passiert sind, z. B. Formveränderungen einer Brücke mit großer Spannweite, können auf die geschilderte Weise natürlich nicht behoben werden.

5. *Druck- und Gewaltanwendung,* wie sie eine Brücke aus Edelmetall schon verträgt, sind bei MK-Zahnersatz *verhängnisvoll.* So scheiden der Bleihammer als Hilfsinstrument oder die Aufforderung an den Patienten, kräftig zuzubeißen, aus. Diese Maßnahmen dienen der Überwindung von Ungenauigkeiten mit Kraftaufwendung.

6. *Keramische Masse zerspringt bei Kraft,* die sich *von innen* her entwickelt. Es kommt zu »muschelförmigen« Ausprüngen. Dies kann z. B. bei Verkanten der Krone oder Brücke leicht vorkommen, wohingegen Kraftaufwendung von außen, nach dem Zementieren, wesentlich ungefährlicher ist.

Suprakontakte müssen allerdings vermieden werden, nicht nur wegen Überbelastung der antagonistischen Zähne, sondern auch wegen Überlastung der Keramikschicht.

7. Glasierte, gebrannte keramische Masse ist außerordentlich hart. Bei Anwendung der Ritzhärtemessung ergaben sich doppelt so hohe Werte wie beim Zahnschmelz *(Habeck).*

Diese Ergebnisse lassen zu, daß metallkeramisch verkleideter Zahnersatz nach dem Zementieren (!) fein eingeschliffen werden kann, obgleich bei dieser Maßnahme die *Glasurschicht* verletzt oder *abgetragen* wird. Es ist wichtiger, die Kaufläche oder die Okklusionskontakte einwandfrei zu äquilibrieren, als die Glasur zu erhalten. Die Ritzhärte gebrannter keramischer Masse ohne Glasurschicht ist höher als die von Schmelz, obgleich die Glasurschicht wesentlich zur Festigkeit des MK-Zahnersatzes beiträgt. – Das Beschleifen erfolgt mit einem Korund-Schleifstein feiner Körnung, z. B. einem sog. Soft-Schleifer. Die keramische Masse soll sanft, um ein Splittern zu vermeiden, und ohne Wärmeentwicklung beschliffen werden. Je nach Umfang der Bearbeitung sollen die angeschliffenen Stellen der keramischen Oberfläche nachgearbeitet werden. Geeignete Pasten zum Polieren werden angeboten.

6. Grundlagen der klinischen Behandlung

6.1. Präparationshinweise

Das klinische Vorgehen bei der Präparation einzelner Zähne für die Aufnahme von MK-Kronen oder von MK-Brückenankern wird bestimmt von der Notwendigkeit, einen geeigneten, in erster Linie stabilen Kronenrand zu gestalten. Ebenso unterliegt die Form des Brückenkörpers dem Gebot statisch richtiger, ausreichend stabiler Formung gegenüber einwirkenden Kaukräften. Diese Forderungen müssen eingehalten werden, obgleich bei metallkeramisch verkleidetem Zahnersatz die Erfüllung ästhetischer Wünsche im Vordergrund steht und natürlich die allgemeinen Präparationsregeln gelten.

Diese Grundsätze beim Präparieren von natürlichen Zähnen haben sich auch durch die Einführung hoher und höchster Drehzahlen, mit Mikromotoren und Turbinen zu erreichen, nicht geändert. Ihre Anwendung hat das Präparieren nicht nur leichter und rationeller gemacht, sondern stellt hohe Ansprüche an das ärztliche Verhalten und verlangt eine ausgezeichnete Organisation der Praxis.

Die *Grundsätze beim Präparieren* (Abb. 55) sollen, kurz zusammengefaßt, dargestellt werden:

1. Je nach klinischer Situation soll der größte Umfang des präparierten Zahnstumpfes in Höhe des Gingivalrandes, unterhalb des Limbus gingivae oder – bei langer klinischer Krone – einen oder mehrere Millimeter oberhalb des Margo gingivae liegen.

2. Eine deutlich *sichtbare Präparationsgrenze* wird erstrebt, von der sich der präparierte Zahnstumpf leicht konisch zur Okklusalfläche hin verjüngt. An der Präparationsgrenze soll die Krone enden.

3. Die Präparation eines oder mehrerer Zähne soll stets *systematisch* erfolgen, weil nur auf diese Weise eine überschaubare Schicht der Zahnhartsubstanz abgetragen werden kann und dieses Vorgehen rationell ist.

4. Von der Zahnhartsubstanz soll auf der bukkalen Seite eine *definierte Schichtstärke* abgetragen werden, weil hier die keramische Verkleidung des Metallgerüstes erfolgt. Die von *Kühl* und *Marxkors* angegebenen Rillenschleifer können bei diesem Vorgehen eine wertvolle Hilfe sein.

Anlegen der Präparationsgrenze in Abhängigkeit von der klinischen Situation
Deutlich sichtbare Präparationsgrenze schaffen
Stets systematisch vorgehen
Definierte Schichtstärke abtragen
Verletzungen des Zahnfleisches vermeiden
Verletzungen der Nachbarzähne, Antagonisten, Wange und Zunge ausschließen
Spray oder Wasserstrahl zur Vermeidung von Wärmeentwicklung verwenden
Drehzahl variieren

Abb. 55 Grundsätze beim Präparieren

5. *Verletzungen* des Zahnfleisches während der Präparation *sollen vermieden werden.*

6. Nachbarzähne, antagonistische Zähne, die Wange und die Zunge dürfen während der Präparation nicht beschädigt oder verletzt werden. Schleifer im Winkelstück sind zur approximalen Präparation nicht geeignet, sofern Nachbarzähne, die nicht behandelt werden sollen, vorhanden sind. – Bei Präparationen mit Scheiben (Trennen der Kontaktpunkte und approximales Beschleifen von distalen bzw. medialen Flächen) darf nicht ohne Wangen- und Zungenschützer gearbeitet werden.

7. Die Wärmeentwicklung während der Präparation von vitalen *und* devitalen Zähnen erfordert die Anwendung von Spray- oder Wasserstrahlberieselung, um Pulpairritationen oder Pulpaschädigungen durch erhöhte Temperatur zu vermeiden. Besondere Gefahr für die Pulpa besteht durch präparatorische Maßnahmen an vitalen Zähnen unter Anästhesie.

8. Je näher man beim Präparieren der Pulpa kommt, desto niedriger muß die Drehzahl gewählt werden, um auch auf diesem Wege Wärmeentwicklung zu vermeiden. – Auch Druck (Vorschubkraft) beim Präparieren kann zu erhöhter Wärmeentwicklung führen, so daß für Bohrgeräte mit »Torque« (Durchzugskraft) besondere Vorsicht geboten ist.

Das Ziel der Präparation von Zähnen für die Aufnahme von MK-Kronen und MK-Brückenankern ist folgendes:
Das ausgearbeitete Metallgerüst einer MK-Krone soll nach Angaben der einschlägigen Firmen, die man deren Leitfäden über Metallkeramik entnehmen kann, bei Edelmetall-(EM)-Legierungen 0,3 bis 0,5 mm stark sein. Für Kronengerüste aus Nichtedelmetall-(NEM)-Legierungen werden 0,3 mm oder etwas weniger angegeben. Für die aufgebrannte keramische Schicht im sichtbaren labialen bzw. bukkalen Bereich ist eine Wandstärke von 1 mm vorzusehen, um eine günstige ästhetische

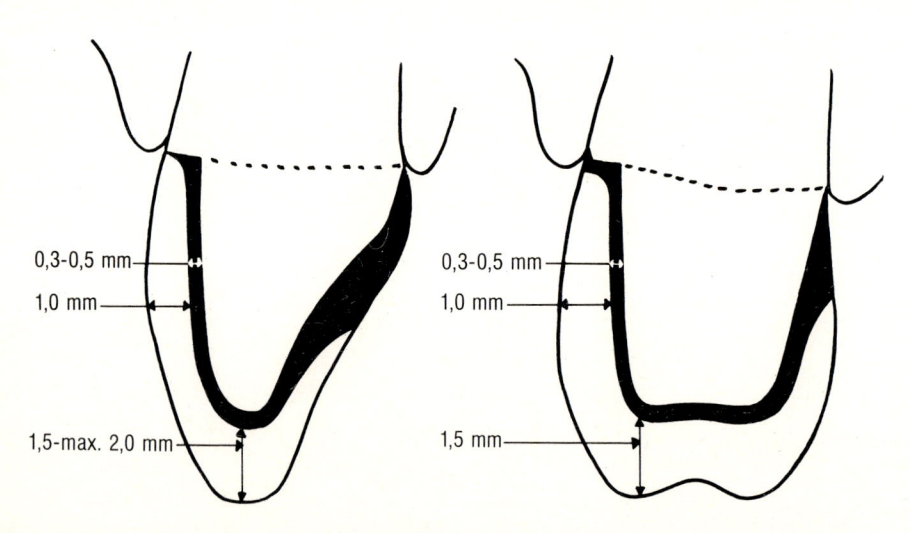

Abb. 56 Daten für die erwünschten Schichtstärken von MK-Kronen im Front- und Seitenzahnbereich nach Angaben der Hersteller. Die notwendige Abtragung von Zahnhartsubstanz kann daraus entnommen werden

Wirkung hervorzurufen. Schneidekanten und Kauflächen können 1,5 bis 2,0 mm stark sein (Abb. 56). Diese Empfehlungen bedeuten eine beträchtliche Abtragung von Zahnhartsubstanz an der labialen/bukkalen Zahnfläche, ebenso von der Kaufläche seitlicher Zähne. 1,3 bis 1,4 mm bukkal und 1,8 bis 2,3 mm okklusal abzuschleifen, wird nicht immer ohne Pulpairritation möglich sein, besonders nicht bei Zähnen junger Menschen.

Sofern Zähne paarig überkront oder in einen Brückenverband einbezogen werden können, kann die labiale/bukkale Zahnfläche etwa um 0,2 mm aufgetragen werden, ohne daß es zu ästhetischen Nachteilen kommt. Bei Ersatz eines verlorengegangenen mittleren Schneidezahnes durch eine dreigliedrige Brücke (siehe Einbandbild dieses Buches) ist so vorgegangen worden. Jedoch muß vor Überdimensionierung gewarnt werden.

Über die *Art der Präparationsgrenze* bestehen unterschiedliche Ansichten. Um eine Krone dem präparierten Zahnstumpf am Kronenrand optimal anlagern zu können, ist eine erkennbare Präparationsgrenze notwendig. Der beschliffene Teil des Kronenstumpfes soll sich hier deutlich vom unbeschliffenen Teil absetzen. Verschiedene Formen dieses »Absatzes« sind denkbar und angegeben. Einige Präparationstypen des zervikalen Randes sollen in bezug auf MK-Anker diskutiert werden (Abb. 57).

1. Steilkonische Präparation (Tangentialpräparation),

2. flachkonische Präparation,

3. abgeschrägte Stufe (Neigung ca. 30° zur senkrechten, gedachten Außenfläche),

4. Hohlkehlpräparation,

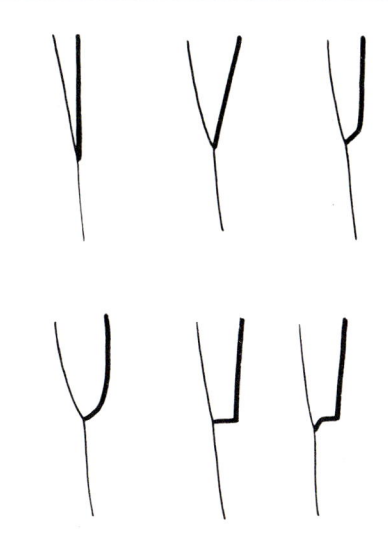

Abb. 57 Sechs Beispiele für Präparationsgrenzen

5. Stufenpräparation (Stufe ca. 90° zur senkrechten gedachten Außenfläche oder zur Zahnachse),

6. Stufenpräparation mit Abschrägung.

Es ist notwendig, diese Präparationsformen untereinander zu kombinieren und zu variieren. Man kann nicht behaupten, daß die Stufenpräparation zu bevorzugen sei. Diese Präparation wird nur im labialen bzw. bukkalen Zahnabschnitt notwendig. Approximal kann die Stufe auslaufend gestaltet werden und in eine konische Präparation mit deutlich sichtbarer Grenze nach palatinal bzw. lingual hin verlaufen (Abb. 58).

Die *steilkonischen* und *flachkonischen Präparationsformen* sind bei normaler Länge der klinischen Krone für MK-Kronen ungeeignet. Ein aus Stabilitätsgründen verstärkter Metallrand würde zur Präparationsgrenze hin auslaufend gestaltet werden müssen, um die Krone unverformbar zu machen. Der Kronenrand kann keramisch nicht verkleidet werden, weil er dann

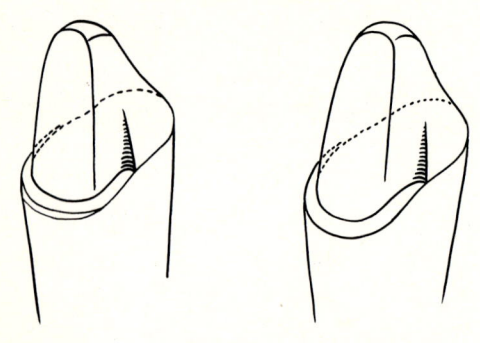

Abb. 58 Die Kombination verschiedener Präparationsformen ist erforderlich: im sichtbaren Bereich des Zahnes: Stufenpräparation, die nach approximal hin ausläuft und palatinal bzw. lingual steilkonische Präparation

zu dick werden und das Zahnfleisch pressen würde.

Dennoch kann es Situationen geben, in denen die konische Präparation die einzige Form ist, die noch möglich ist, nämlich bei verlängerter klinischer Krone und stark zurückgebildeter Gingiva (Abb. 59). Typisch sind die unteren ersten und zweiten Prämolaren (45, 44, 34, 35). Bei ihnen ist die Anbringung einer bukkalen Stufe in der Zahnhartsubstanz wegen der Länge der klinischen Krone selbst bei steilkonischer Präparation ohne Pulpagefährdung nicht mehr möglich. In diesen Fällen wird der Metallrand bis zur Präparationsgrenze hintergezogen und verstärkt, so daß sich die ursprüngliche Zahnform ergibt. Die keramische Verkleidung setzt dann höher an, in der Regel, ohne daß sich eine ästhetische Einbuße ergibt, weil der Metallrand während der Mundöffnung, besonders beim Sprechen, nicht sichtbar wird.

Die *abgeschrägte* labiale/bukkale *Stufe* und die *Hohlkehlpräparation* werden in erster Linie empfohlen, weil sie mit konfektionierten Diamantschleifern in Höhe des Zahnfleischrandes angelegt werden können und mit ihnen eine deutliche Präparationsgrenze geschliffen werden kann. Diese Präparationsformen ergeben weder den für MK-Kronen notwendigen stabilen Rand noch die Möglichkeit zu einer optimalen ästhetischen Ausführungsform der MK-Krone am Kronenrand in sichtbaren Frontzahnabschnitten. Gelingt die Abdeckung des Metallgerüstes mit der opaken Grundmasseschicht nicht vollkommen, schimmert die dunkle Oxidschicht durch die keramische Schicht hindurch; außerdem besteht bei zu dünnen Kronenrändern aus Metall und spitz auslaufender Keramik die Gefahr von muschelförmigen Aussprüngen. – Bei verlängerten klinischen Kronen allerdings können auch diese Präparationsformen Anwendung finden, am ehesten bei Zähnen im Unterkiefer und im oberen Seitenzahnbereich.

Bei der Durchsicht der Literatur hinsichtlich der Art der Präparationsgrenze finden sich

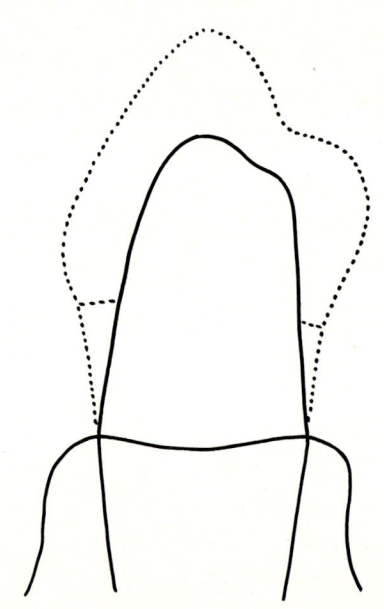

Abb. 59 Bei verlängerter klinischer Krone, insbesondere bei unteren Prämolaren, ist eine Präparation mit Stufe wegen der möglichen Pulpaschädigung nicht mehr durchführbar. Daher kann nur steilkonisch präpariert werden

Grundlagen der klinischen Behandlung 71

hauptsächlich Angaben, die eine Präparation mit labialer/bukkaler Stufe empfehlen. Die rechtwinklige Stufe in der Zahnhartsubstanz erscheint den Autoren aus verschiedenen Gründen notwendig, da der Kronenrand einer MK-Krone stabil gestaltet werden muß. Außerdem ist am Rande eine Stärke von 1,0 bis 1,3 mm notwendig, um das Metall keramisch verkleiden zu können und einen akzeptablen ästhetischen Erfolg zu erreichen. Spitz auslaufende keramische Ränder sind stets bruch- und sprunggefährdet. Daher soll das Metallgerüst einer MK-Krone die rechtwinklige Stufe gut ausfüllen; es kann auf der Stufe nach labial hin fein auslaufen. Zusätzlich empfiehlt *Voss* die Anbringung einer Verstärkungsleiste (Faßreifen-Wirkung).

Für die *Stufenpräparation* ist die Anwendung eines der Rillenschleifer nach *Kühl* oder nach *Marxkors* zu empfehlen (Abb. 60). Diese haben neben dem diamantierten, schleifenden Teil des Instrumentes ein kleineres unbelegtes Rad. Nach definierter Schleiftiefe setzt das unbelegte Rad auf der Oberfläche der Zahnhartsubstanz auf und

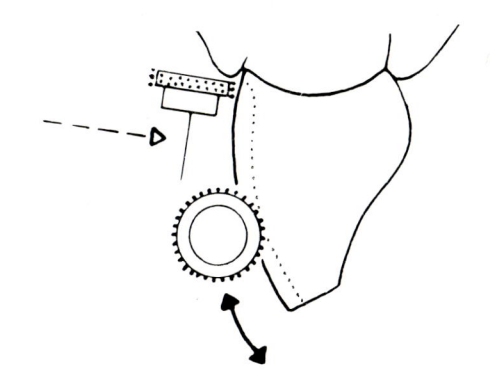

Abb. 61 Bei diamantierten Rillenschleifern setzt das unbelegte Rad nach definierter Schleiftiefe auf die Zahnhartsubstanz auf

verhindert weiteres Eindringen (Abb. 61). Die Tiefe der Rille oder mehrerer Rillen nebeneinander beträgt 0,80 bis 1,25 mm je nach angewendetem Diamantinstrument. Mit diesen Schleifern können sowohl eine labiale (bukkale) zervikale Stufe im Verlauf des Zahnfleischrandes angelegt werden, als auch Rillen auf labialen (bukkalen) Zahnflächen in Richtung der Zahnachse. Auf diese Weise dienen die Böden der Rillen in der Zahnhartsubstanz als Markierungen, bis zu denen die verbliebenen Ab-

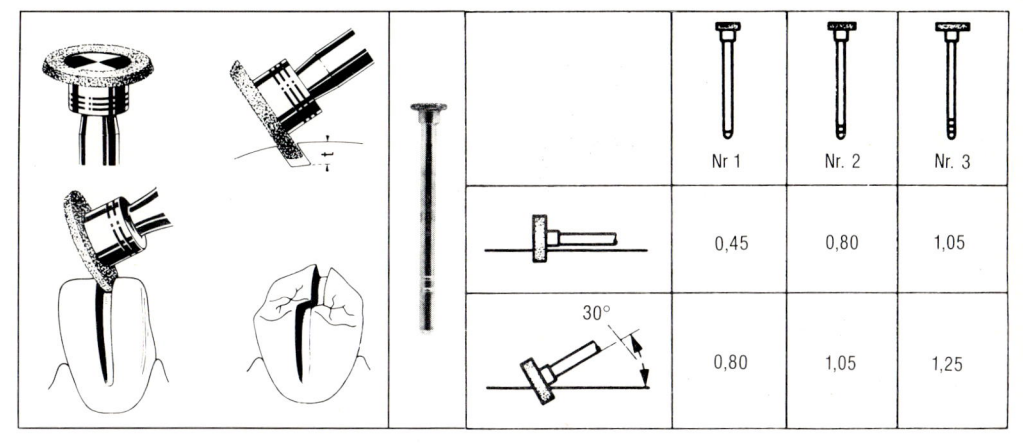

	Nr 1	Nr. 2	Nr. 3
	0,45	0,80	1,05
30°	0,80	1,05	1,25

4 Schleifer : 0,6-1,3 mm Tiefe   Mittlere Schnittiefe (mm)

Abb. 60 Diamantschleifer nach Kühl (rechts) und Marxkors (links) zur Abtragung einer definierten Schichtstärke der vestibulären Zahnhartsubstanz

schnitte abgeschliffen werden, um eine definierte Schichtstärke zu erreichen (Abb. 62). – Die vestibuläre Präparationsfläche muß dabei dem gekrümmten Verlauf der Rillenböden, d.h. der ursprünglichen anatomischen Zahnform angepaßt werden. An keiner Stelle kommt so die Präparation der Pulpa zu nahe.

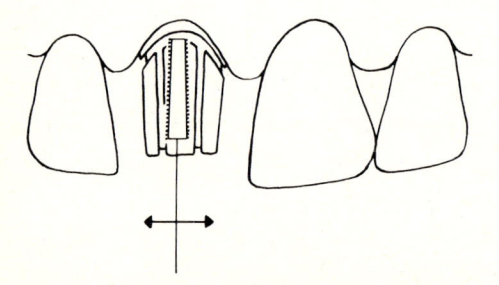

Abb. 62 Abschleifen der nach Gebrauch des Rillenschleifers stehengebliebenen Zahnhartsubstanzabschnitte mit einem walzenförmigen Diamanten ergibt eine definierte Schichtstärke und eine rechtwinklige vestibuläre Stufenpräparation

Die Ausdehnung der Stufe in den Approximalraum hinein richtet sich nach ästhetischen Belangen. Dort, wo die mediale Zahnfläche eines Eckzahnes einsehbar ist, sollte die MK-Krone keramisch verkleidet werden. Dazu ist eine entsprechende Schichtstärke notwendig, die durch die Präparation ermöglicht werden muß (Abb. 63). – Es sei erwähnt, daß es beim Anlegen der zervikalen Rille leicht zu Verletzungen des Nachbarzahnes kommen kann, sofern die Führung des Schleifers nicht mit sicherer Hand erfolgt. Der Schutz des Nachbarzahnes durch einen Kupferring wird empfohlen. Diese Empfehlung gilt auch, wenn approximal bei vorhandenem Nachbarzahn mit Diamantschleifern im Winkelstück beschliffen wird (Abb. 64).

Diese Besprechung der Präparationsformen zeigt, daß eine starre Anweisung zugunsten *einer* Methode nicht günstig wäre, um der jeweiligen klinischen Situation mit einer optimalen Möglichkeit zu entsprechen. Es muß variiert werden.

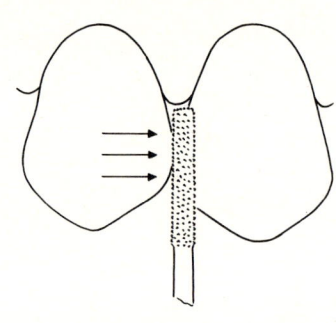

Abb. 64 Die approximale Präparation mit Diamantinstrumenten im Winkelstück gefährdet den Nachbarzahn

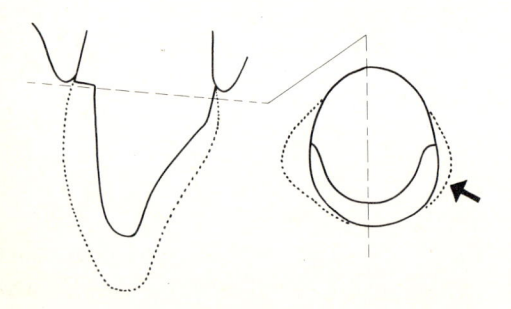

Abb. 63 Die Stufenpräparation eines Zahnes 13 soll bis weit in den sichtbaren medialen Approximalraum ausgedehnt werden, sofern dort aus ästhetischen Gründen keramische Verkleidung erwünscht ist

6.2. Abformung und Modell

Ziel der Abformung nach der Präparation eines oder mehrerer Zähne ist die Herstellung eines Modelles, auf dem der Zahntechniker den MK-Zahnersatz herstellen kann. Neuerdings führt sich mehr und mehr ein, daß nicht nur ein, sondern zwei Modelle ausgegossen werden. Während die Krone oder Brücke auf dem einen Modell angefertigt wird, dient das zweite zur An-

Grundlagen der klinischen Behandlung

passung des fertiggestellten Zahnersatzes an die klinische Situation, besonders in der Nähe des Zahnfleischrandes und den zur Lücke hin verbliebenen Papillen. Bei *jeder* Modellherstellung gehen diese Abschnitte teilweise oder vollständig verloren und können daher nicht exakt bei der Zahnersatzherstellung berücksichtigt werden.

An einem Beispiel (und den später geschilderten klinischen Behandlungsabläufen) sollen einige Details besprochen werden. Es handelt sich um eine klinische Situation, bei der im Unterkiefer eine kleine, dreigliedrige Brücke von 34 nach 36 und eine viergliedrige Brücke von 44 nach 47 hergestellt und eingegliedert werden sollen (Abb. 65). Ziele der Abformung sind folgende (Abb. 66):

1. Darstellung der *Präparationsgrenzen* an vier Brückenpfeilern. Diese sind unterhalb des Limbus gingivae angelegt, tiefe Zahnfleischtaschen bestehen nicht.

2. *Wiedergabe der Form* der Zahnstümpfe, bei denen vorhandene Kavitäten bereits mit Füllungswerkstoffen ausgelegt sind.

3. Darstellung des *Lageverhältnisses der Zahnstümpfe* zueinander.

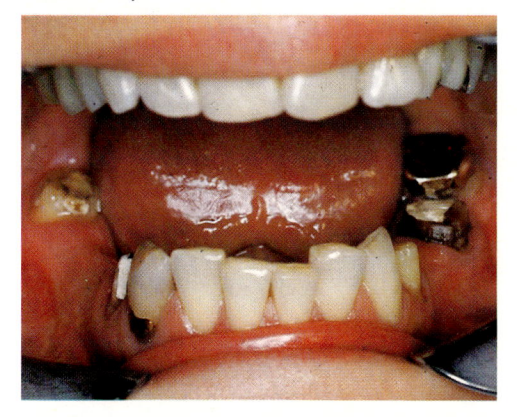

Abb. 65 Situation mit zwei Lücken im Unterkiefer nach Präparation der Brückenpfeiler 34 und 36 sowie 44 und 47

---

1. Darstellung der Präparationsgrenzen
2. Wiedergabe der Form der Zahnstümpfe
3. Lageverhältnis verschiedener Zahnstümpfe
4. Umgebende Weichteile und Kieferkamm
5. Nachbarzähne bzw. restliche Zahnreihe

Abb. 66 Ziele der Abformung

4. Wiedergabe des umgebenden *Weichgewebes* (Zahnfleischränder und Papillen) sowie der unbezahnten *Kieferkämme*.

5. Wiedergabe der *Nachbarzähne,* am besten der ganzen Zahnreihe, wie in diesem Falle erforderlich.

Es ist schwierig, diese fünf Bedingungen gleichzeitig zu erfüllen, wenn die Präparationsgrenzen subgingival liegen.

6.2.1. Vorbehandlung

Zu den anwendbaren *Doppelabformverfahren* ist es notwendig, die Zahnfleischtaschen mit Retraktionsfäden und einer die Gingiva entwässernden Lösung (z. B. Racestypine) zu öffnen, d.h. zu verdrängen, um mit der Abformmasse die Präparationsgrenzen zu erreichen. Diese Vorbehandlung bedeutet, daß das Modell die vorhandene anatomische Situation nicht genau, sondern verfälscht wiedergibt. – Wird unmittelbar nach dem Präparieren abgeformt, kommen möglicherweise zwei weitere Faktoren hinzu, die Ungenauigkeiten mit sich bringen: Verletzungen der Gingiva während des Präparierens hinterlassen nicht selten eine über längere Zeit leicht blutende Wunde, welche die Abformung wegen des Flüssigkeitsspiegels in der Zahnfleischfurche oder -tasche nicht einwandfrei zuläßt. – Auch bringt die Ausheilung der Verletzung oft eine Retraktion des Zahnfleischsaumes mit sich. Außerdem wird häufig oder regelmäßig unter Lokalanästhesie präpariert. Je nach Ort und Art der Injektion werden für die Modellherstellung wichtige Abschnitte durch das injizierte Anästhetikum vergrößert und so auch im Abdruck und Modell dargestellt. – Beide Ursachen für Ungenauigkeiten können umgangen werden, wenn die Abformung nicht in der gleichen Behandlungssitzung wie die Präparation erfolgt (Abb. 65).

6.2.2. Abformung

Da Abformwerkstoffe nicht genügend steif sind, erfordert ihre Anwendung die Unterstützung durch den Abdrucklöffel – konfektioniert oder individuell hergestellt – oder durch einen Kupferring. Alle müssen genügend stabil sein, damit sie während oder nach der Abformung nicht verbogen werden können. In der Regel werden für das dargestellte Behandlungsbeispiel nur noch Abformverfahren mit irreversibel-elastischen Abformwerkstoffen gewählt, die
* einzeitig oder zweizeitig in einer Sitzung oder
* zweizeitig in zwei Sitzungen
vorzunehmen sind.
Wegen der Einsparung einer zweiten Behandlungssitzung kommt häufig die *einzeitige Abformung* oder eines der *Doppelabformverfahren* zur Anwendung. (Einem Vorschlag von *Rehberg* folgend, werden die Tätigkeit des Zahnarztes als *Abformung* und die Werkstoffe als Abformwerkstoffe bezeichnet, das Ergebnis der Tätigkeit als *Abdruck,* obgleich häufig auch für die Tätigkeit Druck aufgewendet werden muß.)

Abb. 67 Abdruck mit Impregum im individuellen Löffel, einzeitig, nach Erweiterung der Zahnfleischtaschen mit Baumwollfäden, unter Verwendung einer Spritze zur Applikation eines Teiles des Abformwerkstoffes

In den Abbildungen 67 und 68 werden Abformungen der dargestellten klinischen Situation
* einzeitig mit Impregum (Abb. 67) und das
* Doppelabformverfahren mit Optosil plus sowie
* Xantopren plus (Abb. 68)

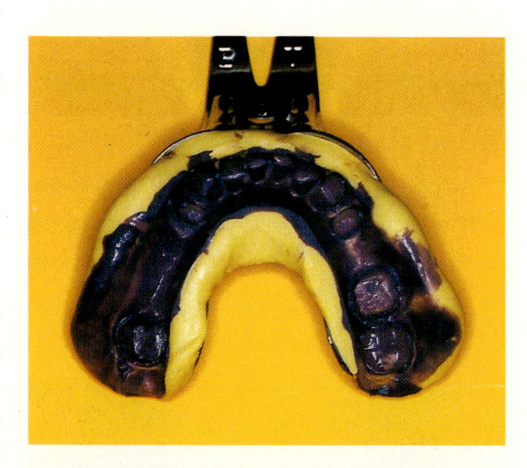

Abb. 68 Abdruck nach dem Doppelabformverfahren mit Optosil plus im konfektionierten Löffel und Xantopren plus, nach Vorbehandlung der Zahnfleischtaschen mit Baumwollfäden

gezeigt. In beiden Fällen sind die Zahnfleischtaschen mit Baumwollfäden und einer adstringierenden Lösung vorbehandelt worden. (Es sei bemerkt, daß diese Vorbehandlung nicht immer möglich ist, nämlich dann nicht, wenn nur sehr flache Zahnfleischfurchen, wie beim Jugendlichen, bestehen, in denen die Fäden nicht über die notwendige Zeit von drei bis vier Minuten fixiert werden können.) Für die einzeitige Abformung mit Impregum ist die Anwendung eines individuellen Löffels aus Kunststoff, der mit einem entsprechenden Haftlack für Polyäthergummi ausgestrichen werden muß, anzuraten. Außerdem wird ein Teil des Abformmittels mit einer Spritze appliziert.

Der *Vorteil* der Doppelabformverfahren ist, daß ein konfektionierter Löffel aus Metall oder Kunststoff benutzt werden kann, mit dem zunächst unter Verwendung einer steifen Vorabformmasse (hier Optosil plus) eine grobe Darstellung der Mundsituation möglich ist. Durch Beschneiden des abgebundenen Abformwerkstoffes kann diese Vorabformung individualisiert werden. Erst vor der Abformung mit der dünnen, leicht fließenden Abformmasse Xantopren plus erfolgt die Taschenerweiterung mit Fäden. Unmittelbar vor der Zweitabformung werden die Fäden entfernt und die Zahnfleischtaschen mit Luft getrocknet. Dies ist bei mehreren Zahnstümpfen, besonders im Unterkiefer, wegen des Speichelflusses, nicht leicht zu erreichen, oft sogar nicht möglich. Es müssen dann zusätzliche Kupferring-Abformungen mit elastischer Masse oder eine Abformung mit Übertragungskappen und Sammelabformung durchgeführt werden.

Einige *Fehlerquellen,* die von den Abformwerkstoffen herrühren, sollen erwähnt werden, um sie zu vermeiden. Irreversibel-elastische Abformwerkstoffe ermöglichen auch die Abformung von »unter sich gehenden« Stellen des präparierten Zahnstumpfes, weil sie durch ihre Elastizität beim Herausnehmen aus dem Munde auffedern und anschließend die ursprüngliche Stellung wieder einnehmen. Das gleiche gilt für Zahnstümpfe mit nicht gleicher Einschubrichtung; besondere Beachtung verdienen nach medial gekippte untere Molaren. – Während bei der einzeitigen Abformung mit einer Masse (Impregum) keine elastische Deformation möglich ist, kann diese bei den Doppelabformverfahren vorkommen, d. h. bei einer zu großen Menge des Zweitabformwerkstoffes wird der steif elastische Werkstoff der Erstabformung

Abb. 69 Übertragungskappen aus schnellhärtendem Kunststoff auf den Modellstümpfen und ein individueller Löffel sind vorbereitet (s. S. 76)

komprimiert. Diese Kompression löst sich nach Entfernung der Doppelabformung und gibt ein zu kleines Negativ des Zahnstumpfes wieder. – Alle geschilderten Fehlerquellen lassen sich kaum erkennen. Erst wenn das Kronen- oder Brückengerüst einprobiert wird, ergeben sich Schwierigkeiten.

Diese beiden geschilderten Verfahren sind nur für zwei bis vier Zahnstümpfe indiziert, sofern genügend Übung und gute Abstimmung des Arbeitsablaufes zwischen Zahnarzt und Helferin bestehen.

Das später in den klinischen Beispielen am häufigsten dargestellte Verfahren ist das mit *Übertragungskappen* und *Sammelabformung.*

Unmittelbar nach der Präparation werden Kupferring-Lastic-Abformungen der Zahnstümpfe genommen, die nur die Punkte 1 und 2 der Zusammenstellung in Abb. 66 erfüllen: Darstellung der Form des Zahnstumpfes und der Präparationsgrenze. Bis zur folgenden Sitzung werden auf Modellstümpfen Übertragungskappen aus Kunststoff und ein individueller Löffel mit abdämmendem Rand hergestellt (Abb. 69). Sofern in der folgenden Sitzung die Übertragungskappen vollständig auf die Zahnstümpfe aufzusetzen sind (Abb. 70 und in Abb. 3.13 mit Kontrollfenster dargestellt) und die Präparationsgrenzen genau erreicht werden (z.B. Abb. 2.15 bis 2.18, 3.14, 4.17), bestehen keine unter sich gehenden Stellen am Zahnstumpf. Die Sammelabformung kann erfolgen (Abb. 71), möglicherweise nach Verbinden der Übertragungskappen mit schnellhärtendem Kunststoff, wie in Abb. 2.17 und 2.18 gezeigt. Bei umfangreicherem Zahnersatz und sofern Stiftkronen einbezogen werden, empfiehlt sich dieses Verfahren, das Kontrollen zu einem frühen Zeitpunkt des Arbeitsablaufes bietet und auch die Fixierung der Okklusion ermöglicht (Abb. 72).

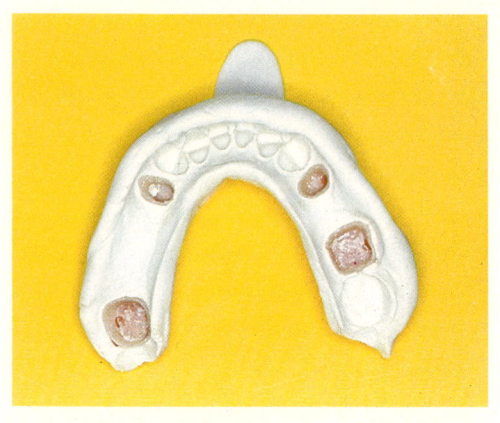

Abb. 71 Sammelabdruck der Übertragungskappen mit individuellem Löffel und Lastic 55

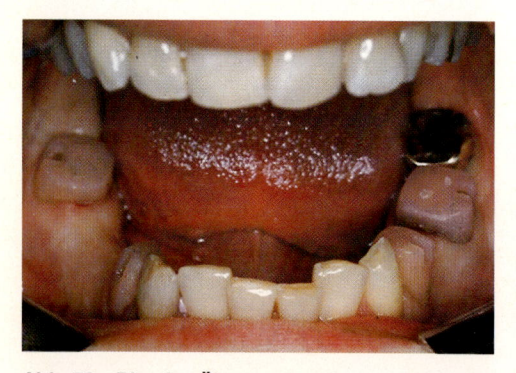

Abb. 70 Die vier Übertragungskappen sind den Zahnstümpfen aufgepaßt und an der Präparationsgrenze auf genaue Länge und Dimension kontrolliert

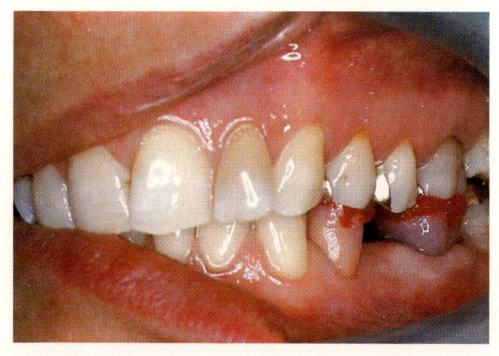

Abb. 72 Zur Fixierung der habituellen Okklusion sind die Übertragungskappen mit schnellhärtendem Kunststoff aufgebaut worden

Das Dimensionsverhalten der Silikon- und Polyäther-Abformwerkstoffe ist als gut zu bezeichnen und erfordert auch nicht sofortige Verarbeitung der gewonnenen Abdrücke im Laboratorium, wie das bei dem häufig sehr empfohlenen Verfahren mit *Hydrokolloiden* der Fall ist, um ein optimales Modell zu erzielen. Nur im praxiseigenen Laboratorium kann die Forderung nach sofortigem Ausgießen der Hydrokolloid-Abdrücke mit Gips u. a. erfüllt werden, um Dimensionsveränderungen durch Wasserverlust zu vermeiden.

6.2.3. Modellherstellung

Die Modellherstellung ist nach allen geschilderten Abformungen nicht ohne gewisse Fehler möglich. Es werden vom Modell zwar stets das Lageverhältnis der verschiedenen Zahnstümpfe und die Nachbarzähne wiedergegeben, jedoch sind die Weichteile in der Umgebung der Zahnstümpfe nicht genau genug dargestellt. Das liegt in erster Linie an der Vorbehandlung der Gingiva durch getränkte Baumwollfäden vor der Abformung, bei der die Papillen zugunsten der Darstellung der Präparationsgrenze verdrängt werden. Es kann jedoch schon bei der Vorabformung mit fester Abformmasse zum Verpressen der Zahnfleischränder kommen. Dieser Fehler ist nur durch Ausschneiden des Vorabdruckes an den Zahnfleischrändern zu kompensieren. Das einzeitige Abformverfahren mit Impregum und das Doppelabformverfahren mit Optosil/Xantopren erfordern für die weiteren zahntechnischen Arbeiten Vorbehandlungen, bei denen wichtige Abschnitte des Modelles verloren gehen (Tafel VII, S. 78/79). Die einzelnen Zahnstümpfe werden, durch Zersägen des Modelles in unmittelbarer Nähe jedes Stumpfes, aus dem Modell herausnehmbar gestaltet. Dabei werden die in Gips dargestellten Interdentalpapillen und die der Zahnlücke zugewandten Papillen dezimiert oder stark zerstört. Sofern die Präparationsgrenze unterhalb des Limbus gingivae liegt, muß, um den Kronenrand einwandfrei modellieren zu können, vom Zahnstumpf weiterer Gips, der das Zahnfleisch darstellt, mit einem scharfen Messer abgetragen werden. So wird die Dicke des Kronenrandes nicht genügend begrenzt und möglicherweise zusätzlich durch keramische Verkleidung stark überdimensioniert. Das in den Abb. 73 und 74 gezeigte Modell erfüllt die Punkte 1, 2, 3, und 5 der Zusam-

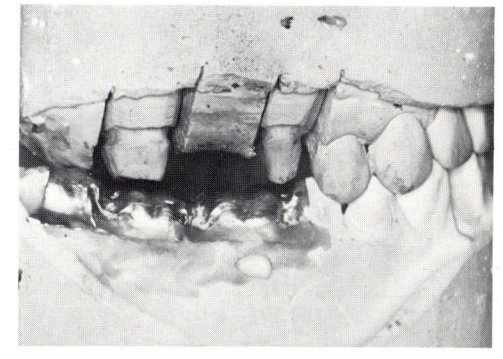

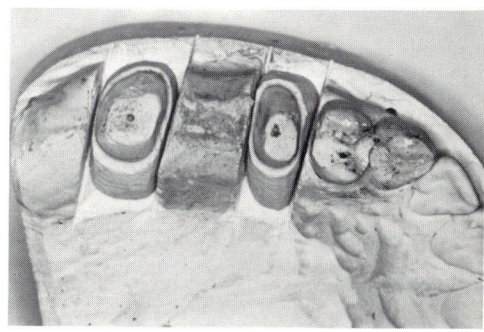

Abb. 73 und 74 Modell für eine kleine Brücke von 15 nach 17, bei dem aus zahntechnischen Gründen alle wichtigen Weichteildarstellungen rund um die Zahnstümpfe herum entfernt wurden. Außerdem verhindert die auf den antagonistischen Zähnen aufrotierte, 0,25 mm starke Zinnfolie den notwendigen okklusalen Kontakt

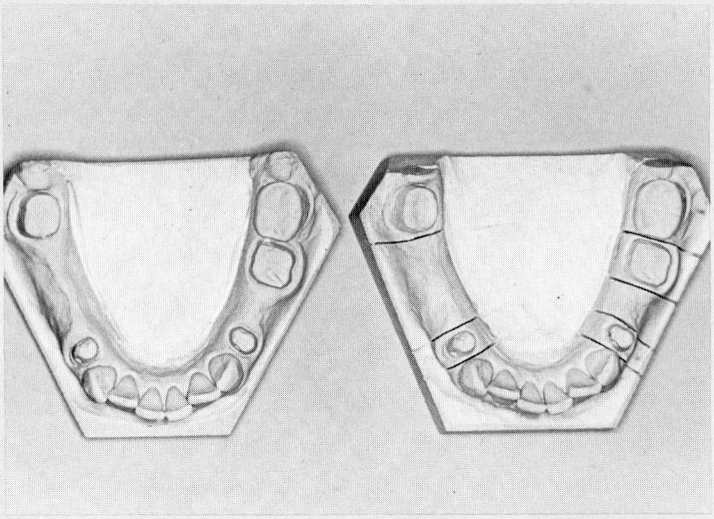
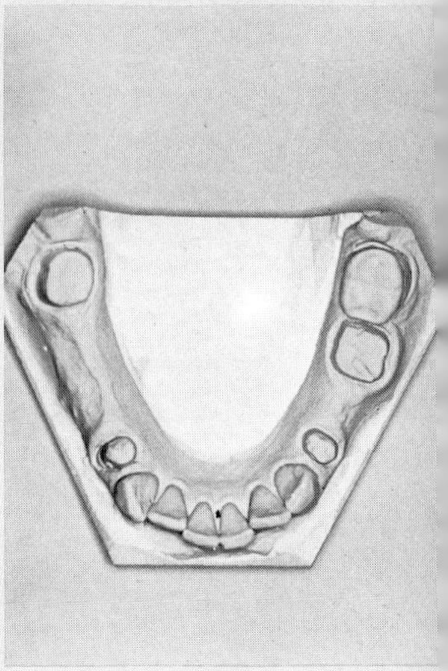
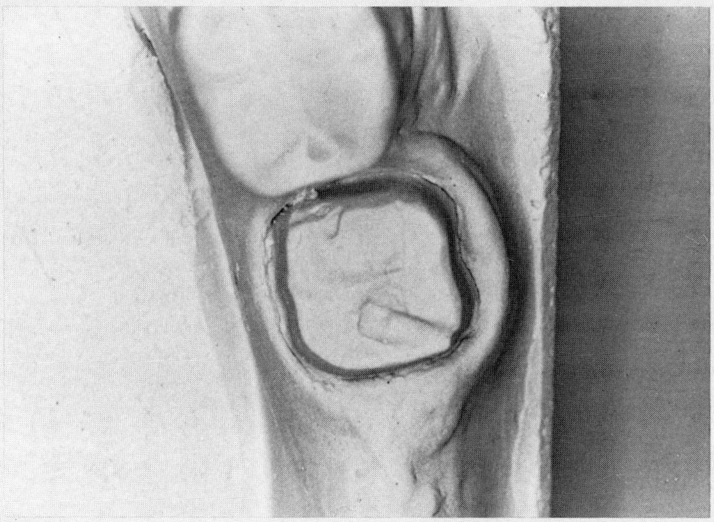
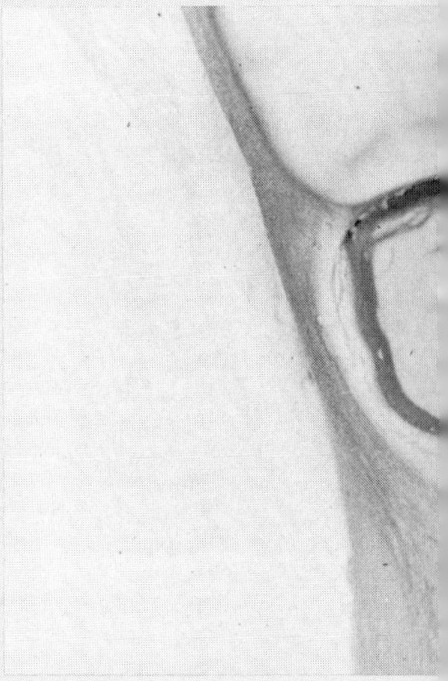
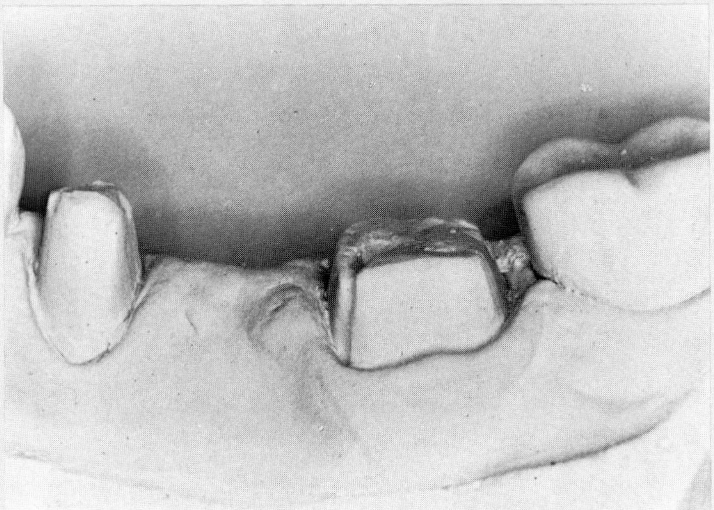
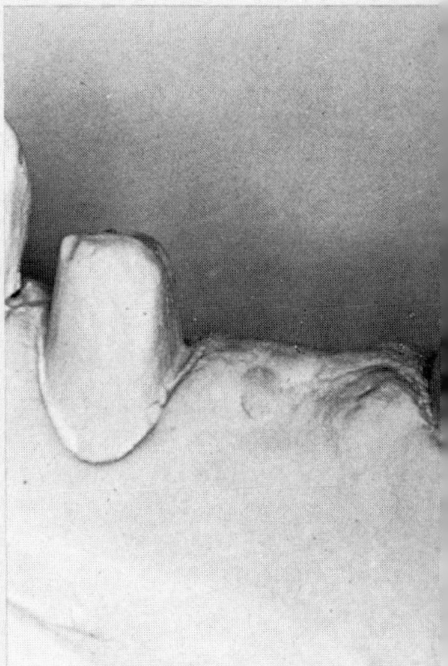

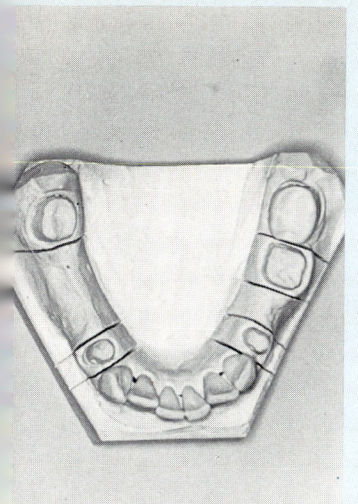

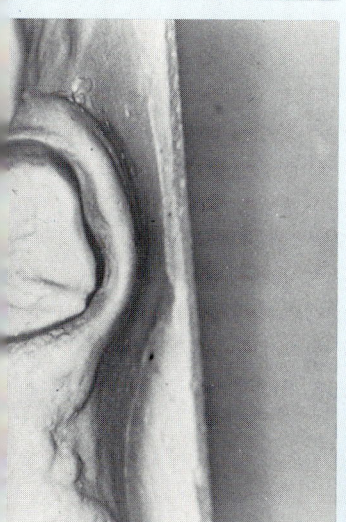

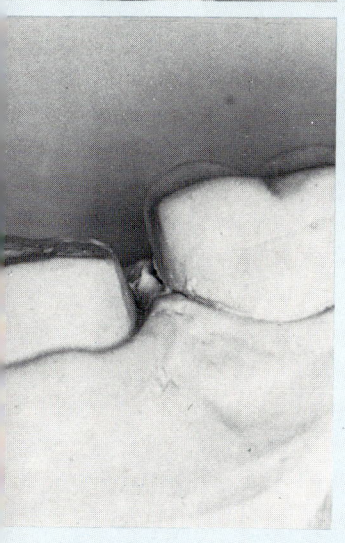

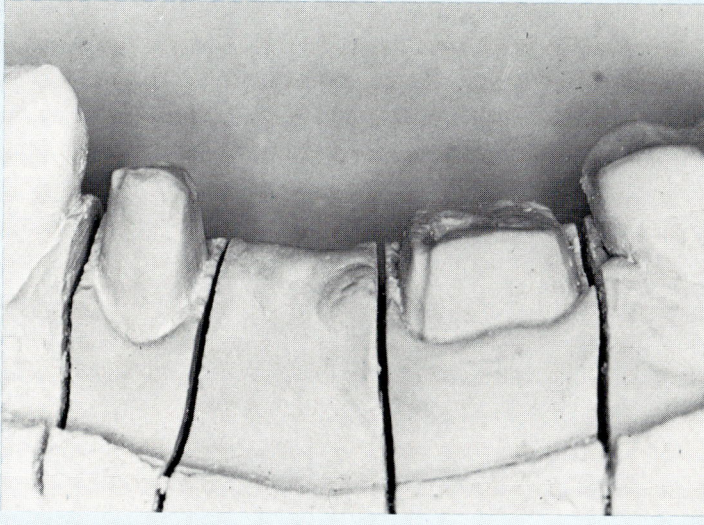

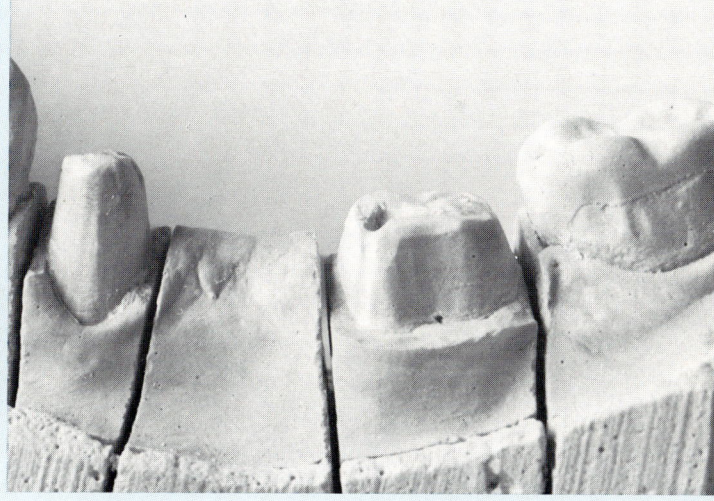

Tafel VII
Darstellung der Modelle nach einzeitiger Abformung mit Impregum (linke Serie) und Doppelabformung (rechte Serie). Durch die notwendigen Sägeschnitte und Radierungen zur Freilegung der Präparationsgrenze werden die Weichteilabschnitte der Zahnstumpfumgebung zerstört oder beseitigt. Sie gehen damit für die Information über die Dimensionierung der Kronenränder und des Brückenzwischengliedansatzes verloren

menstellung in Abb. 66, vernachlässigt jedoch aus den geschilderten zahntechnischen Gründen des einfacheren Verarbeitens den 4. Punkt völlig (außerdem noch den genauen antagonistischen Kontakt durch Auflegen einer 0,25 mm starken Zinnfolie). – Will man in dieser Weise vorgehen und diesen Fehler verhindern, ist die Anfertigung eines Kontrollmodelles (durch nochmaliges Ausgießen mit Gips) ohne Sägeschnitte und Radierungen am Zahnfleischrand zu empfehlen, auf dem die zervikalen Gegebenheiten des MK-Zahnersatzes nach Fertigstellung probiert und gegebenenfalls nachgeschliffen werden können. Bei dem Verfahren mit Übertragungskappen und Sammelabformung besteht die Schwierigkeit der exakten, unverrückbaren Befestigung der Zahnstümpfe im Abdruck. Diese Situation ist in den Abb. 2.20 und 3.16 gezeigt. Es hat sich eingebürgert, die Stümpfe mit Wachs am Rande der Übertragungskappen zu fixieren. Je mehr Wachs benutzt wird, um so sicherer stecken die Stumpfmodelle in den Übertragungskappen. Jedoch gehen bei dieser Prozedur der Zahnfleischrand und die Papille zur Zahnlücke hin verloren (Abb. 75). Das bedeutet, daß der Gestaltung der Kronenränder und des Überganges zum Brückenkörper ebenfalls keine genauen Weichteilgrenzen gesetzt sind.

Würden MK-Kronenränder zu dick gestaltet und für die Papillen nicht genügend Raum gelassen, ist mit andauernder Kompression der Gingiva nach Eingliederung des MK-Zahnersatzes zu rechnen; die Folge ist eine sich ausbreitende chronische marginale Parodontitis (Beispiel in Abb. 3.26 und 3.27).

Die großzügige zahntechnische Bearbeitung von Abdrücken zu Arbeitsmodellen verhindert eine exakte Gestaltung der MK-Kronenränder und der Übergänge zum Brückenkörper. Es werden aus den Abdrücken weniger Informationen gezogen als es die mühevolle Abformung ermöglicht hätte.

Es sei bemerkt, daß sich diese Erläuterungen erst nach jahrelanger Beobachtung, ständigem Vergleich zwischen der Modellsituation (z. B. Abb. 2.26, 3.24) und dem klinischen Befund beim Eingliedern und nach längerer Tragezeit des MK-Zahnersatzes ergeben haben. Sie stellen den derzeitig leicht zu praktizierenden Stand dar. Es ist jedoch zu erwarten, daß sich die Methode der Modellherstellung mit abnehmbaren Zahnfleischpartien aus elastischen Abformwerkstoffen (Silikonen oder Polyäthergummi) – wie von *M. Hofmann* empfohlen – verbreiten wird, sobald noch einige technische Details und werkstoffliche Voraussetzungen geschaffen sind.

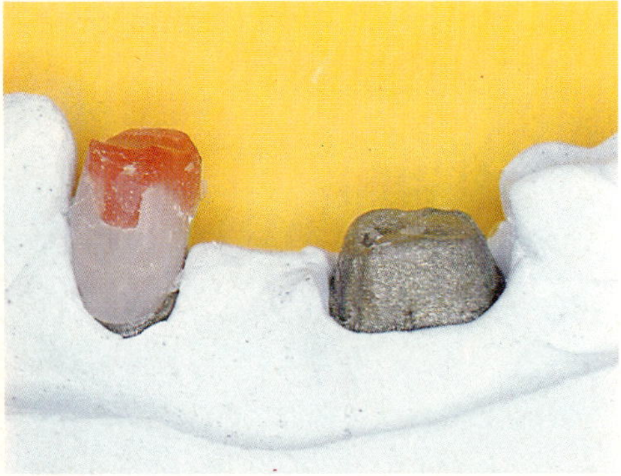

Abb. 75 Auch durch das Einwachsen der Modellstümpfe in den Sammelabdruck (in Abb. 71 dargestellt) gehen Weichteilabschnitte verloren

6.3. Gestaltung von MK-Kronen

Mit dem Begriff »Keramik« wird in erster Linie ein günstiges Verhalten hinsichtlich

Farb- und Formbeständigkeit, Indifferenz gegenüber der Gingiva oder des bedeckten Kieferkammes, geringe Plaqueretention u.a. verbunden. Dieser Eindruck wurde weitgehend auch auf die »Metallkeramik« übertragen, jedoch zeigt sich nun, daß nicht nur positive Berichte gegeben werden. *Lenz* und *Krekeler* stellten in einer klinischen Studie fest, daß 49,4 % von 259 MK-Kronen entzündliche Veränderungen der marginalen Gingiva hervorgerufen hatten. Die Randstärke von MK-Kronen wurde von den beiden Autoren mit 1,13 mm (1130 µm) und als wesentlich zu dick bezeichnet. Es waren Tangentialpräparationen ausgeführt und der Metallkronenrand jeweils keramisch verblendet worden. Dieses bedenkliche Ergebnis ist eingetreten, obgleich »Metallkeramik«, mit den oben geschilderten günstigen Fakten charakterisiert, verwendet wurde. Es *mußte* eintreten, weil offensichtlich nicht methoden- und werkstoffgerecht vorgegangen worden war. Immerhin treten nur Teilabschnitte eines MK-Zahnersatzes mit der Gingiva in Kontakt. Die Gestaltung dieser Abschnitte muß fehlerhaft gewesen sein. Es werden eine beachtliche Stärke der keramisch verkleideten Kronenränder und eine einfache (falsche) Präparation angegeben. *Kh. Körber* und *Lenz* bezeichnen Kronenränder, die stärker als 200 µm sind und wegen dieser Dimension und des unumgänglichen Zementspaltes von Zahnstumpf abstehen, als Makrostufen. Wird dieser dicke Kronenrand mit leichtem Druck der Gingiva angelegt oder in die Zahnfleischtasche geschoben, ohne daß durch Präparation genügend Platz innerhalb der Zahnhartsubstanz vorgesehen ist, ergibt sich eine unphysiologische Spannung der Gingiva. Nach wenigen Tagen gleitet diese vom zu dicken Kronenrand ab, der dann freiliegt (Tafel VIII, S. 89). – Die andere mögliche Reaktion wäre eine chronische Entzündung der marginalen Gingiva (Tafel VIII). Ein circulus vitiosus setzt ein: Weil der Zahnfleischrand im entzündlichen Zustand angeschwollen ist, vergrößert sich die Zahnfleischtasche; in dieser werden Speisereste retiniert, die wiederum die Entzündung unterhalten. Damit einher gehen das Tiefenwachstum des Epithels und die Bildung von Konkrementen in der Zahnfleischtasche.

Von klinischer Bedeutung ist die Beobachtung, daß die geschilderten Veränderungen der marginalen Gingiva durch den Kronenrand mit akuter oder chronischer Entzündung, Retraktion u. a. hauptsächlich auf der vestibulären Seite der Zähne zu beobachten und offensichtlich leicht auszulösen sind. Palatinal und lingual sind schwerwiegende Veränderungen nur selten zu sehen. Das kann an der grazileren Gestaltung des Kronenrandes, meist unverkleidetes Metall, aber auch an der günstigeren, ständigen Befeuchtung durch Speichel und an der Massage durch die Zunge liegen. Hingegen gehen auch viele der dargestellten Veränderungen von den Interdentalpapillen aus, denen häufig infolge unzweckmäßiger Gestaltung des Kronenrandes oder Zahnersatzes zu wenig Raum gelassen wird.

Es kann jedoch nicht übersehen werden, daß die MK-Krone zervikal eine angemessen stabile Gestaltung erfordert. Eine der keramischen Grundregeln besagt, daß fein auslaufende keramische Schichten (Glasurränder) leicht ausplatzen, z.B. bei Einprobe der Krone und leichtem Verkanten auf dem Zahnstumpf, beim Zementieren, wenn innerhalb der Krone durch das abfließende Zement Druck entsteht usw. So entstehen »muschelförmige Aussprünge«.

Ob die Gestaltung einer MK-Krone, besonders ihres Randes, erfolgreich und dauerhaft gelingt, hängt von verschiedenen Faktoren ab, die einzeln zu besprechen sind, aber klinisch gleichzeitig berücksichtigt werden müssen; dazu gehören (Abb. 76):

1. Zustand der Gingiva in Abhängigkeit
a) vom Alter des Patienten bzw. des Parodontiums
b) der Zahn- und Mundpflege;
2. Lage und Art der Präparationsgrenze:
3. Notwendige Stabilität einer MK-Krone;
4. Ausführungsform der MK-Krone.

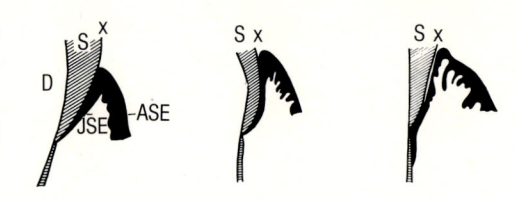

Abb. 77 Drei Überzeichnungen von histologischen Präparaten (W. Meyer 1967), die verschiedene parodontal gesunde Situationen am Zahnfleischrand darstellen

---
Zustand der Gingiva
(Alter des Patienten, Mundpflege)
Lage und Art der Präparationsgrenze
Stabilitätsanforderungen an eine MK-Krone
Ausführungsform der MK-Krone

Abb. 76 Gestaltung von MK-Kronen

Diese Punkte zeigen, wie subtil vorgegangen werden muß, um mit MK-Zahnersatz (Kronen und Brücken) erfolgreich und für längere Zeit behandeln zu können. Unter Berücksichtigung der vorhandenen anatomischen Situation der marginalen Gingiva im Verhältnis zu den natürlichen Zahnkronen sind die Lagen der jeweiligen Präparationsgrenzen vorgezeichnet. Die Art der Präparation wird von der erwünschten Stabilität einer MK-Krone oder eines MK-Brückenankers weitgehend bestimmt, wenn klinische und technische Mißerfolge vermieden werden sollen.

6.3.1. Die marginale Gingiva im Verhältnis zur Präparationsgrenze und zum Kronenrand

Die *anatomische Situation* des marginalen Parodonts variiert im Laufe des Lebens erheblich und ist vom Alter des Patienten und seiner Zahn- und Mundhygiene abhängig. Drei Überzeichnungen von histologischen Präparaten von *W. Meyer* (Abb. 77) und die dazugehörenden Erläuterungen erleichtern das Verständnis für die unterschiedlichen Gegebenheiten, die man mit »parodontal gesund« bezeichnen kann:

1. Im Zustand nach dem Zahndurchbruch befindet sich der Epithelansatz auf dem Zahnschmelz des durchgebrochenen, in den Kauflächenkomplex eingetretenen Zahnes. Das Schmelzepithel ist vom Limbus gingivae bis zur Schmelz-Zementgrenze fest mit dem Schmelz verwachsen. Es besteht weder eine Zahnfleischfurche, noch eine Zahnfleischtasche. Das Innere-Saum-Epithel (ISE) bleibt in dieser Position, wenn keine Entzündung der Gingiva eintritt oder der Epithelansatz artifiziell überbeansprucht oder verletzt wird. Dieser »Urzustand« ist nicht häufig anzutreffen, am ehesten im jugendlichen Gebiß.

2. Durch Ablösen des ISE vom Schmelz entsteht um den Zahn herum eine schmale Furche zwischen Zahnfleischrand und Schmelz und

3. eine Zahnfleischtasche unter gleichzeitigem Vorwachsen des ISE auf das Wurzelzement hin.

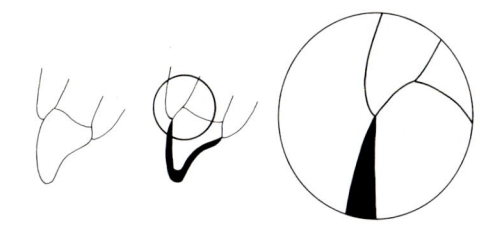

Abb. 78 Beim Jugendlichen muß eine Krone oberhalb des Zahnfleischsaumes enden. Diese Situation kommt, weil sie mit einer großen, noch nicht vollendeten Pulpa einhergeht, für MK-Kronen nicht in Betracht

In der Regel läuft dieser Vorgang der Taschenbildung über Jahrzehnte hinweg ab. Das Alter des Patienten und eine gute, regelmäßige Zahn- und Mundpflege beeinflussen die Anhaftung der Gingiva am Zahn.

Da die Kronenherstellung und -eingliederung bei Kindern mit wenigen Ausnahmen ausscheidet, kommen vorzugsweise die in Abb. 77 geschilderten Situationen (Mitte und rechts) in Betracht. Beim jugendlichen Patienten besteht straffes Zahnfleisch mit einer leichten Zahnfleischfurche.

Zu den früher oder später eintretenden Alterserscheinungen gehört die Tiefenwanderung des ISE zur Schmelz-Zementgrenze hin und später auch weiter nach apikal unter Freilegung des Wurzelzementes. Damit einher geht die Verlängerung der klinischen Krone unter Verkürzung der klinischen Wurzel, d. h. das für den Halt des Zahnes verantwortliche aktive Desmodont wird weniger. Bei diesem Zustand sind sowohl Zahnfleischfurchen als auch Zahnfleischtaschen (mit leichten Entzündungserscheinungen) anzutreffen. – Bei klinisch gesunder Gingiva liegt diese der natürlichen Zahnkrone straff auf. Obgleich parodontale Resistenz besteht, hat das Tiefenwachstum des ISE bereits eingesetzt. Dieser Vorgang kann durch Behandlung und Mundpflege nur verzögert, jedoch nicht generell verhindert werden.

Bei der Eingliederung einer Krone muß die anatomische Situation der Gingiva berücksichtigt werden. Pathologische Erscheinungen, z. B. Zahnfleischentzündungen, Zahnsteinansatz oder Konkrementbildung in vorgefundenen Taschen müssen vorher behandelt bzw. entfernt werden.

Sofern die anatomische Situation dem des Jugendlichen entspricht und inneres sowie äußeres Saumepithel feste Anhaftung der Gingiva am Schmelz bewirken, soll die Krone (meist nur eine Schutzkrone als Notfall-Lösung) oberhalb des Zahnfleisches enden (Abb. 78).

Besteht ein Zahnfleischsulkus, z. B. bei einem 20jährigen Patienten (Abb. 79), muß

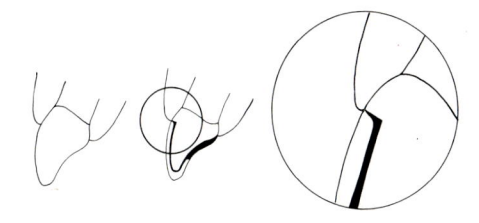

Abb. 79 Bei einem 20jährigen muß die Präparation in Höhe des Limbus gingivae enden, ebenso der Kronenrand, der dann im Laufe der Jahre freiliegen wird

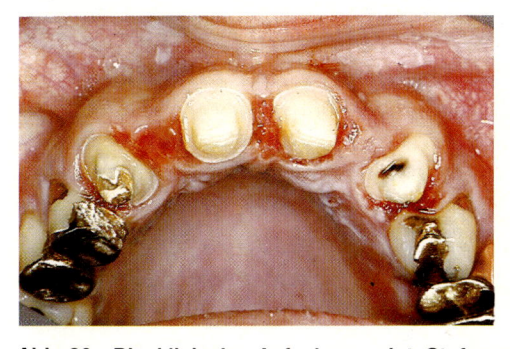

Abb. 80 Die klinische Aufnahme zeigt Stufenpräparation der Zähne 13, 11, 21 und 23 bei einem 20jährigen Patienten unmittelbar nach Abschluß des Beschleifens. Da feste Anhaftung der Gingiva an den Zähnen besteht, liegt die Präparationsgrenze fast überall in Höhe des Limbus gingivae

der Kronenrand in Höhe des Limbus gingivae, nicht darunter, gelegt werden (Abb. 80). Es würde den Grundregeln der Präparation widersprechen, wenn die anhaftende Gingiva während des Präparierens von der Zahnoberfläche abgelöst und artifiziell eine Zahnfleischtasche erzeugt werden würde. Früher oder später, je nach Veränderung der physiologischen Situation der Gingiva, wird der Kronenrand sichtbar werden. Die Präparation für die Aufnahme der MK-Krone muß dem Rechnung tragen und so viel Zahnhartsubstanz entfernt werden, daß die Krone vollständig in die anatomische Zahnform eingearbeitet wird. Dazu muß labial eine Schicht von 1,2 bis 1,5 mm von der Zahnhartsubstanz abgetragen und eine zur Zahnachse rechtwinkelige Stufe angelegt werden. Ein sogenannter Federrand des Metallgerüstes, der dem Zahn aufliegt, kommt im sichtbaren Zahnbereich von 14 bis 24 nicht in Betracht. Hier wäre er dem Patienten, auch wenn er erst zu einem späteren Zeitpunkt hervortritt, unerwünscht. Bei zurückgewichener Gingiva ist der ästhetische Verlust ohne Metallrand nicht so erheblich und die Gefahr der chronischen Reizung der Gingiva gering.

Erst wenn im Laufe des Lebens eine Zahnfleischtasche zu entstehen beginnt (Abb. 77, rechts), kann daran gedacht werden, einen Kronenrand so zu gestalten, daß er nicht sichtbar ist, d. h. unterhalb des Limbus gingivae zu liegen kommt (Abb. 81). Auch bei dieser anatomischen Situation ist zu erwarten, daß der Kronenrand nach Zurückweichen der Gingiva sichtbar wird (siehe Abb. 2, Zahn 47). Die Eckzähne im Ober- und Unterkiefer sind für das Zurückweichen der Gingiva wegen ihrer prominenten Stellung im Gebiß prädestiniert, weil sie beim Zähneputzen – also besonders bei sogenannter guter Mundpflege –

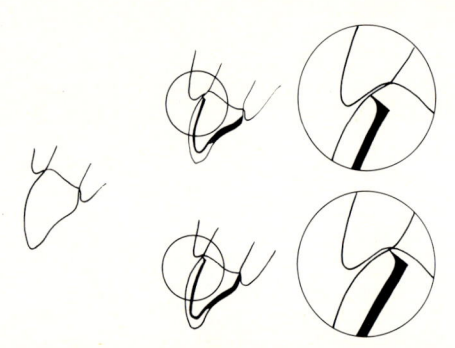

Abb. 81 Beim Erwachsenen mit einer flachen Zahnfleischtasche (Tiefe ca. 1,5 mm) endet eine Krone unterhalb des Limbus gingivae, muß jedoch nicht weit in die Zahnfleischtasche hineinreichen. Wichtiger ist, daß die MK-Krone im ganzen **innerhalb** der Zahnhartsubstanz liegt. Oben: Empfehlung bei Neigung zur Parodontitis; unten: Empfehlung bei Kariesanfälligkeit

intensiver mechanischer Beanspruchung und die Gingiva starker Massage unterliegen (siehe hierzu Abb. 1, Zahn 13 und Abb. 82). Die schützende Wirkung der Krone gegen Kariesentstehung ist, wenn der Zahnhals freiliegt, nicht mehr gegeben, jedoch besteht wegen der Mundpflege wenig Gefahr.

Diese Ausführungen zeigen, daß die alte Regel, nach der »eine Krone 1 mm tief unter den Zahnfleischrand oder in die Zahn-

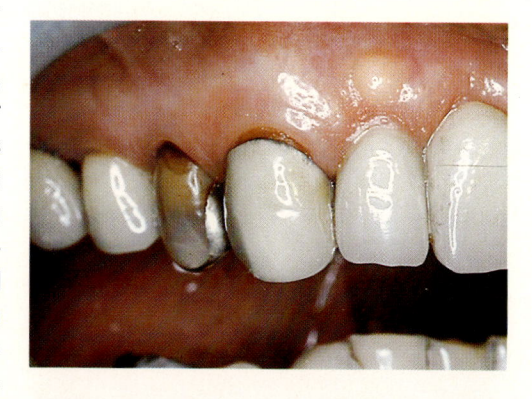

Abb. 82 Der Zahnhals unterhalb des Kronenrandes am Zahn 13 liegt – wegen zu intensiver Mundpflege – nach vierjähriger Tragezeit frei (dazu auch Abb. 1)

Grundlagen der klinischen Behandlung 85

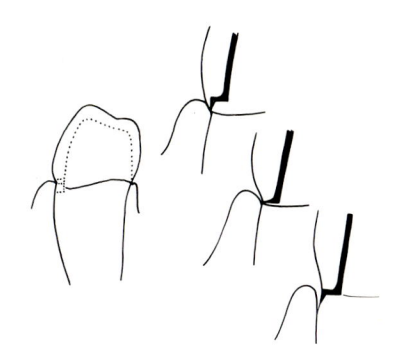

Abb. 83 Beispielhaft wird gezeigt, daß die Stufenpräparation an einem unteren Prämolaren und je nach anatomischer Situation der Gingiva in der Zahnhartsubstanz liegt und der MK-Kronenrand unterschiedliche Gestaltung erfahren kann

fleischtasche reichen muß« überholt ist, weil die marginale Gingiva klinische Beachtung erfahren muß.

Es sollte, je nach der momentanen anatomischen Situation, die physiologisch oder pathologisch bedingt sein kann, die Form der Präparation und deren Grenzlinie bestimmt werden. Die Skizze (Abb. 83) gibt drei verschiedene Möglichkeiten für die Stufenpräparation mit und ohne Federrand in Abhängigkeit von klinischen Gegebenheiten wieder. Am häufigsten findet sich die flache Zahnfleischtasche, in die hinein, auch bei Anwendung metallkeramischer Kronen, ein fein auszuarbeitender Metallrand reicht (Abb. 84 und 85). Dieser wird möglicherweise nach einer Verweildauer der MK-Krone im Munde freiliegen (Abb. 2 bei Zahn 47), jedoch wegen der grazilen Gestaltung vor Karies schützen, aber die Gingiva *nicht* reizen.

6.3.2. Stabilität der MK-Kronen

Die werkstoffkundlichen Untersuchungen von *Voss* (1969, Abb. 41 und 42), haben gezeigt, welche MK-Kronenform besondere Stabilität gewährleistet. Demnach ist die Dreiviertelverblendung des Metallgerüstes vorzuziehen. Die Untersuchungen sagen nichts über die Randgestaltung von MK-Kronen aus, jedoch besteht in einem Punkt weitgehende Einigkeit in der einschlägigen Literatur:

Für MK-Kronen ist die *Stufenpräparation* zu bevorzugen, weil der Kronenrand *in* den natürlichen Zahn verlegt wird und die Krone zervikal eine genügend große Stabilität erhält. Bei Druck von innen, z.B. beim Einprobieren, verbunden mit eventuellem Verkanten, oder gegen den Druck des beim Einsetzen abfließenden Zementes, erweist sich diese Ausführung als stabil und unverformbar. Weiterhin scheinen klinische Be-

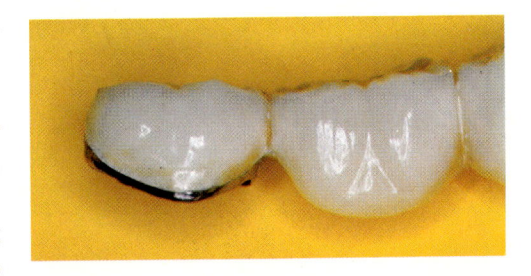

Abb. 84 Der distale Anker einer MK-Brücke ist keramisch verkleidet, jedoch nur bis auf einen schmalen Metallrand, der in die flache Zahnfleischtasche hineinreichen soll

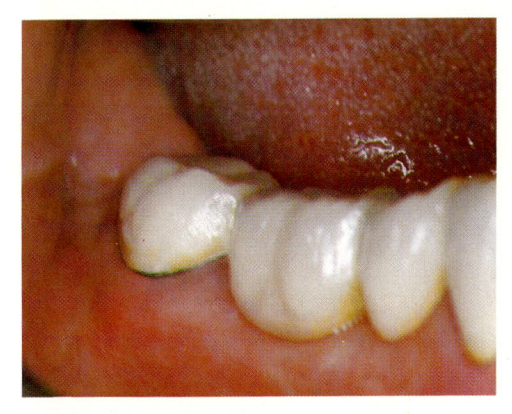

Abb. 85 Das klinische Bild des mit dem MK-Brückenanker versorgten Zahnes 47 einige Wochen nach Eingliederung der Brücke

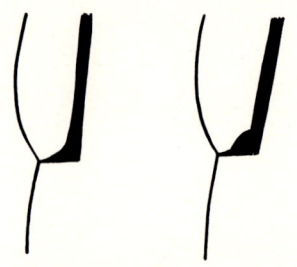

Abb. 86 Rechtwinklige Stufen, die mit dem Metallgerüst von MK-Kronen ausgekleidet sind; links: auslaufender Metallrand, rechts: Verstärkung, wie von Voss empfohlen

obachtungen und wissenschaftliche Ergebnisse die folgende Alternative zu zeigen: Die MK-Krone sollte entweder wie eine keramische Jacketkrone, also mit rechtwinkeliger Stufe gestaltet werden (dies gilt für die Zähne im sichtbaren Bereich von 14 bis 24) oder in einem klaren, nicht keramisch bedeckten Metallrand (Federrand) enden (dies gilt für die Seitenzähne des Oberkiefers und alle Zähne des Unterkiefers; gegebenenfalls sind die Zähne 43 und 33 auszunehmen).

Wird nach diesen Empfehlungen vorgegangen, kann das Metallgerüst einer MK-Krone (Abb. 86) die labiale Stufe gut ausfüllen und auf dieser fein auslaufen. Zusätzlich empfiehlt *Voss* die Anbringung einer Verstärkungsleiste und spricht von »Faßreifenwirkung« (Abb. 86, rechts).

Das *Aufbrennen der keramischen Schichten* am auf der Stufe auslaufenden Kronenrande ist schwierig, weil die aufgetragenen keramischen Massen beim Brennen sintern und dabei ca. 15 % an Volumen verlieren. Der Aufbau einer keramischen Stufe kann auf diesem Wege, mit Unterlage eines fein auslaufenden Metallgerüstes, nur ungenau erfolgen, jedenfalls nicht so, wie beim Brennen von Jacketkronen, die während des Brennens eine Unterlage aus Platinfolie haben. Daher wird von verschiedenen Autoren *(Jeffrey, Weinberg, Voss* u. a.) für diesen Arbeitsgang das Unterlegen des Metallgerüstes und die Erfassung der Stufe mit Platinfolie (0,275 mm stark) empfohlen, um die keramischen Schichten bis zur Glasur, entsprechend einer keramischen Jacketkrone, aufbauen zu können. Der Randschluß dieser MK-Kronen entspricht dann dem der keramischen Jacketkrone. Zu diesem Vorgehen gehört nicht nur viel Geduld, sondern auch großes Geschick des keramisch arbeitenden Zahntechnikers. Die Platinfolie könnte innerhalb des Kronengerüstes punktförmig angelötet werden.

Wichtig ist die Abdeckung des fein auf der Stufe auslaufenden Metallgerüstes bis zum labialen Rande mit opaker Grundmasse, um ein Durchschimmern der dunklen Oxidschicht auszuschließen, ohne daß die Opakschicht in die labiale Oberfläche gelangt, weil sie weißlich aussieht und nicht glasierbar ist. *Stein* und *Kuwata* geben eine Technik an, bei der das oxidierte Metallgerüst bis zum Rande mit einem dünnen Opakmassefilm (0,05 mm) abgedeckt und zusätzlich eine zweite Opakmasseschicht aufgebrannt wird (Abb. 87).

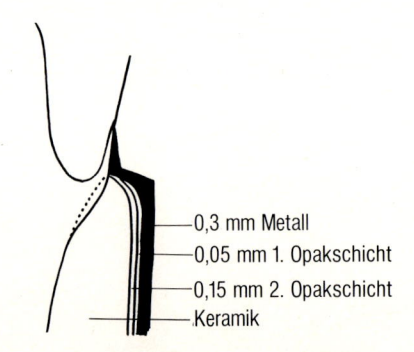

— 0,3 mm Metall
— 0,05 mm 1. Opakschicht
— 0,15 mm 2. Opakschicht
— Keramik

Abb. 87 Methode nach Stein und Kuwata, bei der die erste Schicht der opaken Grundmasseschicht sehr genau bis zum Metallrand reicht und dünn (0,05 mm) zur Abdeckung der Oxidschicht aufgelegt wird (Umzeichnung)

Grundlagen der klinischen Behandlung 87

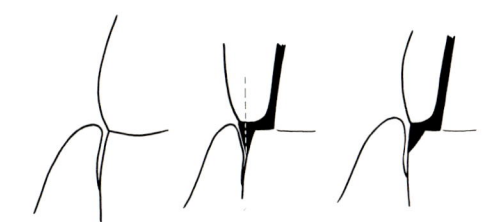

Abb. 88 Lage der Stufenpräparation mit abgeschrägter Stufe, wenn eine Zahnfleischtasche vorhanden ist oder der Rand im nicht sichtbaren Zahnbereich liegt. Mitte: ungeeignete, überdimensionierte Ausführung

Die Stabilität einer MK-Krone ist auch gewährleistet, wenn der Kronenrand in einem sogenannten Federrand aus Metall endet (Abb. 88). Es ist jedoch für die Schonung der Gingiva von Bedeutung, daß dieser Federrand *nicht* auftragend *auf* die Zahnhartsubstanz (Abb. 88, Mitte), sondern *in* die Zahnhartsubstanz gelegt wird (Abb. 88, rechts), um den natürlichen Zahnumfang wiederzugeben. Bei diesem Vorgehen wird die marginale Gingiva nicht durch den verdickten Kronenrand gespannt.

Sauer hat festgestellt, daß ein gegossener Metallrand, der nach optimaler zahntechnischer Ausarbeitung und Politur spitz ausläuft (Abb. 89)

- 0,125 mm vom Kronenrand entfernt 150 μm ± 65 μm dick ist,
- 0,25 mm vom Kronenrand entfernt eine Stärke von 225 μm ± 85 μm hat und
- 0,5 mm vom Kronenrand entfernt bereits 350 μm ± 110 μm stark ist.

Daraus ist zu folgern, daß ein Kronenrand aus Metall nicht über die Präparationsgrenze hinausreichen darf, und daß für ihn durch Abtragen an der Zahnhartsubstanz stets Platz zu berücksichtigen ist, weil er sonst eine physiologisch unverträgliche Makrostufe bildet.

Bei fein ausgearbeiteten Kronenrändern besteht die Gefahr des Verbiegens beim probeweisen Einsetzen der Krone oder der Beschädigung mit dem Kronenabnehmer. Wenn die gegossenen Kronenränder eines Metallgerüstes zusätzlich keramisch verkleidet werden, ergaben sich bei 12 zufällig ausgewählten MK-Kronen labial folgende Meßwerte *(Husemann;* Abb. 90):

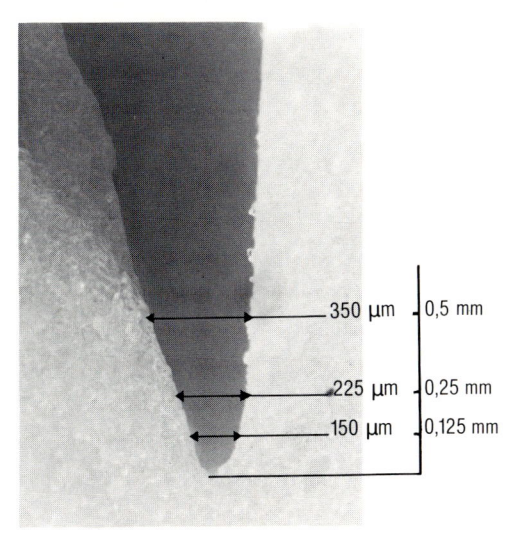

Abb. 89 Messung der Stärke des fein ausgearbeiteten Metall-Kronenrandes nach Sauer

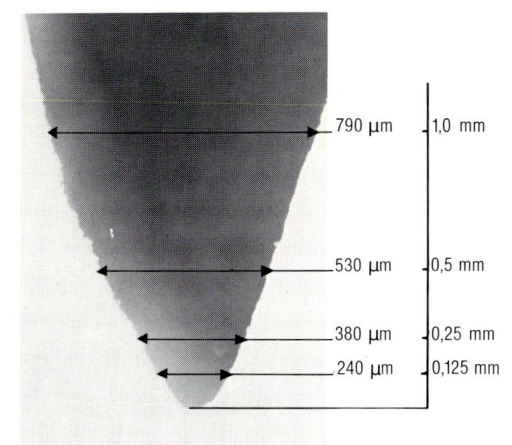

Abb. 90 Messung der Stärke von keramisch verkleideten Kronenrändern nach Husemann. Diese fallen wesentlich stärker aus als in Abb. 89 und überschreiten die physiologische Verträglichkeit der Gingiva

- 0,125 mm vom MK-Kronenrand ca. 240 µm (Min.: 50 µm, Max.: 680 µm),
- 0,25 mm vom MK-Kronenrand ca. 380 µm (Min.: 80 µm, Max.: 780 µm),
- 0,5 mm vom MK-Kronenrand ca. 530 µm (Min.: 180 µm, Max.: 880 µm),
- 0,75 mm vom MK-Kronenrand ca. 690 µm (Min.: 400 µm, Max.: 1000 µm),
- 1,0 mm vom MK-Kronenrand ca. 790 µm (Min.: 520 µm, Max.: 1120 µm).

Mehrere Folgerungen sind aus diesen Ergebnissen zu ziehen:

Werden die Kronenränder des Metallgerüstes für einen MK-Zahnersatz zu fein ausgearbeitet *und* keramisch verkleidet, kann das Gerüst an dieser Stelle nicht seine Aufgabe als Stützung der gebrannten keramischen Masse erfüllen, die Keramik würde bei hebelnder Beanspruchung beschädigt. Die Stärke eines Metallrandes darf nur jener der keramisch unverblendeten Krone entsprechen. Erfolgt dann noch keramische Verkleidung, wird der MK-Kronenrand dicker als ein Metallrand ausfallen müssen. Der benötigte Platz muß durch zusätzliche Präparation unterhalb der Stufe geschaffen werden (ca. 0,5 mm und dann innerhalb von 1 mm fein auslaufend), um stabil genug auszufallen (Abb. 88, r.). Aus dem Geschilderten kann gefolgert werden, daß bei MK-Kronen eine Verblendung des in die Zahnfleischtasche reichenden Federrandes nicht angewendet werden sollte, weil dieser zu viel Platz beansprucht oder zu dick wird.

6.3.3. Ausführungsform der MK-Krone

Die Ausführungsform einer MK-Krone unterscheidet sich im Prinzip nicht von anderen Kronen zum Wiederaufbau einzelner Zähne oder als Brückenanker. Die Form des überkronten, natürlichen Zahnes muß wiedergegeben werden.

1. Kronenaußenflächen
2. Kontaktpunkte
3. Kronenrand
4. Inzisalkante / Okklusalfläche
5. Vermeidung von Überdimensionierung

Abb. 91 Ausführungsform von MK-Kronen

Folgende Punkte sind von Bedeutung (Abb. 91):

1. *Kronenaußenflächen;* im Unterkiefer ist besonders die Kronenflucht zu berücksichtigen sowie der Aufbau des die Gingiva schützenden Schmelzwulstes.

2. *Kontaktpunkte* oder Kontaktflächen zu den natürlichen Nachbarzähnen, je nach klinischer Situation, müssen erzielt werden. Bei Metallkeramik ist dies nicht leicht zu erreichen, weil die Krone beim Brennen durch das Sintern kleiner wird (siehe hierzu klinisches Beispiel Nr. 2, Abb. 2.26 und Erläuterung). Die Kontakte dürfen nicht so stark dimensioniert werden, daß die Interdentalpapille keinen Platz mehr findet.

3. Der *Gestaltung des Kronenrandes* ist besondere Aufmerksamkeit zu widmen. Die bisherigen Ausführungen stellen die Wichtigkeit der diffizilen Gestaltung des Randes von MK-Kronen besonders heraus.

4. Die Gestaltung der Inzisalkante oder der Okklusalfläche erfordert eine 1,5 bis 2 mm starke keramische Schicht.

Einer der *Hauptfehler* metallkeramischer Kronen dürfte die »Überdimensionierung« sein, durch die der natürliche Zahnstumpf größere und nicht zahnachsengerechte Belastungen erhält, die zur parodontalen Insuffizienz führen können. Gründe für die Überdimensionierung können in zu gerin-

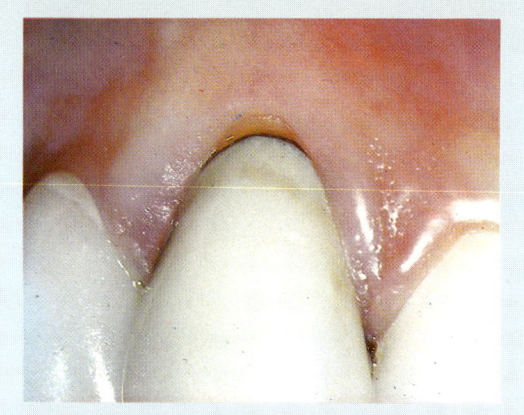

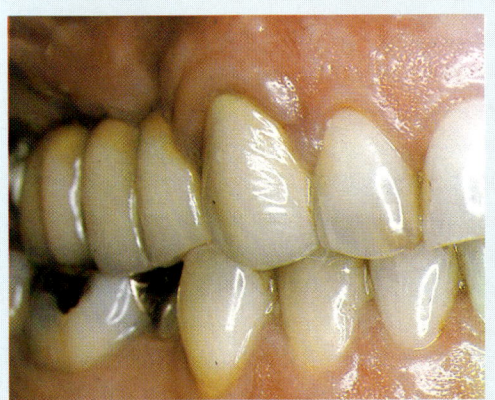

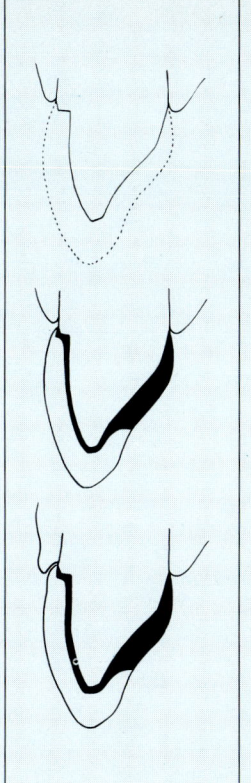

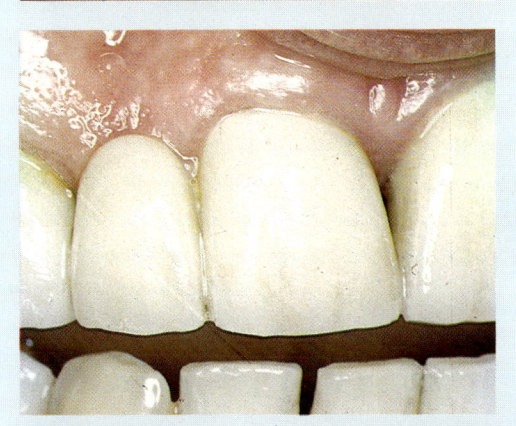

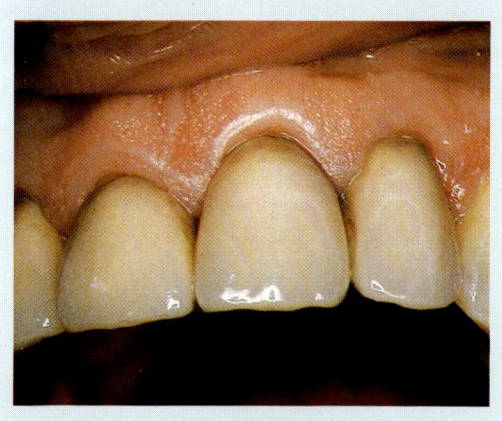

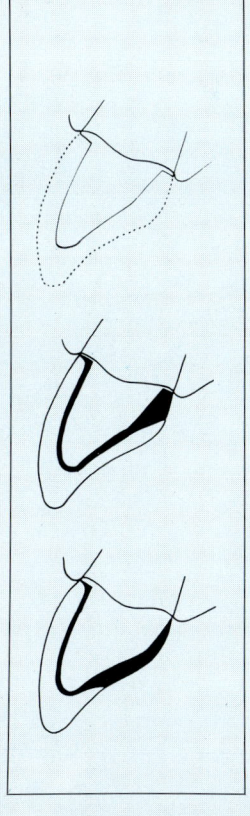

**Tafel VIII
(zu Seite 90)**
Klinische Bilder und Skizzen von längere Zeit getragenen MK-Kronen im oberen Frontzahngebiet. Sofern zu wenig Zahnhartsubstanz am Zervikalrand abpräpariert wird, entsteht aus Metallrand und keramischer Verkleidung ein zu dicker Kronenrand, der eine Makrostufe zur Folge hat. Der ursprünglich über diesen Kronenrand gespannte Gingivalrand retrahiert sich (Bild oben) oder es entsteht ein hypertrophiert entzündeter Zahnfleischsaum (2. Bild von oben). – Die wenigsten Veränderungen an der Gingiva werden beim Einlegen des MK-Kronenrandes in die Zahnhartsubstanz ohne Überdimensionierung der natürlichen Zahnform beobachtet (die beiden unteren klinischen Bilder und Skizzen zeigen dies).

ger Präparation der Zahnhartsubstanz gesucht werden, aber auch in dem Wunsche, durch eine dicke keramische Schicht einen guten ästhetischen Erfolg erzielen zu wollen.

In Tafel VIII (S. 89) werden verschiedene klinische Situationen am Gingivalrand nach längerer Tragezeit von metallkeramisch verkleideten Kronen gezeigt. Es handelt sich sowohl um zahnärztlich kritisch zu beurteilende Befunde, beruhend auf falscher Konzeption, als auch um Befunde ohne Veränderungen an der Gingiva. Interessanterweise äußern sich die Patienten kaum über die beschriebenen Details am Kronenrand, selbst dann nicht, wenn »das Zahnfleisch blutet«, was viele Patienten für normal halten. Oft werden sie durch das Zahnfleischbluten sogar veranlaßt, die Mundpflege weniger intensiv zu betreiben. Wenn der MK-Kronenrand eine *Makrostufe* bildet, also auf dem ursprünglichen zervikalen Zahnumfang aufliegt, reagiert die marginale Gingiva entweder mit Retraktion (Abbildung in Tafel VIII – S. 89 –, zeigt einen Befund vier Wochen nach Eingliederung) oder mit Hypertrophie und Entzündung (in Tafel VIII – S. 89 –, 2. Abb. von oben stellt eine seit drei Jahren bestehende Situation mit leichtem Zahnfleischbluten dar; siehe dazu auch Abb. 3.26 und 3.27 der Kasuistik).

Sofern eine labiale oder zirkuläre Stufenpräparation die Einlagerung des MK-Kronenrandes in die Zahnhartsubstanz ohne Überdimensionierung gestattet, sind kaum Veränderungen der marginalen Gingiva zu erwarten (Tafel VIII, 2 klinische Bilder unten). Völlig sind diese jedoch nicht auszuschließen; klinisch geringe Irritationen werden von jedem Kronenrandkontakt ausgelöst.

Sofern die Gingiva vom Speichel befeuchtet ist, ist die leichte Rötung des Zahnfleischrandes nicht erkennbar. Bei *Austrocknung* der Gingiva – wie es bei fotografischen Mundaufnahmen schnell vorkommt – tritt sie jedoch mehr oder weniger stark hervor. Bei pessimistischer Einstellung und Beurteilung kann man vielleicht zusammenfassend sagen, daß es reiner Zufall ist, wenn am Zahnfleischrand, der in Kontakt mit der Krone ist, »nichts passiert«. Daher sollte ein Kronenrand eher zu kurz als zu lang gestaltet werden. Eine gute (nicht intensive) Mundpflege des Patienten zu initiieren, trägt wesentlich zum Therapieerfolg bei.

6.4. Die Anfertigung von MK-Brücken

Mit der Anfertigung metallkeramisch verkleideter Brücken können die Forderungen an die Gestaltung von Brückenzwischengliedern (Abb. 92) zur dauerhaften Wiederherstellung der verlorengegangenen natürlichen Verhältnisse in mehreren Punkten wesentlich besser erfüllt werden, als das mit Metall und Kunststoff oder deren Kombination bisher möglich war.

Das Verhalten der glasierten keramischen Masse in der stets feuchten Mundhöhle muß als besonders günstig bezeichnet werden. Keramische Massen verändern im

1. statisch
2. stabil
3. kaufunktionell
4. ästhetisch
5. sprachfunktionell
6. hygienisch
7. erhaltend

Abb. 92 Forderungen an die Gestaltung von Brückenzwischengliedern, nach Reichenbach (1968) ergänzt

feuchten Milieu weder ihre Farbe noch ihre Dimension (im Gegensatz zu Kunststoff). Die Retention von Speiseresten, abgeschilfertem Epithel, Zahnstein und Konkrementen ist an dieser glatten Oberfläche nur schwer möglich. Daher kommt es bei guter (normaler) Mundpflege des Patienten und korrekt verarbeiteter, hochglanzglasierter Oberfläche der Keramik nicht zur Plaquebildung, woraus sich das indifferente Verhalten der Keramik im Munde erklärt.

Einige Punkte, die nun genannt werden, erfordern jedoch besondere Beachtung. Es kann festgestellt werden, daß die Brückenzwischengliedgestaltung durch die Einführung der metallkeramischen Arbeitsweisen überdacht wurde und neue Impulse empfangen hat.

Diese Überlegungen betreffen:

1. Die äußere Form des Brückenkörpers mit einem oder mehreren Brückenzwischengliedern,

2. die Verbindung der Brückenanker zum Brückenkörper in der Gegend der Interdentalpapillen der Pfeilerzähne sowie

3. die Art und Ausdehnung des Gingivakontaktes durch die Brückenzwischenglieder,

unter der Voraussetzung, daß die Ausdehnung der zu versorgenden Lücke die Eingliederung einer MK-Brücke überhaupt zuläßt.

Frühzeitig ist klinisch oder durch Modellstudium zu prüfen, ob der Übergang vom MK-Brückenanker zum MK-Brückenzwischenglied ein stabiles Metallgerüst und seine keramische Verkleidung gestattet. Dies gilt besonders für Lücken nach Verlust *einzelner* Seitenzähne. Die Abbildung 93 zeigt zwei Modellpaare, bei denen es durch

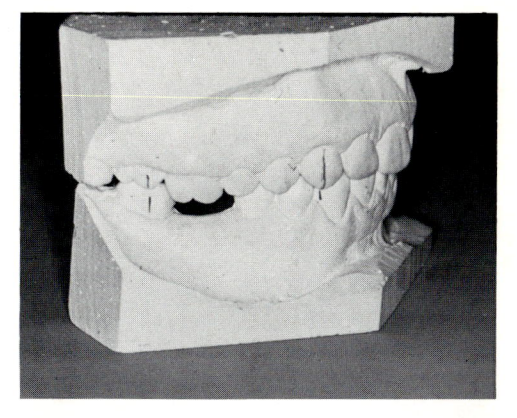

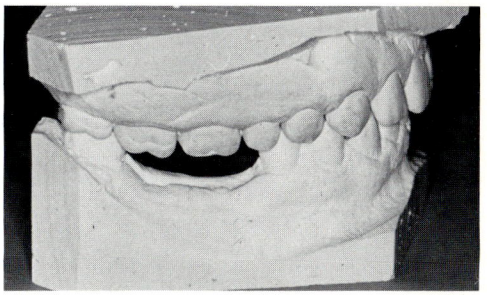

Abb. 93 Zwei Modelle mit Lücken zeigen klinische Situationen, die die Anfertigung von MK-Brücken wegen Platzmangel, auch nach Korrektur der antagonistischen Kauflächen, nicht zulassen

herausgewachsene Antagonisten bzw. durch unüberlegte Behandlung im Oberkiefer zur Verringerung des von vornherein kleinen Abstandes vom ausgeheilten, zahnlosen Alveolarfortsatz bis zu den antagonistischen Zähnen gekommen ist. Auch wenn der Abstand durch Vorbehandlung der Antagonisten vergrößert werden kann, muß in diesen beiden Fällen wohl auf die metallkeramische Verkleidung der Brückenzwischenglieder wegen des zu geringen Raumes und damit zu geringer Stabilität des Metallgerüstes verzichtet werden.

Wenn mit dem Brückenzahnersatz die Kontur des oder der verlorenen Zähne nahezu wiederhergestellt werden soll, wird für metallkeramische Verkleidung mehr Platz in *vertikaler Richtung* benötigt als bei anderen Brücken, da die Stabilität und die effektive kaufunktionelle Nutzung von einem genügend stark dimensionierten Metallgerüst abhängen. Mit der umkleidenden keramischen Masse kann die Stabilität eines dünnen Metallgerüstes *nicht* gesteigert werden! Der Übergang vom Brückenkörper zum Brückenanker ist entscheidend für die Möglichkeit, eine MK-Brücke anfertigen zu können, weil die der Zahnlücke zugewandten Papillen durch das MK-Brückenzwischenglied nicht gequetscht werden dürfen (Abb. 94), um eine chronische Reizung der Gingiva zu vermeiden (Abb. 95). Dort müssen demnach etwa je 1 mm Platz für die keramische Masse in der Kaufläche und gegenüber der Papille vorhanden sein, außerdem soll der Spalt zur Papille mindestens 0,5 mm betragen (Abb. 96). Bei einem Metallgerüst von geringerer vertikaler Ausdehnung als 2,5 mm oberhalb der Papille besteht die Gefahr der Verformung beim Brennen bzw. des Bruches bei Belastung. Der Wunsch nach Erhöhung der Stabilität einer Brücke kann Veranlassung sein, den Metallteil im nicht sichtbaren

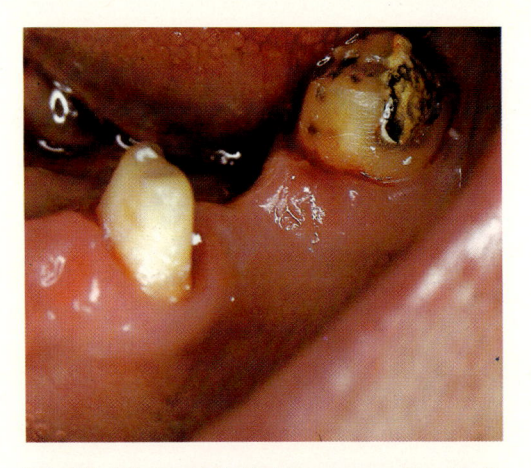

Abb. 95 Die den Zahnlücken zugewandten Papillen sind durch Druck des Brückenzwischengliedes innerhalb von vier Wochen chronisch entzündet und geschwollen. Ihr Raumbedarf war bei der Brückenherstellung nicht berücksichtigt (Meyer 1977)

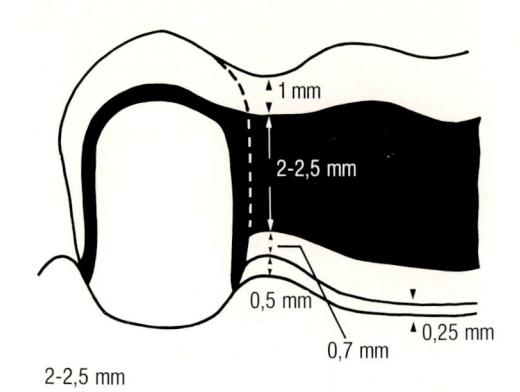

Abb. 96 Übergang vom MK-Brückenanker zum keramisch verkleideten Brückenzwischenglied, je ca. 1 mm für die keramische Verkleidung, 0,5 mm für einen freien Raum zugunsten der Papille und ca. 2,5 mm für das Metallgerüst, sind erforderlich

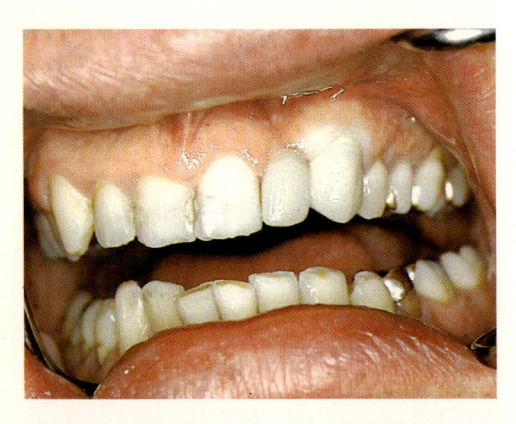

Abb. 94 Nach Eingliederung der MK-Krone 23 mit Anhänger 22 ist die marginale Gingiva durch Überdimensionierung des Kronenrandes bis zur Blutleere gequetscht

Brückenabschnitt (lingual, palatinal) auszudehnen (Abb. 97).
Bei *zu geringem* vertikalen Platz kommt es in bukko-lingualer (bzw. bukko-palatinaler) Richtung, in dem Bestreben, das Metallgerüst stabil genug zu gestalten, möglicherweise zu einem zu breiten Brückengerüst,

Grundlagen der klinischen Behandlung 93

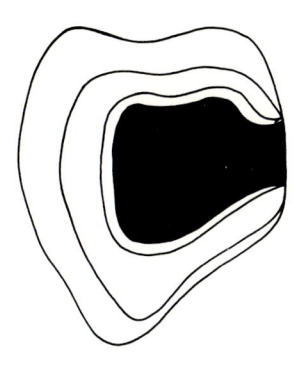

Abb. 97 Steigerung der Stabilität des Brückenzwischengliedes durch Ausdehnung des Metallanteiles in den nicht sichtbaren Brückenabschnitt in bukko-lingualer Richtung

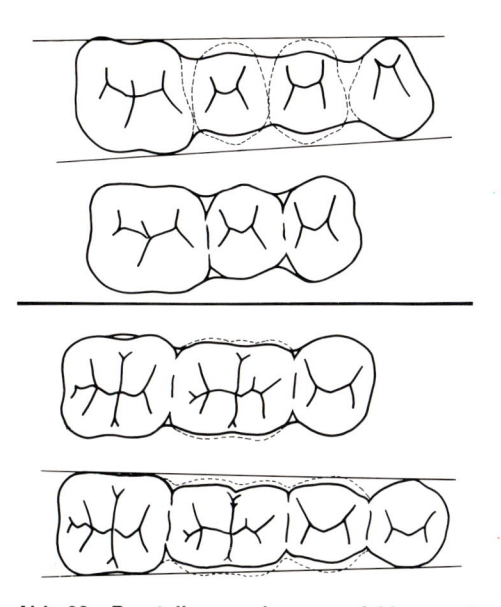

Abb. 98 Darstellung der empfehlenswerten Breite des Brückenkörpers incl. der Brückenanker bei Ersatz eines Zahnes (dreigliedrige Brücke) oder Ersatz mehrerer Zähne (vier- o. fünfgliedrige Brücke) in der Aufsicht (oben: OK, unten: UK)

der Kaufläche der natürlichen Zähne breit sein soll (Abb. 98). Diese Reduzierung kann auch auf die Brückenanker ausgedehnt werden (Abb. 99). Als Beispiel wird die Versorgung eines Unterkiefers mit zwei MK-Brücken gezeigt, bei der diese Regel Berücksichtigung fand (Abb. 100).

Beim Ersatz eines Zahnes durch eine Brücke, sehr häufig handelt es sich um den 1. Molaren, steht jedoch nicht die Absicht der Verschmälerung des Brückenzwischengliedes im Vordergrund der restaurativen Leistung, vielmehr muß die Bildung von Nischen durch den Zahnersatz vermieden werden.

Somit sollte eine starke Gliederung der bukkalen Außenflächen – soweit ästhetisch vertretbar –, aber besonders der palatinalen oder lingualen Außenfläche der MK-

was sich ebenfalls ungünstig auswirkt. Bei breiten Brückenzwischengliedern kann sich eine hohe Belastung der Brückenpfeiler ergeben, möglicherweise mit parodontitischen Erscheinungen. Es gilt die Regel, daß ein Brückenkörper mit mehreren Brückenzwischengliedern nur ca. zwei Drittel

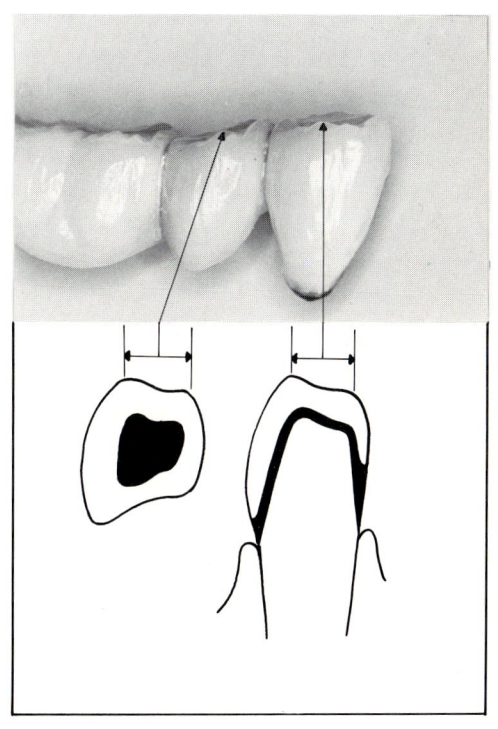

Abb. 99 Verschmälerung der Kaufläche der Brückenanker auf die Breite des Brückenzwischengliedes

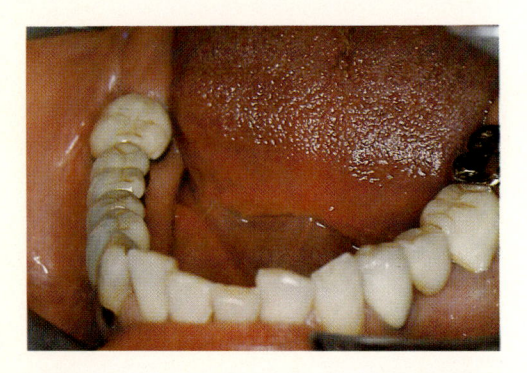

Abb. 100 Eine dreigliedrige und eine viergliedrige MK-Brücke sind im UK eingegliedert. Auf die schmale Gestaltung der Kauflächen rechts wird hingewiesen

Brücke vermieden werden. Brückenanker und Brückenzwischenglied werden in bukko-lingualer Richtung schmaler als die natürlichen Zähne, aber breiter als für Brückenzwischenglieder nach der Regel vorgesehen, angelegt (Abb. 98). Müssen MK-Brücken stark eingeschliffen werden, verlieren sie nicht selten durch die Abtragung der Höcker den beabsichtigten schmalen Kauflächenkomplex und die vorgesehene axiale Belastung der Pfeilerzähne.

Von den in früheren Jahren vorgetragenen Empfehlungen zur Gestaltung von Brückenzwischengliedern, nach denen diese den Kieferkamm nur punktförmig, kuppelförmig, linear, tangential o. ä. berühren dürfen, muß bei MK-Brücken abgegangen werden; diese Anweisungen sind zu pauschal. Offensichtlich kommt es heute, wie zahnärztlich stets empfohlen, früher zur Eingliederung von Brückenzahnersatz. Es finden sich daher anatomische Situationen bei Alveolarfortsätzen bzw. Kieferkämmen nach Ausheilung der Zahnextraktionen, bei denen auf eine flächenhaft-tangentiale Berührung oder eine sattelförmige Bedeckung der Gingiva nicht verzichtet werden kann. Diese Notwendigkeit haben die Untersuchungen von *E. Meyer* gezeigt. Die hochglänzende, keramische Oberfläche an der Basis und den Außenflächen eines MK-Brückenkörpers gestattet eine körperhafte Ausformung der Brücken unter Vermeidung von Nischen in den verschiedenen zahnlosen Kieferabschnitten und deren unterschiedlicher Gestalt. Sowohl breit ausgeheilte Kieferkämme als auch hohe Alveolarfortsätze im Front- und Seitenbereich der durch Lücken unterbrochenen Zahnreihen trifft man an. Die Abbildung 101 zeigt typische Formen von Brücken-

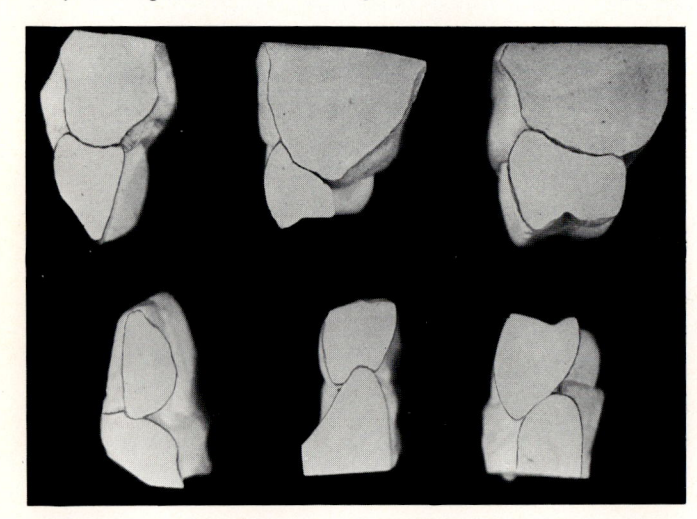

Abb. 101 Typische Formen von Brückenzwischengliedern bei hohen, breiten Kieferkämmen des Oberkiefers (obere Reihe) und des Unterkiefers (untere Reihe) im Frontzahngebiet (links), Prämolaren- und Molarengebiet (Mitte und rechts; E. Meyer, 1977)

zwischengliedern bei hohen, breiten Kieferkämmen des Ober- und Unterkiefers im Frontzahn-, Prämolaren- und Molarengebiet sowie (Abb. 102) bei hohen, schmalen Kieferkämmen. Sofern eine flächenhaft-tangentiale Ausführungsform nicht möglich ist, ergeben sich sattelförmige Auflagen. Nicht immer sind Nischen zu vermeiden. Ein klinischer Erfolg, d. h. reizloses Verhalten der Gingiva nach fester Eingliederung der MK-Brücke, ist nur zu erwarten, wenn folgende Empfehlungen zur Gestaltung berücksichtigt werden (Abb. 103).

Der wenig gegliederte Brückenkörper mit seinen Brückenzwischengliedern soll der Schleimhaut *drucklos* anliegen, die *Durchspülbarkeit* muß gewährleistet sein. Bei der Herstellung einer keramischen Basis empfiehlt sich die Anwendung von Isolationslacken oder von einer Schicht Zinnfolie in 0,25 mm Stärke zur Abdeckung des Kieferkammabschnittes.

Die Erfüllung dieser Forderungen bedeutet auch, daß sich *Radieren* am Modell des Kieferkammes *verbietet* und die der Lücke zugewandten Papillen in Gips oder in elastischer Abformmasse wiedergegeben sein müssen. Die Nachteile der Sägeschnittmodelle nach Doppelabformung und des Einwachsens der Modellstümpfe in bezug auf die Darstellung von Papillen und marginaler Gingiva sind bereits geschildert worden. Die Quetschung der marginalen Gingiva erfolgt besonders leicht bei Metallkeramik (Abb. 94)!

1. Wiederherstellung der Zahnkontur unter Vermeidung von Nischenbildung
2. Drucklose Berührung
3. Durchspülbarkeit
4. Hochglänzende Oberfläche
5. Genügend Raum für die Papillen der Pfeilerzähne

Abb. 103 Empfehlungen zur Gestaltung der Brückenzwischenglieder bei MK-Brücken

Die Einhaltung der Empfehlung zur Brückenzwischengliedgestaltung von MK-Brücken ermöglicht eine parodontalprophylaktische Ausführungsform, die hauptsächlich an die methodengerechte klinische und labortechnische Arbeitsweise und Bearbeitung der keramischen Massen gebunden ist. Entstandene Fehler können meistens auch nicht durch intensive Mundpflege wettgemacht werden.

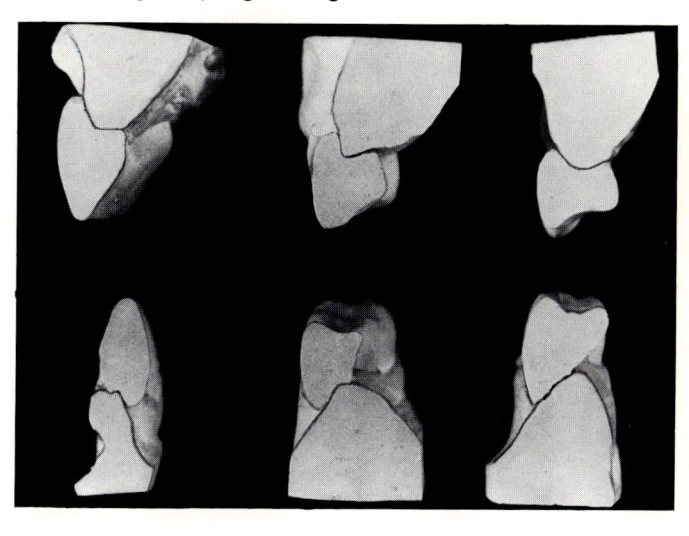

Abb. 102 Typische Formen von Brückenzwischengliedern bei hohen, schmalen Kieferkämmen des Oberkiefers (obere Modellreihe) und des Unterkiefers (untere Reihe) im Frontzahngebiet (links), Prämolaren- und Molarengebiet (Mitte und rechts; E. Meyer, 1977)

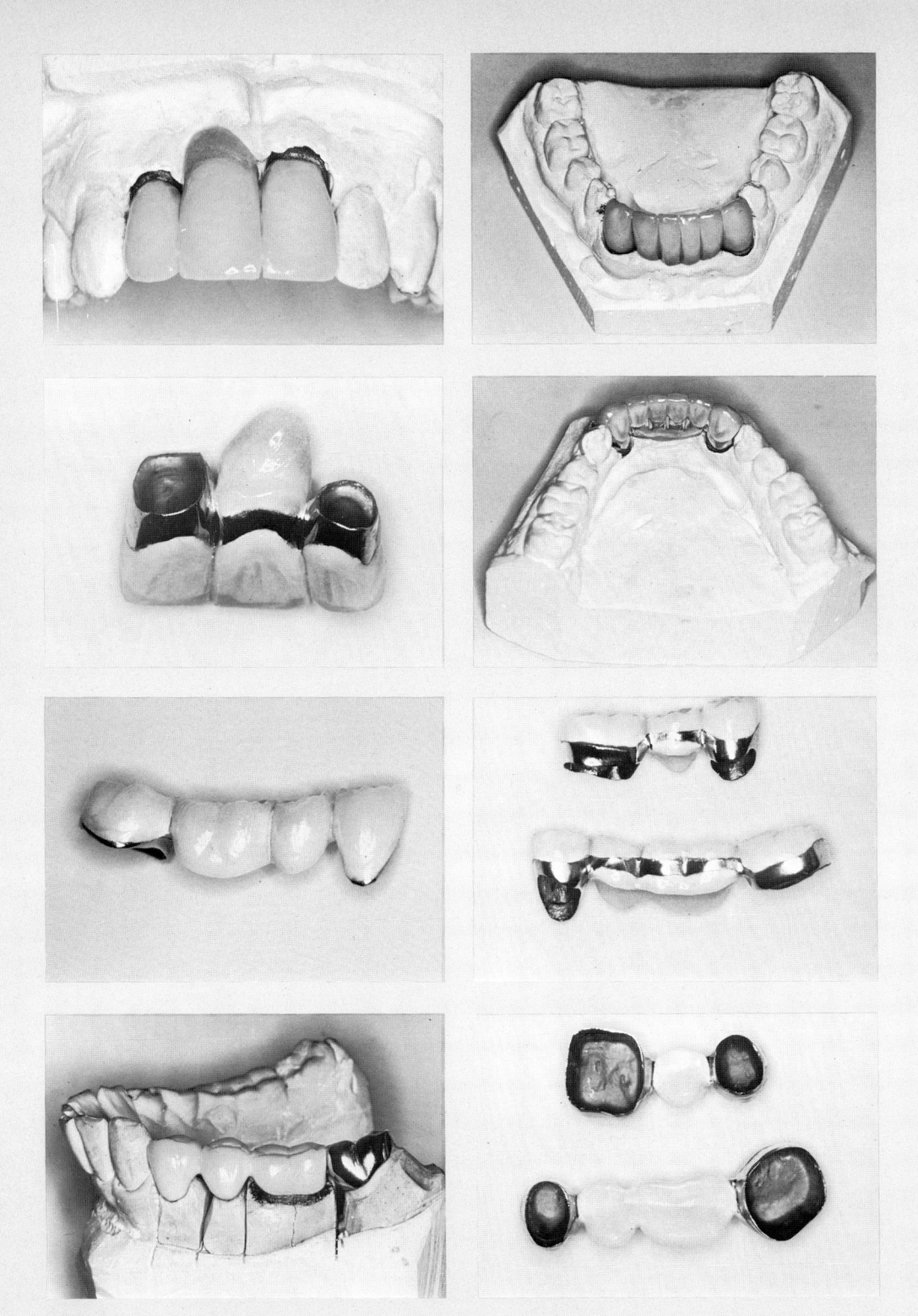

Tafel IX
Verschiedene Brückenzwischenglieder, nach den angeführten Konzeptionen gestaltet, werden dargestellt. Vier Bilder oben: MK-Brücken zum Ersatz von Frontzähnen. Das Brückenzwischenglied 11 ersetzt auch einen Teil des Alveolarfortsatzes, das Brückenzwischenglied der UK-Brücke zeigt charakteristisch die Vermeidung der körperhaften Ausformung der ersetzten vier Frontzähne; diese sind hauptsächlich durch Farbeffekte angedeutet. Vier Bilder unten: MK-Brücken zum Ersatz von Seitenzähnen. Hingewiesen wird auf die verbundenen MK-Kronen 34 und 35 und die Freihaltung von Platz für die Interdentalpapillen

6.5. Betrachtungen zum ästhetischen Effekt

Es soll nicht unerörtert bleiben, daß der ästhetische Effekt von MK-Zahnersatz nicht so optimal sein kann, wie er von gesunden, natürlichen Zähnen (ohne Füllungen) zu erwarten ist. Natürliche Zähne lassen einfallendes Licht hindurch und reflektieren es an den Grenzen zwischen den Schichten und den unterschiedlich aufgebauten Zahnhartsubstanzen (Abb. 104). Auch die tiefliegende, durchblutete Pulpa oder das mit Sekundärdentin ausgefüllte Pulpenkavum (bei natürlichen Zähnen älterer Menschen) sorgen für spezielle Farbeffekte; ebenso wie mehr oder weniger stark reduzierte, durchsichtige Schneidekanten. *Berger* und *McLean* haben auf diese Eigenschaften im Vergleich zu keramischen Jacketkronen und zur Metallkeramik hingewiesen.

Wegen des Metallgerüstes, das, um die Bindung der keramischen Massen zu erzielen, oxidiert werden muß, können bei MK-Zahnersatz nicht die gleichen optischen Effekte wie bei natürlichen Zähnen erzielt werden, und unerwünschte Farbwir-

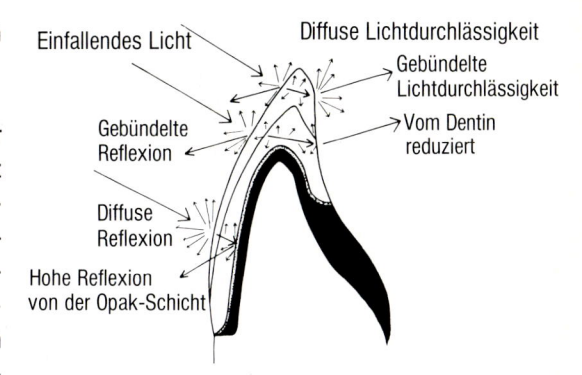

Abb. 105 Lichtdurchlässigkeit und Lichtreflexion bei einer metallkeramisch verblendeten Krone (nach McLean). Von der opaken Grundmasseschicht auf dem Metallgerüst ergibt sich eine hohe diffuse Reflexion, während die keramische Schneidekante gut lichtdurchlässig ist

kungen sind gelegentlich unvermeidbar (Abb. 105).

Durch die Nutzung der unterschiedlichen optischen Eigenschaften der gebrannten keramischen Massen wird versucht, hohen ästhetischen Forderungen Rechnung zu tragen. Wie natürliche Zähne lassen auch zahnfarbene, glasige keramische Massen einfallendes Licht hindurch und reflektieren es an Phasengrenzen, eingebrannten kristallinen Bestandteilen und Hohlräumen (Abb. 106). Schmelzmassen erlauben hö-

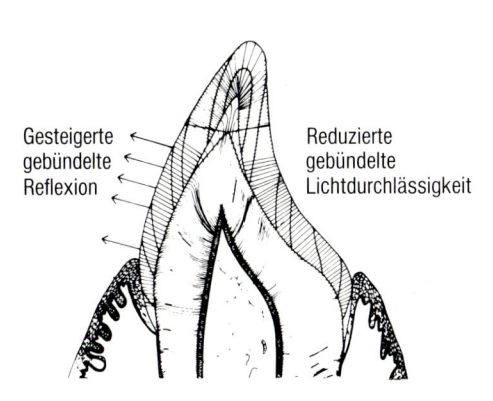

Abb. 104 Lichtreflexion und Lichtdurchlässigkeit bei einem natürlichen Zahn (McLean)

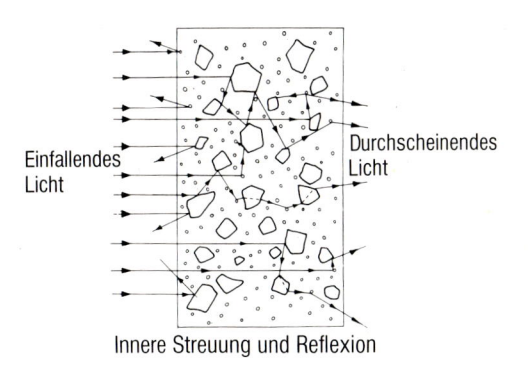

Abb. 106 Einfallendes Licht trifft in der gebrannten keramischen Masse auf kristalline Bestandteile, die innere Streuung und Reflexion des durchscheinenden Lichtes hervorrufen (McLean)

here Lichtdurchlässigkeit als Dentinmassen. Die opake Grundmasse soll die dunkle Oxidschicht des Metallgerüstes abdecken und einfallendes Licht diffus reflektieren. Dies wird durch feinkörniges gut auftragbares Grundmassepulver und hohe Opazität (Lichtundurchlässigkeit) erreicht.

Außerdem weisen die gebrannten keramischen Massen den Effekt der Fluoreszenz auf, der durch die Beimengung von Spurenelementen (Uran, Lathan u. a.) erzeugt wird. Keramische Massen ohne diese Zugaben wirken in ultraviolettem Licht kalkig weiß und nicht wie natürliche Zähne, die weißlich-blau aussehen (Abb. 107). Dieser ästhetische Nachteil ist unerwünscht und soll natürlich vermieden werden.

Alle keramischen Massen sind eingefärbt, um den gewünschten, lebendigen Farbeffekt natürlicher Zähne erzielen zu können. Der *Einschluß von Hohlräumen* wird durch entsprechend sorgfältiges Auftragen der teigigen keramischen Massen durch den Zahntechniker und durch Vakuumbrand vermieden.

Eine nicht unwesentliche Rolle spielt auch die *Lichteinfallrichtung,* da die hauptsächlich einfallenden Strahlen nach dem Minigolfprinzip reflektiert werden, bei dem der Einfallswinkel dem Ausfallswinkel entspricht.

Die *Farbauswahl* sollte daher bei diffusem Tageslicht (Nordlicht) erfolgen, nicht in praller Sonne und natürlich auch nicht beim Licht der Behandlungslampe.

Seit Beginn der Entwicklung der Metallkeramik richten sich die Bemühungen nicht nur auf die Erzielung einer optimalen Bindung, sondern auch auf einen akzeptablen ästhetischen Effekt. Bei der Oxidation der Metallgerüste als erstem Arbeitsgang im keramischen Labor färben sich sowohl die Oberflächen der EM-Legierung wegen des Zusatzes von Nichtedelmetallen als auch die NEM-Legierungen und die Spargold-Legierungen dunkel bis schwarz. Würden die keramischen Massen diese Oxidschichten nicht vollständig abdecken, könnte der erwünschte ästhetische Erfolg mit MK-Kronen und -Brücken nicht erzielt werden. Am Kronenrand schlägt gelegentlich der graue, oxidierte Rand des Metallgerüstes durch; möglicherweise erst Jahre nach Eingliederung einer MK-Brücke (siehe hierzu Abb. 1, Zahn 13 und Tafel VIII, Bild oben).

Herzberg hat, wie *McLean* berichtet, durch Untersuchungen festgestellt, daß ein gold-

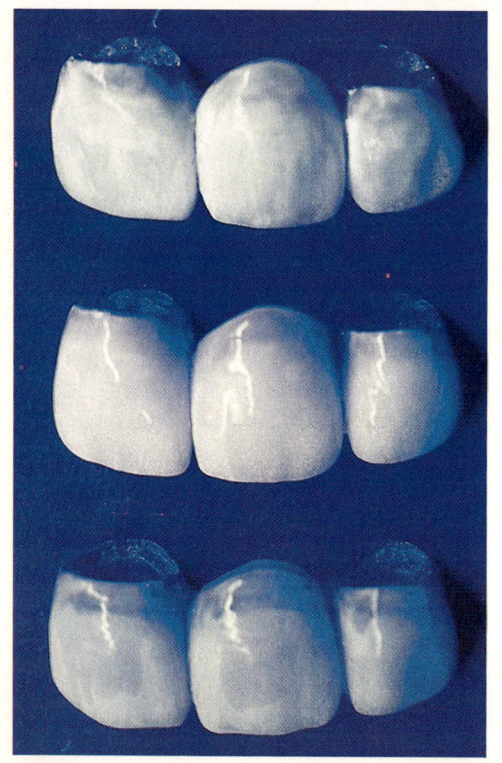

Abb. 107 Gebrannte keramische Massen ohne Fluoreszenz reflektieren im ultravioletten Licht kalkig-weißlich, nicht transparent wie natürliche Zähne; die obere Brücke ist mit einer keramischen Masse ohne Fluoreszenzeffekt gebrannt (Aufnahme bei UV-Licht mit einer Wellenlänge von 285 nm)

ähnlicher Glanz eine 40- bis 60%ig dünnere opake Abdeckung erfordert. So ist verständlich, daß seit mehr als zehn Jahren *Deckgold* (Degussa) bzw. *Blendgold* (Heraeus) zur Abdeckung der weißlichgrauen Edelmetallgerüste angeboten wird und Anwendung findet. Diese dünne Schicht aus Feingold wird dem Metallgerüst an den Stellen aufgeschmolzen, an denen nicht genügend Platz für keramische Schichten zur Verfügung steht. (In Abb. 22 ist eine lichtmikroskopische Aufnahme eines Schliffes einer entsprechenden Krone zu sehen.) Sie verfolgt den Zweck, den Farbton der aufgebrannten keramischen Massen zum warmen Gelb hin zu verbessern, weil sie selbst nicht oxidiert. Sie ergibt eine günstigere Lichtreflexion.

Die *goldfarbenen Edelmetall-Legierungen* für die Metallkeramik (Degudent G, Degudent H, Herador G) verhalten sich nicht so wie die Deck- bzw. Blendgolde, weil sie, wie die anderen Legierungen für Metallkeramik, eine Oxidschicht bilden. Sie müssen dort, wo sie keramisch verkleidet werden, durch die Grundmasseschicht vollständig abgedeckt sein. An den Stellen eines MK-Zahnersatzes, an denen das Edelmetall frei liegt, d.h. nicht keramisch abgedeckt wurde, wird die Oxidschicht beim Ausarbeiten und Polieren entfernt. Dort sieht das Metallgerüst goldfarben aus. (Es hat nicht selten zur Diskussion mit Patienten geführt, wenn von einer EM-Legierung gesprochen wurde, die dann weißlich-grau – wie »Stahl« – aussah.) Für endständige Molaren, deren keramische Verkleidung aus Platzgründen nicht möglich ist, für fein auslaufende Metallränder, z.B. Federränder am Kronenrand u.a., sind diese goldfarbenen EM-Legierungen indiziert.

In jüngster Zeit kamen die *Grundmasse Paint-on* der Firma Vita (1976) und die Universal-Grundmasse Biodent (1977) auf den Markt. Diese Massen sind dünner aufzutragen und einfacher zu handhaben als die bisherigen Grundmassen. Es wird empfohlen, sie gegebenenfalls zweimal nacheinander aufzubrennen, um das jeweilige Metallgerüst vollständig opak abzudecken. Die entsprechende Schichtstärke ist mit 0,2 mm anzusetzen. Bei hoher Opazität ergibt sich eine vollständige Lichtreflexion, die durch die rauhe Oberfläche der gebrannten Grundmasseschicht diffus gestreut wird. Es müssen aber auch die deckenden Dentin- und Schmelzmasseschichten stark genug sein (0,6 mm), um durch genügend innere Lichtstreuung ein unnatürliches Aussehen zu vermeiden. – Hier sei erwähnt, daß die Oberflächenbehandlung des Metallgerüstes wegen der vollständigen Abdeckung durch die opake Grundmasse keinen Einfluß auf den ästhetischen Effekt des MK-Zahnersatzes hat.

Bei fotografischen Aufnahmen, besonders wenn – wie üblich – mit Blitzlicht aufgenommen, können die dargestellten Schwierigkeiten des Lichteinfalls und der Lichtreflexion bei MK-Zahnersatz leicht auftreten und den erzielten ästhetischen Effekt entstellt wiedergeben. Auch spielt eine nicht unwesentliche Rolle, ob die Oberfläche des MK-Zahnersatzes bei der Betrachtung oder der Aufnahme von Speichel befeuchtet oder trocken ist.

6.6. Zementieren und Feineinschleifen

1. In jedem Falle muß nach dem Zementieren einer Krone oder einer Brücke mit einer Veränderung der Okklusion, wie sie bei der Einprobe bestand, um die Stärke des Zementfilmes gerechnet werden.

2. Diese Stärke ist einerseits von der Paßgenauigkeit des Brückenankers abhängig, andererseits wird sie von verschiedenen Faktoren beim Zementieren beeinflußt. *H. und H. J. Demmel* haben diese Details zusammengetragen und untersucht. Einige wichtige Punkte, die die Zementfilmdicke nach dem Zementieren beeinflussen, sollen erwähnt werden, weil sie sich gerade bei MK-Zahnersatz wegen seiner Oberflächenhärte durch parodontitische Erscheinungen klinisch auswirken können.

Unterschiedliche Zementfilmstärken ergeben sich bei der Verwendung von Mittelkorn- oder Feinkorn-Zementen. Feinkorn-Phosphatzemente sind solche, deren Pulverpartikel einen kleineren Durchmesser als 25 µm haben. Auf das Merkmal »Feinkornzement«, das auf der Packung oder in der Verarbeitungsanleitung vermerkt ist, sollte geachtet werden. Sie sind zum Einsetzen von Kronen, Brücken und Gußfüllungen zu bevorzugen. Die Zementfilmstärke darf nach den Spezifikationen bei Feinkornzementen 20 µm und bei Mittelkornzementen 50 µm nicht übersteigen. Während des *Anmischens* mit *Phosphorsäure* lösen sich die Pulverpartikel oberflächlich an und werden beim Einsetzen unter Dauerdruck weitgehend zerquetscht. Im idealisierten Laborversuch mit stilisierten, paßgenauen Kronen für verschieden präparierte Stumpfmodelle lagen die Zementfilmstärken bei Feinkorn-Zementen zwischen 3 und 13 µm, während normalkörnige Zemente Zementfilmstärken zwischen 15 und 42 µm aufwiesen (Abb. 108). Es konnte gezeigt werden, daß die Zementfilmdicke auch von der *Präparationsform* abhängig ist. So behindern komplizierte Ausführungsformen der Stufe und steilwandige Stumpfpräparationen das Abfließen (Abb. 108) des viskösen Zementes, der ja auch während des Einzementierens

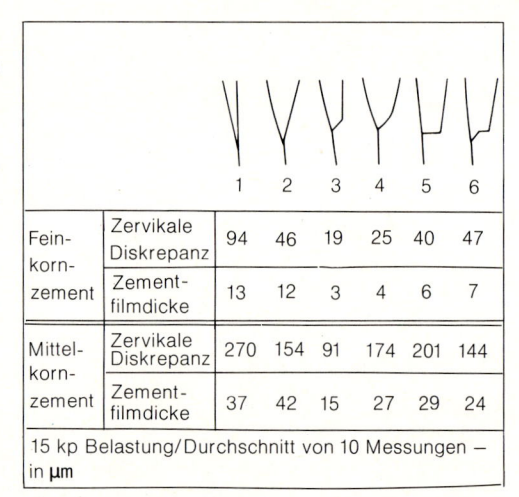

		1	2	3	4	5	6
Feinkornzement	Zervikale Diskrepanz	94	46	19	25	40	47
	Zementfilmdicke	13	12	3	4	6	7
Mittelkornzement	Zervikale Diskrepanz	270	154	91	174	201	144
	Zementfilmdicke	37	42	15	27	29	24
15 kp Belastung/Durchschnitt von 10 Messungen – in µm							

Abb. 108 Zervikale Diskrepanz und Zementfilmdicke sind von verschiedenen Faktoren abhängig, zum Beispiel von der Art des Zementpulvers und der Abflußmöglichkeit des abbindenden Zementteiges während des Aufsetzens der Krone auf die unterschiedlich präparierten Pfeilerzähne (Ergebnisse: H. Demmel, 1971)

ständig weiter abbindet, d.h. weniger fließt. Bei metallkeramisch verkleideten Kronen oder Brückenankern ist in der Regel nur der labiale oder bukkale – sichtbare – Abschnitt des Zahnstumpfes mit einer Stufe versehen, d.h. hier ist mit Behinderung des abfließenden Zementes zu rechnen (Abb. 109). Um dem entgegenzuwirken, ist zu

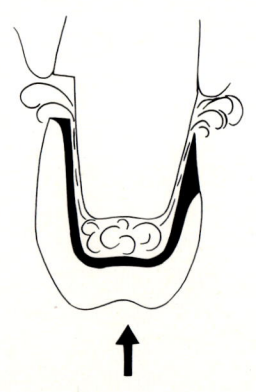

Abb. 109 Skizze des abfließenden Zementes während des Aufsetzens der Krone auf einen Zahnstumpf mit vestibulärer Stufe

empfehlen, eine Krone zum Zementieren nicht mit Zement »voll«zufüllen, sondern nur auszulegen. Es muß dann weniger Zementteig abgepreßt werden; das hat zur Folge, daß der Zementfilm dünner ausgepreßt werden kann. Man kann beobachten, daß die hauptsächliche Überschußmenge abgebundenen Zementes stets palatinal zu entfernen ist. Weiterhin ergibt sich klinisch, daß zu überkronende Zähne häufig mit Füllungen versehen waren; es entstehen nach ihrer Entfernung vor dem Einzementieren des Zahnersatzes größere, mit Zement auszufüllende Kavitäten, so daß es meistens gelingt, Kronen und Brücken unter Dauerdruck gut zu plazieren. Der Widerstand gegen den abfließenden Zement ist geringer als bei Zahnstümpfen mit vollständiger Mantelfläche.

Schlagartige Einwirkungen auf nicht abgebundenen Zement (Hammerschlag) haben sein sofortiges Erstarren zur Folge und somit eine große Zementfilmdicke (bis zu 175 µm). Die Anwendung von Hammerschlägen verbietet sich für MK-Zahnersatz von vornherein, da Keramik erst nach dem Zementieren belastungsfähig ist.

Es sei daran erinnert, daß *gekühlte Zemente* erlauben, mehr Pulver in die Flüssigkeit einzumischen, dadurch binden sie langsamer ab. Bei mehreren Brückenankern kann es zweckmäßig sein, diese langsame Aushärtung des Zementes zu bevorzugen.

Die *Dicke* des *abgebundenen Zementfilmes* »f« ergibt eine »zervikale Diskrepanz« (in Abb. 110 als »a« bezeichnet). Je dünner »f« zu gestalten ist, desto geringer wird die zervikale Diskrepanz ausfallen. Die Mittelwerte aus 10 Messungen ergaben jeweils annähernd ein Verhältnis von 1:6 (Abb. 108). Ist eine Krone nicht bis an die Präparationsgrenze heranzubringen, bedeutet

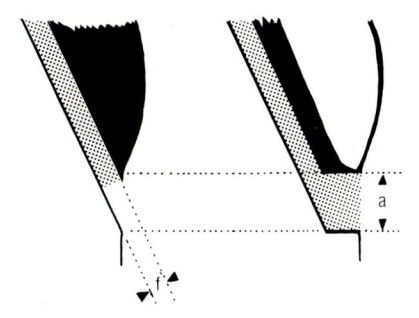

Abb. 110 Die Dicke des abgebundenen Zementfilmes »f« erhöht die möglicherweise durch Gußungenauigkeiten bereits ausgelöste zervikale Diskrepanz »a«, je nach Ausführungsform der Präparationsgrenze

»zervikale Diskrepanz« gleichzeitig auch eine Vergrößerung der Stufe am Kronenrand *und* eine Störung in Okklusion und Artikulation, möglicherweise mit den Folgen einer traumatisierenden Okklusion (Abb. 111), sofern die Okklusionserhöhung nicht sofort eingeschliffen wird.

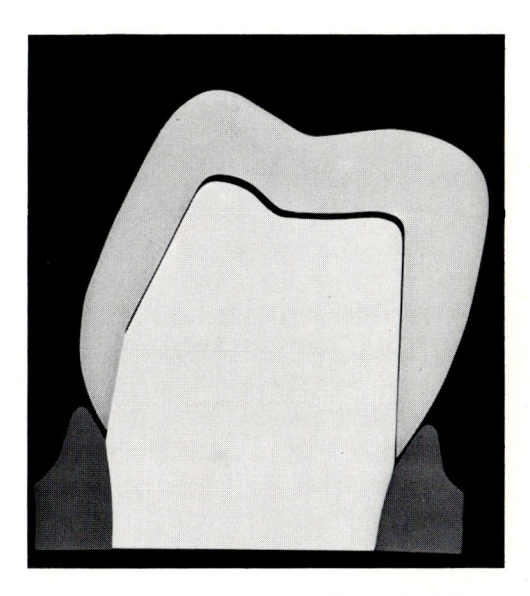

Abb. 111 Ein mehrfach vergrößertes Modell von Zahnstumpf und Krone. Die Auswirkung eines 30 µm starken okklusalen Zementspaltes wird in bezug auf den Kronenrandschluß und die Okklusionserhöhung dargestellt

Zur Zementfilmstärke hinzu kommt der *unregelmäßige Abstand* zwischen der rauhen Innenwand der Krone und der rauhen Oberfläche des präparierten Zahnstumpfes. Diese Diskrepanz bei der individuellen Herstellung jeder gegossenen Krone entsteht aus vielfältigen Gründen während des Herstellungsprozesses. An einigen wenigen Stellen liegt das Gußobjekt dem Zahnstumpf auf, möglicherweise klemmt es, an anderen steht es ab. Der entstehende Spalt am Kronenrand sollte nach *Dreyer-Jörgensen* 50 µm nicht übersteigen, er dürfte aber nicht rundherum gleichmäßig breit sein. Darauf haben sowohl *Windecker* und *Ohle* (Abb. 112) als auch *Kh. Körber* aufmerksam gemacht. – Bei MK-Kronen und -Brücken kommen zu den Fehlern aus dem Herstellungsgang des Gießens noch Veränderungen aus der keramischen Verarbeitung, die bei mehrmaligem Erwärmen des Gußobjektes auf Brenntemperatur (ca. 960 °C) entstehen.

Der *Randspalt* kann noch ungenauer werden. Nach dem Zementieren ist dieser Spalt mit Zement ausgefüllt. Je nach Präparationsform ist der Zementstreifen dann frei dem Mundmilieu ausgesetzt, entweder vom Metallrand der Krone verdeckt oder unterhalb des Limbus gingivae gelegen. Er kann möglicherweise auch sichtbar sein, am ehesten bei rechtwinkliger Stufenpräparation, wenn die Stufe nicht durch einen Federrand erfaßt ist.

Zur *Entfernung* von *abgebundenem Zement* oder von nicht erreichbaren Zementresten interdental oder unter Brücken empfiehlt sich die Anwendung von gewachster Zahnseide mit einem Knoten. Der Faden muß *vor* dem Zementieren um das Brückenzwischenglied oder um verbundene Kronen (Beispiel bei den Patientenbehandlungen Abb. 2.32) geschlungen werden. Beim Hin- und Herziehen bleiben die Zementreste am Knoten hängen und können entfernt werden.

Nicht jeder Patient empfindet eine um 20 µm höher eingesetzte Krone als Erhöhung oder störend. Dennoch muß das Einzementieren wegen der Zementfilmdicke jedesmal mit dem *Feineinschleifen* abgeschlossen werden. Metallkronen werden an Stellen von Suprakontakten möglicherweise »eingekaut«. Bei der keramischen Oberfläche ist dies wegen ihrer Härte, die größer als bei Schmelz (s. Abb. 53) ist, nicht zu erwarten. Suprakontakte bei Keramik führen entweder zur Beschädigung oder Zerstörung der Keramik, oder zur Lockerung des überkronten Zahnes oder seines Antagonisten. – Das Feineinschleifen muß mit Hilfe von (progressiv färbendem) Blaupapier (Abb. 113) in Okklusion und Artikulation erfolgen. Nicht selten ist es notwendig, öfter als einmal »fein einzuschleifen«. Das kann sowohl an der keramischen Schicht unter Entfernung der besonders harten Glasurschicht geschehen (Abb. 114), als auch an den antagonistischen Zähnen, da die abzuschleifenden Mengen gering sind und im Mikronbereich liegen. Auf die Glasurschicht, die wesentlich zur

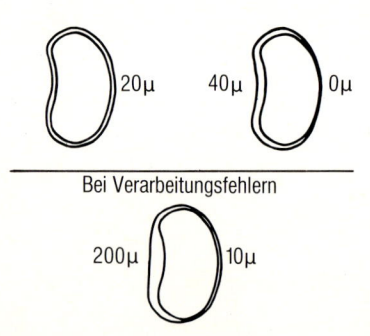

Abb. 112 Die zervikale Diskrepanz und die Zementfilmstärke ergeben in der Regel nicht einen gleichmäßig dicken Zementstreifen (Windecker und Ohle)

Grundlagen der klinischen Behandlung 103

per (ein kunststoffgebundener Karborundstein) im normalen Drehzahlbereich verwendet werden (Abb. 115). Die geschliffene keramische Oberfläche verbleibt nach der Bearbeitung relativ glatt, hat aber dann die abrasive Wirkung feinsten Sandpapiers gegenüber den antagonistischen Zähnen. Nach kurzer Verweildauer der angeschliffenen Keramik im Munde kann man auf den angeschliffenen keramischen Bezirken Schliff-Facetten feststellen. Mußte mehr als beschrieben abgeschliffen werden, liegt ein Herstellungsfehler vor, oder das Zementieren ist mißlungen.

Größere, von der Glasur befreite Bezirke sollten mit Polierpaste oder/und Gummipolierern nachgearbeitet werden. Erst nach dem Feineinschleifen ist die prothetische Behandlung mit MK-Kronen oder -Brücken beendet.

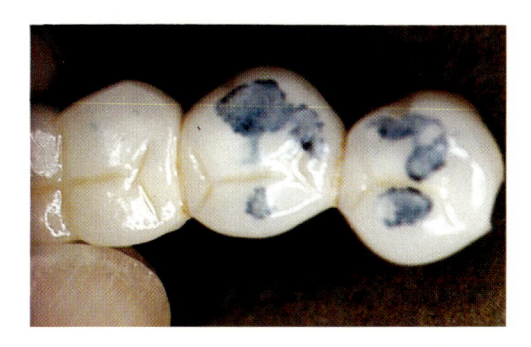

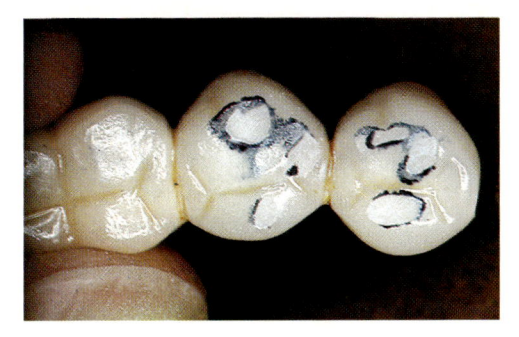

Abb. 113 und 114 Feineinschleifen von Suprakontakten und Schliff-Facetten mit Hilfe von Blaupapier; zunächst werden nur Okklusionskontakte berücksichtigt, später auch die Artikulation innerhalb eines Okklusionsfeldes. Die Glasurschicht geht dabei kleinflächig verloren

Festigkeit der keramischen Masse beiträgt, kann in umgrenzten Bezirken verzichtet werden, obgleich der Verlust eine Qualitätsminderung mit sich bringt. Hat die keramische Schicht jedoch eine angemessene Stärke (1mm) und ist sie nicht während des Herstellungsprozesses zu häufig gebrannt, brauchen keine Nachteile (Frakturen) befürchtet zu werden, sofern es beim Feineinschleifen geblieben ist.

Zum Einschleifen soll ein Soft-Schleifkör-

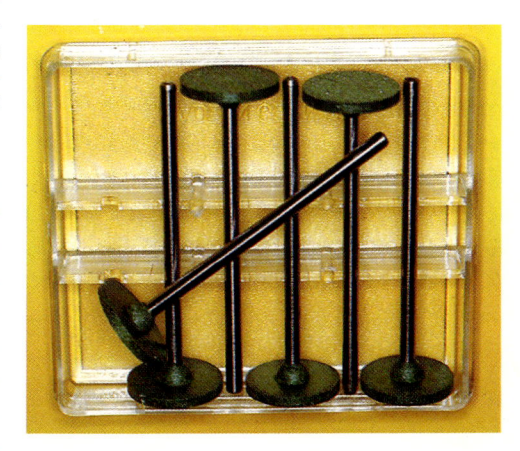

Abb. 115 Einige Soft-Schleifkörper, die sich zum Feineinschleifen von MK-Kronen und -Brücken bewährt haben

7. Indikation und Kontraindikation von MK-Zahnersatz

Die Frage nach der Indikation für metallkeramisch verkleideten Zahnersatz ist nicht generell »für die Metallkeramik« zu beantworten. Aus verschiedenen Gründen, z. B. Lötbarkeit, Zeit der praktischen Erprobung u.a. muß nach Metallkeramik mit EM-Legierungen und Metallkeramik mit NEM-Legierungen differenziert werden. Bei beiden Systemen liegen für einzelne Werkstoffe mehrjährige klinische Erfahrungen und werkstoffkundliche Untersuchungen vor, so daß die Indikation umrissen werden kann.

Für die Metallkeramik mit Spargold-Legierungen sind nur einige werkstoffkundliche Vergleiche bekanntgeworden, siehe z. B. Abb. 50, jedoch liegen keine systematischen klinischen Erprobungen bzw. Erfahrungsberichte vor. Für die Metallkeramik mit diesen Legierungen empfiehlt sich daher vorsichtige Anwendung, die nach erfolgreicher Beobachtung erweitert werden kann.

Die Indikation für *Metallkeramik mit Edelmetall-Legierungen* ist, wie schon einleitend hervorgehoben, von den beiden Firmengruppen Vita/Degussa und de Trey/Heraeus anfangs sehr streng umrissen worden. In den entsprechenden ersten Leitfäden für die Edelmetall-Keramik kann man die Empfehlungen finden, nur einzelne MK-Kronen im Front- und Seitenzahnbereich, kleine vier- bis fünfgliedrige MK-Brücken und einzelne MK-Brückenanker im Verbund mit Brücken konventioneller Art anzufertigen und einzugliedern.

Wer bisher noch keinen MK-Zahnersatz eingegliedert hat oder MK-Arbeiten jetzt erst in sein Programm aufzunehmen beabsichtigt, sollte ebenso zurückhaltend mit jeder Art von Metallkeramik beginnen, um sich mit ihren Erfordernissen vertraut zu machen.

Eine Erweiterung der ursprünglich angegebenen Indikation für EM-Keramik wurde im Leitfaden 4 der VMK-Degudent-Technik nach fünfjähriger Sammlung klinischer und labortechnischer Erfahrung gegeben (*Eichner* 1968). Es wurden 14 prothetische Versorgungen von Patienten mit Einzelkronen, kleinen und großen Brücken bis zum kombinierten Zahnersatz, d. h. Zahnersatz bestehend aus festeingegliederten, keramisch verkleideten Ankerkronen und herausnehmbaren Prothesen, dargestellt. Bei der Verankerung für solchen Zahnersatz handelte es sich um gefräste Geschiebekronen. Fräsungen der Metallgerüste, die keramisch verkleidet werden sollten, wurden möglich, nachdem sowohl mit Degudent U wie auch mit Herador H optimal harte Edelmetall-Legierungen für die EM-Keramik entwickelt worden waren und zur Verfügung standen.

So kann heute annähernd eine *universelle Indikation* für die Metallkeramik mit EM-Legierungen angegeben werden. Diese zusammenzustellen ist schwieriger als die Kontraindikationen zu nennen.

Eine *Kontraindikation* für metallkeramische Verkleidung besteht eindeutig für *Außenteleskope,* um herausnehmbaren Zahnersatz zu verankern. Bei kombiniertem Zahnersatz können die festeinzusetzenden Kronen und Brücken metallkeramisch verkleidet werden (Beispiele 5 und 7 in der

Kasuistik). Die herausnehmbaren Anker sollten mit Kunststoff verkleidet werden. Da der Abstand vom zahnlosen Kieferkamm zu den Antagonisten häufig keine keramischen Zähne für die Modellgußprothese zuläßt, weil deren Verankerungen noch im Prothesensattel unterzubringen sind, müssen die Kauflächen der Zähne im Prothesensattel aus Kunststoff bestehen. Es sind demnach bei herausnehmbarem Zahnersatzteil nach absehbarer Zeit, nach wenigen Jahren, Korrekturen der Kunststoffzähne erforderlich, um die Okklusion zu halten. Bei dieser Gelegenheit können dann die möglicherweise verfärbten Kunststoffverkleidungen der Außenteleskope ebenfalls erneuert werden. Die Verwendung von Kunststoff zu deren Verkleidung erspart Sprünge der keramischen Anteile beim Einsetzen oder Herausnehmen des Zahnersatzes, die durch Verkanten leicht auszulösen sind.

Große MK-Brücken sollten durch angußfähige Präzisionsgeschiebe in mehrere Teile geteilt werden können (Kasuistik, Beispiel 6). Damit ergeben sich eine vereinfachte Herstellung im Laboratorium und eine leichtere Eingliederung für den Zahnarzt.

MK-Brücken mit zu vielen Brückenankern werden besser in mehrere kleine Brücken aufgeteilt als in einem Stück gegossen, metallkeramisch verkleidet und eingegliedert. Der *Einstückguß* eines großen Brückengerüstes aus Edelmetall bleibt problematisch. Schwierigkeiten treten nicht so sehr im Laboratorium auf, weil durch häufiges Auf- und Abnehmen eines Gerüstes genügend Abradierung an den Pfeilerzähnen aus Gips oder anderen Modellmaterialien eintritt. Hindernisse sind meist beim ersten Eingliederungsversuch im Munde festzustellen und dann wegen der Gefahr der Keramikfraktur besonders gefährlich.

Bei MK-Brücken müssen *lange Spannweiten,* wie sie gelegentlich im Seitenzahnbereich des Unterkiefers vorkommen, dann vermieden werden, wenn nicht die Brückenanker lange klinische Zahnstümpfe erfassen können und das Brückenzwischenglied unter Abzug der keramischen Verkleidungsschicht nicht massiv gestaltet werden kann. – *Platzmangel* zwischen dem ausgeheilten Kieferkamm und den antagonistischen Zähnen, insbesondere bei kleinen Lücken, ist nicht selten anzutreffen. MK-Brücken können dann nicht eingegliedert werden.

Metallkeramisch verkleidete Anhänger an Brücken oder Doppelkronen dürfen keine Kaufläche erhalten. Die MK-Extensionsbrücke unterliegt der gleichen, eher strengeren Regel als Anhängerbrücken aus Edelmetall, mit Kunststoff verblendet.

Besondere klinische Abwägung, bevor MK-Zahnersatz eingegliedert wird, ist bei Patienten notwendig, die zur Gruppe der Knirscher gehören. Modellherstellung vor dem Beschleifen der Brückenpfeiler ist notwendig, um Abrasionsfacetten zu erkennen und zu sichern. Ihre Übertragung auf den MK-Zahnersatz ist zu empfehlen, zunächst während der Herstellung im Laboratorium, später beim Grob- und Feineinschleifen. – Gleiche klinische Abwägung erfordert die Herstellung und Eingliederung einer MK-Brücke, wenn der *Gegenkiefer bereits einen metallkeramischen Zahnersatz hat.* Böttger berichtet, daß einzelne Patienten »den zu harten Aufbiß« als unangenehm empfinden. *Leu* hat schon in den frühen Jahren der Metallkeramik vor traumatischer Okklusion und deren parodontaler Auswirkung gewarnt. Die Ausdehnung der MK-Brückenanker und -Brückenzwischenglieder in bukko-palatinaler bzw. -lingualer Richtung muß bei diesen Patienten klein gehalten werden; punktförmige, flache Höcker-Kontakte sind zu bevorzugen. Allerdings ist der Aufbau von Höckern in teigiger keramischer Masse schwierig und wegen des Zusammensinterns um ca. 15 Vol.-% bei Brenntemperatur nicht so genau zu dimensionieren, wie es möglicherweise gewünscht wird. Fast immer ist der für die Keramik verfügbare Abstand zwischen Metallgerüst-Oberfläche und Gegenbezahnung nicht so groß, um den genügenden Zwischenraum für den Höckeraufbau verfügbar zu haben.

Die *Indikation für Metallkeramik auf Nichtedelmetall-Gerüsten* ist begrenzter als bei EM-Gerüsten.

Es sind indiziert:
- Einzelkronen im Front- und Seitenzahnbereich,
- kleine bis mittelgroße Brücken, das sind solche mit 3 Brückenankern und 2 Brückenzwischengliedern.

Sauer hat mit dieser beschränkten Indikation gute klinische Erfahrung. Wegen klinischer Unsicherheit schließt er heute metallkeramisch verkleidete NEM-Legierungen bei folgenden Voraussetzungen aus:

- Wenn *Lötung* des NEM-Gerüstes notwendig wird,
- bei *Fräsungen* des NEM-Gerüstes für Verankerungen,
- wenn *Verbindungselemente angelötet* werden müssen, z. B. solche aus Edelmetall,
- wenn *Verbindungselemente* mit dem NEM-Gerüst *gleichzeitig gegossen* werden müßten, da ihre Friktion zu gering ist; nur Abstützungselemente sind geeignet,
- bei *großen Brücken*.

Große Brücken, 12-, 14- oder gar 16gliedrig, sind der Stolz sowohl des Zahnarztes als auch jedes Zahntechnikers. Sie werden häufig in einem Stück gegossen (Abb. 8), weisen jedoch wegen der Abkühlungs-Kontraktion nach dem Guß bei NEM-Legierungen noch größere Ungenauigkeiten auf als bei EM-Legierungen. Die an den Zahnarzt weitergegebenen Fehler hängen nicht nur mit dem Gießen zusammen, sondern auch mit der schwierigen keramischen Verarbeitung, bei der die große Brücke möglicherweise häufiger gebrannt (auf 950°C erwärmt) wird als anderer MK-Zahnersatz. Daher wird, wie beschrieben, die Teilung durch Geschiebe empfohlen (Kasuistik, 6. Beispiel).

8. Fehler beim MK-Zahnersatz

Die Darstellung von auftretenden Fehlern bei der Metallkeramik ist deswegen besonders schwierig, weil sich gleichzeitig die Frage nach deren Ursachen stellt. Der klinische Überblick zeigt, daß sich *sofort* erkennbare Mängel ergeben und solche, die erst *im Laufe der Tragezeit* des Zahnersatzes in Erscheinung treten. Erkenntnisse zu gewinnen und zu akzeptieren bedeutet möglicherweise auch, eigene Fehler eingestehen zu müssen. Wessen Stärke ist das schon?

Fehler bei getragenem metallkeramischem Zahnersatz sind wesentlich seltener aufgetreten als ursprünglich befürchtet. *Voss* und *Kerschbaum,* die in eine Nachuntersuchung (1977) 359 metallkeramisch verblendete Kronen einbezogen haben, konnten bei 2,2 % Absprengungen der Keramik registrieren. Da es sich um überkronte Zähne mit MK-Kronen handelte, die in Teilprothesenkonstruktionen einbezogen waren, rechnen sie unter Berücksichtigung von Brückenankern und Brückenzwischengliedern mit ca. 3 % Fehlern nach mehrjähriger Tragezeit (für kunststoffverblendete Kronen ist die Fehlerquote nach Angabe der gleichen Autoren doppelt so hoch). Eine vom Metallgerüst abgeplatzte keramische Schicht ist jedoch sehr gravierend, weil keine adäquate Reparaturmöglichkeit besteht. Überraschend ist die Feststellung verschiedener Untersucher, daß Fehler oder Verlust der Keramik von den Patienten nur selten beanstandet werden. Der größere Teil der Fehler mit metallkeramischer Verkleidung, die natürlich nicht in die Statistik von *Voss* und *Kerschbaum* eingehen, tritt während der Herstellung im Laboratorium oder bei der Eingliederung auf. In beiden Fällen sind sie natürlich noch zu beheben, wenn auch das Nachbrennen keramischer Abschnitte, Ausfüllen von Blasen oder Sprüngen u. a. technisch nicht möglich ist. Während der Fehler an einer Stelle bei diesem Vorgehen behoben wird, tritt ein anderer durch »Überbrennen« (zu häufiges Brennen) der keramischen Schicht auf, neue Sprünge oder Blasen entstehen.

Bei labortechnischen Fehlern oder Fehlern während des Einsetzens ist es in der Regel notwendig, die gesamte keramische Schicht zu entfernen und den Brennvorgang mit dem Säubern in Flußsäure über zehn Minuten und dem Oxidbrennen von neuem zu beginnen. »Reparaturen« der keramischen Schicht sind meistens zu erkennen und können als die Stelle bezeichnet werden, an der am ehesten ein klinischer Mißerfolg zu erwarten ist und auftritt. Von der Metallkeramik mit NEM-Legierungen wird berichtet, daß sogenannte *Spätsprünge* auftreten, d. h. es zeigen sich einige Monate nach der Eingliederung in den Mund Sprünge in der keramischen Masse. Diese Sprünge sind durch Auflösung von Spannungen zu erklären, die erst im Laufe der Zeit eintreten. Möglicherweise ist der Abkühlungsvorgang bei der keramischen Herstellung schneller vonstatten gegangen als indiziert. – Es kann aber auch sein, daß diese Sprünge bereits während des Eingliederns bestanden haben, ohne erkannt worden zu sein. Im Laufe der Zeit haben sich dann Farbbestandteile der Nahrung in die Spalten eingelagert und machen den Sprung sichtbar.

Sofern sich Veränderungen erst im Laufe von Jahren zeigen, sind diese eigentlich eher dem allgemeinen Gebißverschleiß zuzurechnen. Bei mit keramischem Zahnersatz versorgten Patienten sollte man es sich bei der ersten Untersuchung nach Wiedererscheinen zur Regel machen, innerhalb der keramischen Abschnitte nach Frühkontakten mit antagonistischen Zähnen zu suchen. Dies geschieht am besten durch die »Fingerprobe«. Dabei wird die Fingerspitze ohne Druck auf den keramisch verkleideten Zahn gelegt und der Patient zu schnellen Adduktionsbewegungen aufgefordert. Sofern eine traumatisierende Okklusion besteht, ist der »Schlag« deutlich zu fühlen. Ebenso ist er an der Wurzel, also auf dem mit der Gingiva bedeckten Alveolarknochen, als Schwirren tastbar. Dieser Suprakontakt sollte sofort durch Feineinschleifen beseitigt werden. Entstanden ist er durch Abrasion im gesamten Gebiß, den die keramische Schicht wegen ihrer Härte nicht in gleichstarkem Maße mitgemacht hat.

Sofern es sich nicht nur um Sprünge in der keramischen Schicht, sondern um *Absprengungen* ganzer keramischer Abschnitte handelt, muß der keramische Zahnersatz entfernt werden. Die Entfernung einer keramisch verkleideten Brücke unter Erhaltung der Pfeilerzähne ist an und für sich schon schwierig und zeitaufwendig, aber wenn Stiftverankerungen verwendet wurden oder es sich um ein Gerüst aus einer NEM-Legierung handelt, wird diese Entfernung zu einer besonderen Lektion. (Ein Zahnarzt hatte Beläge und Zahnstein mit dem Ultraschall-Zahnsteinentfernungsgerät an einer größeren, metallkeramischen oberen Frontzahnbrücke ent-

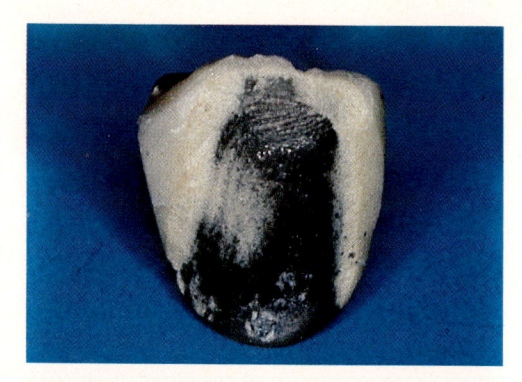

Abb. 116 Abplatzen der ganzen keramischen Schicht; dargestellt ist eine Krone aus dem Laborversuch

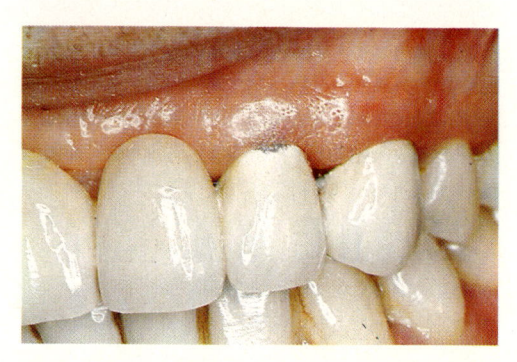

Abb. 117 Muschelförmiger Aussprung am labialen Kronenrand von 22

fernen wollen und die böse Erfahrung machen müssen, daß die metallkeramische Bindung feine Schläge von ca. 20 000 Hz nicht übersteht. Er hatte nicht nur die MK-Brücke als solche nicht erkannt, sondern das Ultraschallgerät auch falsch angewendet. Leider suchte die Patientin einen anderen Zahnarzt auf, um sich eine neue Brücke eingliedern zu lassen.)

Fehler durch Abplatzen der gesamten metallkeramischen Verkleidung sind sehr selten (Abb. 116), eher treten sog. muschelförmige Aussprünge auf, die meistens leicht zu erklären sind (Abb. 117), oder es sind Sprünge in der metallkeramischen Schicht festzustellen (Abb. 118). Letztere sind klinisch weniger schwerwiegend zu

Fehler beim MK-Zahnersatz 109

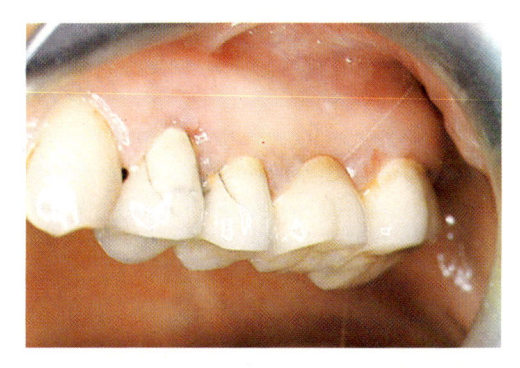

Abb. 118 Sprünge in den MK-Kronen 24 und 25, vom Patienten bei Nachuntersuchung noch nicht bemerkt, durch Einschwemmen von Farbbestandteilen aus der Nahrung erst im Laufe der Zeit (6 Monate nach Eingliederung) sichtbar geworden

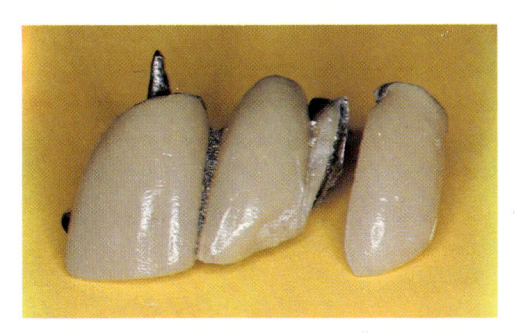

Abb. 119 Bruch innerhalb der keramischen Schneidekante des Brückenzwischengliedes 22, wahrscheinlich durch Fremdeinwirkung (Zungenhalter bei Intubationsnarkose) ausgelöst, vom Patienten nicht bemerkt. (Aufgenommen nach Entfernung der Brücke 21 nach 23 aus dem Munde)

beurteilen als Substanzverluste, die gelegentlich auch nur innerhalb der keramischen Schicht auftreten (Abb. 119; Zusammenstellung und Farbbilder: Sammlung *Troester*).

8.1. Fehler, die der Zahnarzt verursacht

An erster Stelle ist die *falsche oder ungenaue Präparation* des Pfeilerzahnes zu nennen. An den Zähnen, an denen der Übergang der MK-Krone oder des Brückenankers in den sichtbaren Bereich zu liegen kommt (in den meisten Fällen die Zähne 14 bis 24), ist eine Stufenpräparation unerläßlich. Die Stufe ergibt eine klare Präparationsgrenze und eine stabile Gestaltung des Kronenrandes, der aus dem wohldimensionierten Metallgerüst und der deckenden keramischen Schicht bestehen soll. Unter sich gehende Bezirke müssen vermieden (oder vor der Herstellung des Metallgerüstes »ausgeblockt«) werden.

Muschelförmige Aussprünge der keramischen Masse (Abb. 117) kommen durch Innendruck zustande, z.B. bei dem Versuch, eine klemmende, nicht an die vorgesehene Position zu bringende MK-Krone durch Kraftaufwendung einzusetzen. Auch können diese Aussprünge beim Herausnehmen durch Verkanten leicht vorkommen (Abb. 120) oder durch Ansetzen von Instrumenten, z.B. des Kronenabnehmers (Hirtenstab) und durch Hammerschlag. Nicht nur, wenn Metallgerüst und keramische Masse dünn auslaufen, kann es zu diesen Randscherben kommen, sondern auch bei regelrechter Gestaltung. MK-Kronen oder -Brückenanker sollen drucklos

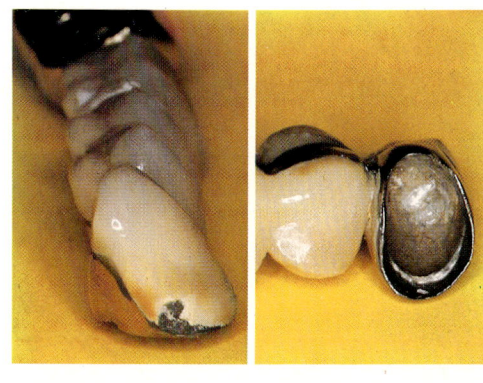

Abb. 120 Abplatzen der dünnen keramischen Schicht auf einem zu dünnen Metallgerüst durch Verkanten der Brücke, beim Abnehmen vom Pfeilerzahn 33 entstanden

aufzusetzen sein. – Diese vom Zahnarzt während der Behandlung verursachten Fehler sind sofort erkennbar und zu beheben, bevor der Zahnersatz endgültig eingegliedert wird.

Abplatzen geschieht am ehesten durch Fehler in der Okklusion und Artikulation, häufig bereits vor dem Zementieren erkennbar und gelegentlich durch den unbeobachteten Patienten, der »das Zusammenbeißen probieren will«, ausgelöst (Abb. 121). Auch dieser Schaden ist, da vor dem Zementieren aufgetreten, zu beheben, wenn auch nicht durch »Anbacken« des abgeplatzten Teiles, sondern nur durch Abtragen der gesamten Keramikschicht, Säurebehandlung des Gerüstes, Oxidieren und neuerliche keramische Verblendung.

Mißachtung von Okklusion und Artikulation wirkt sich als Mißerfolg aus, wenn das notwendige Grobeinschleifen zur Eliminierung von Gleithindernissen sowie das Feineinschleifen *nach* dem Zementieren unterbleibt oder nur ungenügend durchgeführt wird. Jeder festeingegliederte Zahnersatz *muß* nach dem Zementieren um die Zementschichtdicke (bei Verwendung von sog. Feinkorn-Zement ca. 20 µm) höher sein als bei der Einprobe ohne Zementschicht. Nicht jeder Patient besitzt so sensible Desmodontien, daß er diese Frühkontakte durch Erhöhung um Zementschichtstärke empfindet. Patienten mit Abrasionsfacetten, deutlichen Abrasionen an einzelnen Zähnen oder Abrasionsgraden im gesamten natürlichen Kauflächenkomplex gehören in der Regel zu denen, die Veränderungen an einzelnen Stellen sehr deutlich empfinden und angeben können. Ihnen muß daher beim Feineinschleifen besondere Sorgfalt zuteil werden, gegebenenfalls muß mehrere Male in kurzen Abständen, also von Tag zu Tag eingeschliffen werden (Abb. 122, 123).

Unter die Fehler des Zahnarztes gehören auch die *falsche Indikation* des MK-Zahnersatzes und die *nicht korrekte Farbauswahl*. So fehlt z.B. bei vielen Patienten die transparente Schneidekante, welche die Musterzähne der Farbringe zeigen. Damit die Zahnfarbe vom Techniker richtig getroffen werden kann, muß er den Hinweis auf die Ausdehnung des transparenten Zahnabschnittes erhalten. Möglicherweise gibt man eine Skizze mit ins Laboratorium oder beteiligt den Zahntechniker bei der Farbauswahl, die bei diffusem Tageslicht noch immer am genauesten gelingt. – Bei besonders anspruchsvollen Patienten und bei hohem Schwierigkeitsgrad der Farbauswahl im Frontzahngebiet ist es häufig erforderlich, den Nachbarzahn ebenfalls zu überkronen.

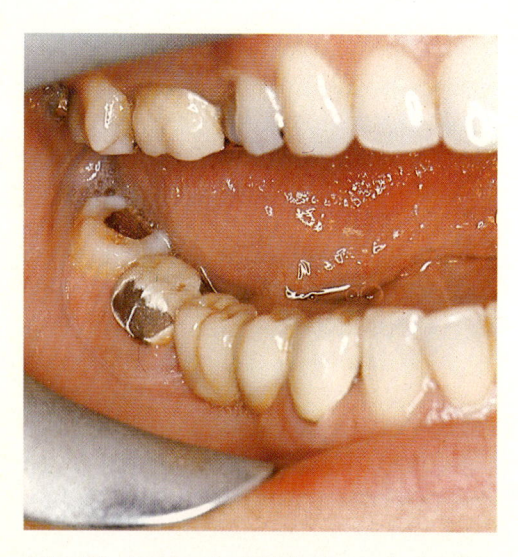

Abb. 121 Fraktur der labialen keramischen Verkleidung des Brückenankers 47 durch Zusammenbeißen in einem unbeobachteten Augenblick vor dem Zementieren der Brücke (siehe hierzu auch Abb. 2)

Fehler beim MK-Zahnersatz 111

hingewiesen worden. Spezielle Verfahrensfehler sind folgende:
Die geschilderten *muschelförmigen Aussprünge* können vorprogrammiert sein, wenn einerseits die Metallschicht zu dünn ausfällt (0,35 mm Stärke nach dem Ausarbeiten werden gefordert) oder es andererseits zu einer dünn auslaufenden keramischen Schicht (Fahne) kommt (Abb. 124). Diese wird natürlich nicht selten zur Abdeckung des weißlich-grauen Metalls erstrebt, birgt aber die Gefahr des Abplatzens, gelegentlich auch verbunden mit einem über die ganze Krone ziehenden Sprung, in sich.
Sprünge in der gebrannten keramischen Schicht werden auf die ungleichmäßige Schichtstärke und zu schnelles Abkühlen zurückgeführt. Es ist schon erwähnt worden, daß NEM-Legierungen die Wärme langsamer als EM-Legierungen abgeben, letztere aber ebenfalls langsames Abkühlen benötigen, um Aushärtung und damit Legierungsqualität zu erreichen.

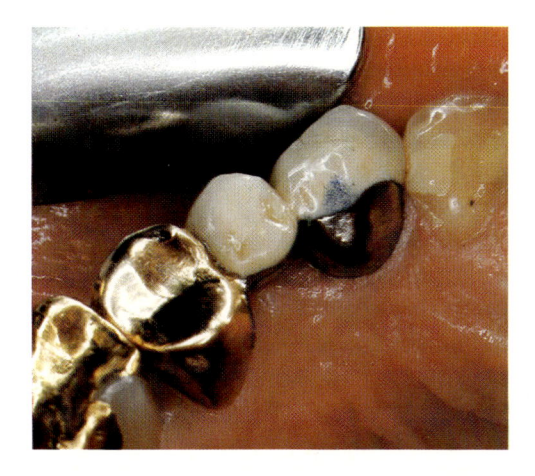

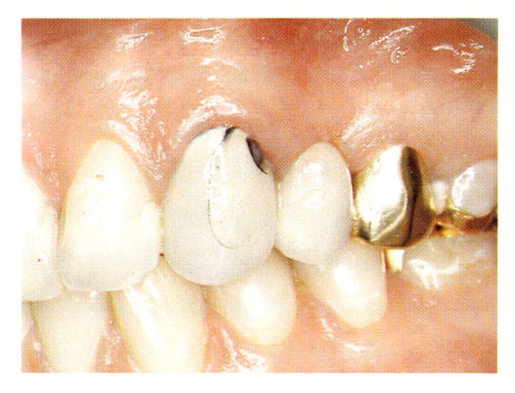

Abb. 122 und 123 Sprünge und abgeplatzte Keramik als Folge eines Suprakontaktes und Gleithindernisses bei dem Brückenanker 23

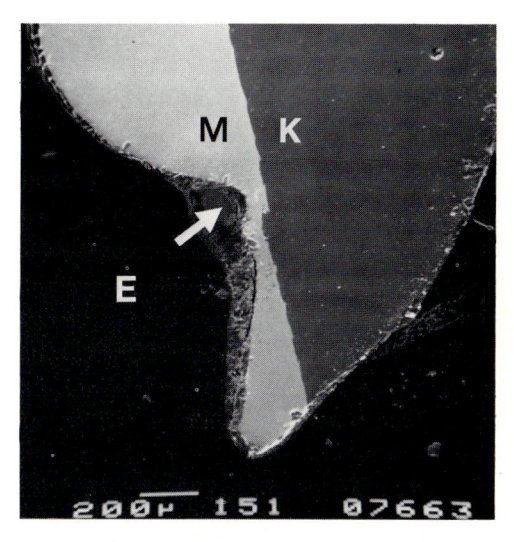

Abb. 124 Das REM-Bild zeigt bei 50facher Vergrößerung eine Gefahrenstelle zwischen Metall und keramischer Schicht: das Metallgerüst an der Stufenkante ist dünner als 0,1 mm (E = Einbettmasse; M = Metall-Legierung; K = Keramik)

8.2. Fehler, die im Laboratorium verursacht werden

Bereits an anderer Stelle ist erwähnt worden, daß die genaue Einhaltung der Verarbeitungsvorschriften, welche die Dentalfirmen entwickelt haben und angeben, vom zahntechnischen Laboratorium und von jedem dort tätigen Zahntechniker garantiert werden muß. Auf die Benutzung der jeweiligen Werkstoff-Kette und der speziellen Laborgeräte sowie auf größte Sauberkeit im keramischen Arbeitsraum ist ebenfalls

112 Fehler beim MK-Zahnersatz

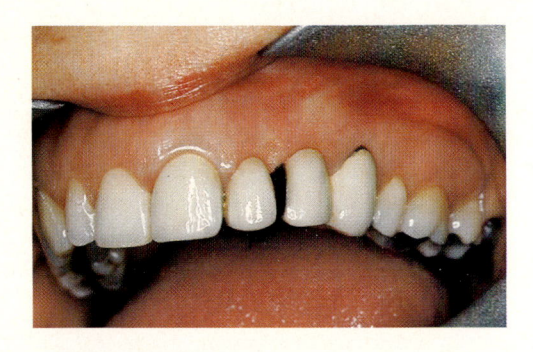

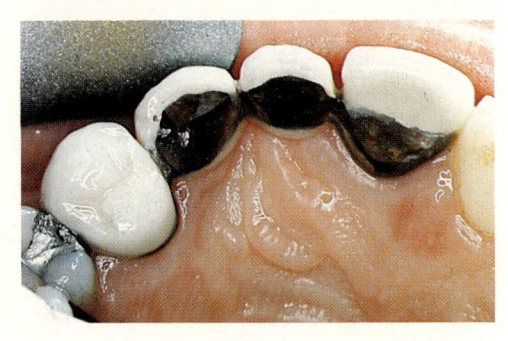

Abb. 125 und 126 Bruch des Brückenzwischengliedes bei 22, 23 (mit Matrizenband verdeutlicht) wegen zu dünner Gestaltung des Metallgerüstes in einem Gebiet mit hoher Belastung

Bei der Gestaltung des *Brückenzwischengliedes* besteht die Gefahr, dieses im ganzen zu dünn zu gestalten (Abb. 125, 126). Nicht selten ist zu wenig Abstand zwischen dem zahnlosen Kieferabschnitt, den der Lücke zugewandten Papillen und den antagonistischen Zähnen vorhanden (Abb. 93). Dann muß auf eine metallkeramische Brücke verzichtet werden. Weiterhin ist der Übergang vom Brückenkörper in den Brückenanker die Stelle, an der am ehesten Fehler entstehen können. Wegen der Ausdehnung der der Brücke zugewandten Papille, die freigehalten werden soll, wird das Metallgerüst zierlich gestaltet und bricht bei Belastung; der Übergang war zu schwach. Auch wenn an dieser Stelle gelötet werden muß, z.B. wegen der Ausdehnung der Brücke oder wegen der Einbeziehung von nicht verkleideten, endständigen Edelmetallkronen in den Brückenverband (Abb. 127), ist dieser Übergang selbst bei flächigem, ausgedehntem Kontakt eine Schwachstelle in der Konstruktion. Das erweist sich möglicherweise erst nach mehrjährigem Gebrauch (Abb. 128).

Für die *Lötung* der Edelmetall-Legierungen stehen spezifische Lote zur Verfügung. *Schmitz* und *Marxkors* geben an, daß ein Metallgerüst aus Edelmetall, das vollständig keramisch umkleidet wird, vor dem Aufbrennen der keramischen Schichten gelötet werden soll. Nach dem keramischen Verarbeiten soll dann gelötet werden, wenn

Abb. 127 Verbund zwischen einem keramisch verkleideten Brückenzwischenglied und einer Krone aus einer herkömmlichen Edelmetall-Legierung. Ofenlötung, nicht ganz zufriedenstellend

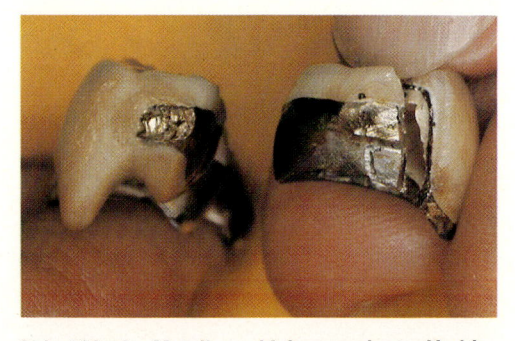

Abb. 128 In Metall zu klein angelegte Verbindungsstelle zwischen MK-Brückenanker und MK-Brückenzwischenglied. Bruch der Lötung nach mehrjähriger Gebrauchszeit der Brücke

an den keramisch verkleideten Brückenteil herkömmliche Kronen o.ä. aus normalen EM-Legierungen angelötet werden sollen, und zwar im keramischen Brennofen (Ofenlötung). – Auf jeden Fall sei erwähnt, daß die Lötung bei Metallkeramik mit EM-Legierungen eine schwierige Sache ist und gelegentlich an dieser Stelle der Konstruktion der Bruch auftritt.

Obgleich im Leitfaden der Bremer Goldschlägerei auch die Lötung der NEM-Legierungen angeführt wird, ähnlich wie oben beschrieben, besteht z.Z. eher Grund dazu, die Indikation der Metallkeramik mit NEM-Legierungen wegen der *fraglichen* Lötung einzuschränken, als die universelle Anwendung aufgrund der Lötfähigkeit zu empfehlen. Der wissenschaftliche Beweis, der zeigt, daß es sich nicht um ein Verkleben oder metallisches Stabilisieren zweier Teile gegeneinander handelt, muß abgewartet werden. Wegen der schnellen Oxidbildung der NEM-Legierungen bei Erwärmung auf Löttemperatur (ca. 800 °C) ist, eher als bei EM-Legierungen, das Ausbleiben der Verbindung beider Brückenteile durch das Zulegmetall vorstellbar.

Es soll auch erwähnt werden, daß die NEM-Legierungen insofern problematisch sind, als das Erzeugen der Oxidschicht genau nach den werkstoffspezifischen Angaben erfolgen muß. Die erwünschte Oxidschicht soll gleichmäßig dick sein, sie zeichnet sich durch einheitliche hellgraue Färbung aus. Bei zu langer Oxidationszeit ergibt sich eine bronzefarbene bis dunkelgraue und eventuell zu dicke Oxidschicht *(Sperner),* die, sofern sie bestehen bleibt, die Festigkeit der Bindung herabsetzt. Sobald die erste Grundmasseschicht im Vakuum aufgebrannt ist, kommt der Oxidproduktionsprozeß an den bedeckten Abschnitten des Gerüstes zum Stehen.

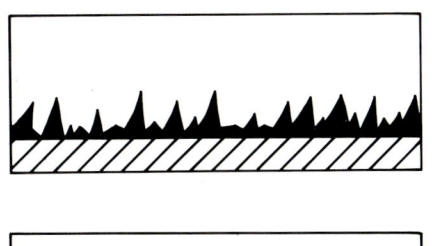

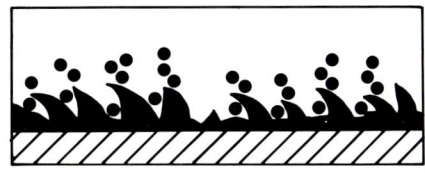

Abb. 129 Durch Oberflächenrauhigkeiten des Metallgerüstes können Blasen retiniert werden (Hennig, 1976)

Über das sog. »Degasing«, ein Prozeß, der von *Plischka* als häufige Fehlerquelle bezeichnet worden ist, wird an anderer Stelle berichtet.

Als mögliche Fehlerquelle, die im Laboratorium verursacht werden kann, ist noch das *Ausarbeiten* zu erwähnen. Die Gerüstoberfläche soll gleichmäßig, ohne Hohlräume und übermäßige Rauhigkeiten ausgearbeitet werden, wobei keine Verschmutzungen belassen werden dürfen. Jede Legierung erfordert eigene Schleifer oder Hartmetall-Fräsen. Letztere sind für weiche Legierungen geeignet, die bei der Bearbeitung mit keramisch gebundenen oder diamantierten Schleifern schmieren würden.

An Oberflächenrauhigkeiten bleiben gelegentlich, trotz großer Mühewaltung, *Blasen* hängen. Eine Skizze verdeutlicht diesen Vorgang (Abb. 129), der auch in dem

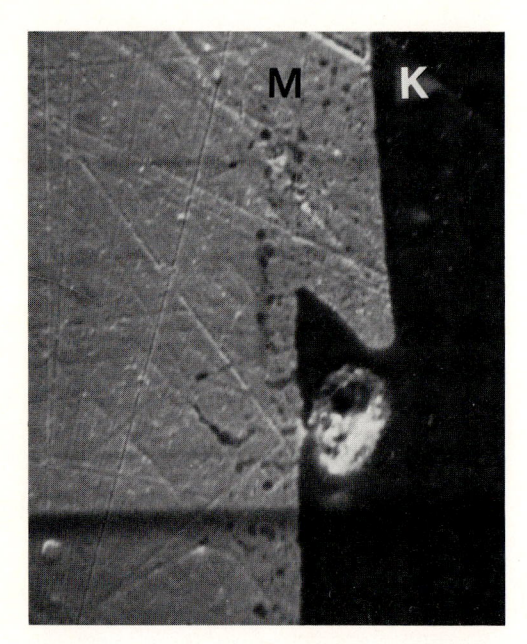

Abb. 130 Das REM-Bild zeigt bei 2000facher Vergrößerung die Retention einer 5 µm großen Luftblase

REM-Bild bei 2000facher Vergrößerung (Abb. 130) beobachtet werden konnte; die in der keramischen Schicht eingebrannte Blase ist ca. 5 µm groß. Einzelne Einschlüsse sind ohne Bedeutung für die Bindung, jedoch könnte eine Ansammlung von Blasen die Ursache für eine Fraktur der Keramik sein. Ein größerer Teil der Laborfehler wirkt sich als Mangel aus, der erst im Laufe der Tragezeit des Zahnersatzes, also unter Dauerbelastung, in Erscheinung tritt.

In eine dritte Gruppe von Fehlern sind diejenigen einzuordnen, die *durch Fremdverschulden* ausgelöst werden. Neben der bereits geschilderten Anwendung des Ultraschall-Zahnsteinentfernungsgerätes mit Bruch eines keramischen Brückenzwischengliedes konnte außerdem auch eine Schneidekanten-Fraktur (Abb. 119) nach Intubationsnarkose beobachtet werden. Wahrscheinlich ist dieser Bruch durch den Zungenhalter aus Metall verursacht worden. Der Patient jedenfalls hat von dem Vorfall nichts bemerkt, konnte ihn aber auch nicht anders erklären. Bleibt vielleicht zu erwähnen, daß die gleiche Fraktur wahrscheinlich auch am natürlichen Zahn zu verzeichnen gewesen wäre, denn die gebrannten keramischen Massen zeigen bei Versuchen im Werkstoffkunde-Labor sehr hohe Festigkeitswerte.

9. Fragen aus Kursen und nach Vorträgen und deren Beantwortung

> *Es werden einige Diamantschleifer empfohlen, die keine rechtwinklige Stufe, sondern andere Formen der Präparationsgrenze ergeben. Sind diese für Metallkeramik geeignet?*

Es sind drei Diamantschleiferformen (und ihre Formvarianten) bekannt, die hier zu nennen sind:

1. Der walzenförmige Schleifer nach *Lustig* läuft spitz aus, so daß sich eine Hohlkehlpräparation ergibt. Eine deutliche Präparationsgrenze ist zu erreichen, jedoch besteht nach Abschluß der Präparation ein muldenförmiger Übergang in die senkrechte, präparierte Stumpfwand. – Zur Glättung der beschliffenen Oberfläche wird ein gleichförmiger Finierer empfohlen (Abb. 131, links).

2. Die Diamantschleifer nach *Marxkors*, die walzenförmig gestaltet sind, haben eine gewinkelte Stirnfläche. Dieser Winkel beträgt 30° zur Ebene, bzw. 60° zur Zahnachse. Er ergibt demnach eine zum Limbus gingivae hin abfallende Stufe. Der mit feinkörnigen Diamantkristallen belegte Schleifer dient zur Glättung der beschliffenen Zahnhartsubstanz (Abb. 131, Mitte).

3. Auch die Diamantschleifer nach *Böttger* ergeben Hohlkehlpräparationen, jedoch mit definierter, muldenförmiger Gestaltung. Dies geschieht durch einen in der Schleiferachse befindlichen, nicht diamantierten Stift. Dieser wird am äußeren Zahnumfang entlanggeführt und verhindert tieferes Eindringen des Hohlkehlschleifers in die Zahnhartsubstanz (Abb. 131, rechts).

Die Eignung aller Diamantschleifer für MK-Kronen oder -Brückenanker wäre mit den Autoren zu diskutieren. Sie sind jedenfalls nicht universell anwendbar, weil einerseits Winkelstückinstrumente bei approximaler Präparation den Nachbarzahn gleichzeitig oberflächlich präparieren, andererseits muldenförmige oder leicht gewinkelte Stufen zu dünn auslaufenden keramischen Rändern bei den MK-Kronen führen. Bei diesen besteht eher die Gefahr von muschelförmigen Aussprüngen am Kronenrand bei auftretendem Druck von innen als bei einer rechtwinkligen Stufenpräparation.

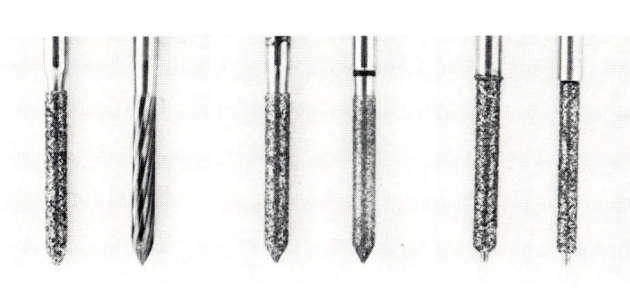

Abb. 131 Darstellung einiger Präparationsinstrumente für hohlkehlförmige Präparationsgrenzen. Links: Diamantschleifer und gleichförmiger Finierer nach Lustig, Mitte: Diamantschleifer und -finierer mit konisch flachem Kopf nach Marxkors, rechts: zwei Diamantschleifer nach Böttger mit unbelegtem Führungsstift in der Schleiferachse

> Wie kommt es zu Unterschieden in der Paßgenauigkeit von MK-Zahnersatz bei der Gerüsteinprobe und vor der Eingliederung nach dem Brennen?

MK-Kronen und MK-Brückengerüste können bei der Einprobe relativ mühelos auf die präparierten Zähne aufgesetzt werden, vorausgesetzt, daß keine »unter sich gehenden Stellen« und Parallelität der Pfeiler erreicht wurden. Sofern Schwierigkeiten bestehen, hat sich die Methode bewährt, die Krone mit einer dünnfließenden Abformmasse auszulegen und auf den präparierten Zahn unter Dauerdruck aufzusetzen. An den Stellen, an denen das Metall direkt dem Stumpf aufliegt, drückt es sich durch, d. h. es verbleibt keine Abformmasse. An diesen Stellen wird mit einem scharfen Rosenbohrer innen vom Metallgerüst abgebohrt (Abb. 2.29 bis 2.31).

Wenn nun die *keramisch verkleidete* Krone auf den Zahnstumpf aufprobiert wird, kann man häufig feststellen, daß die Verhältnisse der Einprobe verändert sind: die MK-Krone oder die MK-Brückenanker »klemmen«.

Die offensichtlichen Veränderungen der Paßgenauigkeit beruhen auf dem keramischen Arbeitsgang, dem das Gerüst unterworfen ist: Oxidbrennen, Kernbrand, d. h. Aufbrennen der Opakschicht, Hauptvakuumbrand, Korrekturbrand, Glasurbrand. Es ist schon bei der Darstellung der Bindung geschildert worden, daß die keramische Masse während des Abkühlens innerhalb des Transformationsbereiches kontrahiert und dem Metallgerüst aufschrumpft (S. 36, Abb. 20).

Formveränderungen des Metallgerüstes während dieses Prozesses, der bei hoher Temperatur (600 bis 700 °C) abläuft und bei dem auch das Metallgerüst nicht so steif ist wie bei Raumtemperatur, können angenommen werden.

Fischer hat das Dimensionsverhalten von metallkeramisch verkleideten Edelmetall-Kronen und Kronen aus NEM-Legierungen gemessen. Er stellte fest, daß Kronen nach dem Oxidbrennen und dem Aufbrennen der Opakschicht eher weiter werden, dann aber beim Aufbrennen stärkerer Schichten (HV und K) kontrahieren und die Präparationsgrenze um ca. 35 μm nicht mehr erreichen (Abb. 132). Nach dem Auslegen mit Abformmasse zeigten sich die Kontraktionserscheinungen approximal und vestibulär oberhalb der Stufe beim Blick in die Krone (Abb. 133). Es ist anzunehmen, daß diese Veränderungen beim Brennen von

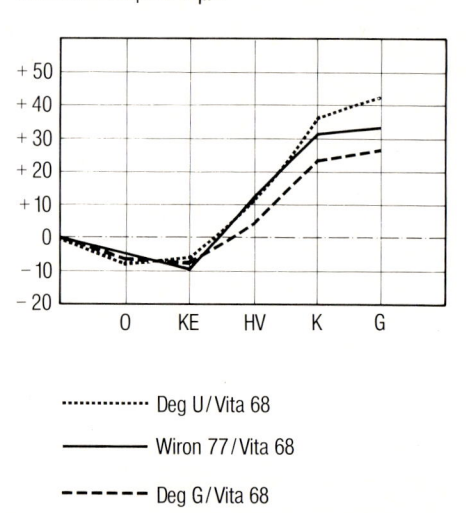

Abb. 132 Von jeweils zehn MK-Kronen ist die Paßgenauigkeit auf einen Zahnstumpf gemessen worden (Fischer). Bei O (Oxidbrennen) und Auftragen der Grundmasseschicht (KE) wird das Kronengerüst etwas weiter. Durch Aufschrumpfen der keramischen Massen während der folgenden Brände tritt eine Dimensionsveränderung in Erscheinung, die das Aufpassen der MK-Krone auf den Zahnstumpf behindert (ca. + 35 μm).

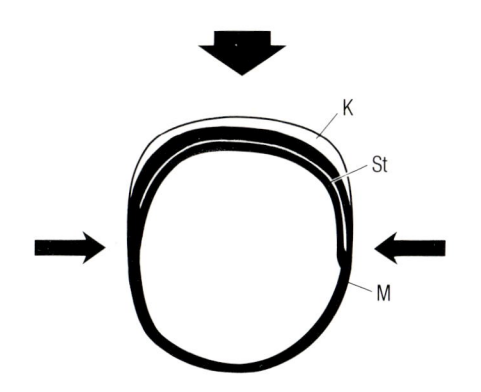

Abb. 133 Die Kontraktionserscheinungen durch das Aufbrennen sind durch die Pfeile dargestellt (K = Keramik, M = Metall-Legierung, St = Stufe)

Sind Gründe anzuführen, die es notwendig machen, den Metallanteil des Brückenzwischengliedes in den nicht sichtbaren Brückenabschnitt (Abb. 97) lingual oder palatinal auszudehnen?

der Stabilität des Gerüstes, der Temperaturführung, dem Temperaturunterschied zwischen Schmelzintervall des Metalles und der Sinterungstemperatur der keramischen Masse und anderen Faktoren abhängen. Differenzen in bezug auf die Paßgenauigkeit müssen auch bei MK-Brücken erwartet werden. – Im Prinzip ist nicht damit zu rechnen, daß ein MK-Zahnersatz – vom Modell genommen – paßt. Die geschilderten Kontraktionsveränderungen sind zunächst vor dem Eingliedern zu beseitigen. Das geht nicht mit Druckaufwendung, weil die Gefahr der Keramikfraktur besteht, sondern nur durch das geschilderte vorsichtige Aufpassen.

Diese Brückenzwischengliedform war ursprünglich für Edelmetall-Keramik (de Trey) empfohlen worden, um eventuell auftretende Schrumpfungsspannungen der keramischen Massen bei Abkühlung nach dem Brand auszugleichen. Hierfür haben sich bei der EM-Keramik im Laufe der Jahre jedoch keine Gründe finden lassen, weder werkstoffkundlich durch mikromorphologische Untersuchungen, noch klinisch durch häufiges Auftreten von Sprüngen oder Spätsprüngen in der keramischen Masse. – Es kann jedoch klinische Situationen geben, die eine vollständige Umkleidung (Vollummantelung) des Metallgerüstes einer Brücke aus Stabilitätsgründen nicht zulassen.
In diesen Fällen kann die linguale oder palatinale Ausdehnung des Metallgerüstes eine nützliche Maßnahme zur Verstärkung sein. – Für NEM-Keramik könnte der Verzicht auf vollständige keramische Umkleidung während des Abkühlungsvorganges nach dem Brand der keramischen Massen nützlich sein und tatsächlich dem ursprünglichen Gedanken des Schrumpfungsausgleiches im Transformationsbereich dienen.

> *Lassen sich Korrekturen innerhalb der keramischen Schicht nachträglich durchführen?*

> *Kann MK-Zahnersatz zum »Probetragen« in den Mund eingesetzt werden?*

Korrekturen der keramischen Umkleidung sind nur in relativ begrenztem Umfange möglich. So kann die abgetragene Glasurschicht durchaus neu aufgebrannt werden, und auch Farbbemalungen sind durchführbar. Das nachträgliche Auslegen von Sprüngen oder Blasen in der keramischen Schicht oder der nachträgliche Aufbau abgeplatzter keramischer Anteile erweisen sich jedoch als unzweckmäßig. Es entstehen weißliche Farbschlieren an den Grenzen, die auf »Nicht-Bindung« der nachträglich aufgebrannten Keramik schließen lassen.

Der Zahnarzt sollte die Gefahr einer späteren Fraktur nicht in Kauf nehmen, sondern den keramischen Arbeitsgang von der Säurebehandlung und dem Oxidbrennen an erneut durchführen lassen, nachdem die gesamte keramische Umkleidung entfernt worden ist. Der spätere Mißerfolg würde mehr Arbeit für Zahnarzt sowie Zahntechniker und Unbill für den Patienten mit sich bringen, als eine um einige Tage verzögerte Eingliederung eines perfekten MK-Zahnersatzes.

Sofern die Manipulationen und Kontrollen zur endgültigen Eingliederung von MK-Zahnersatz abgeschlossen sind, also Kontaktpunkte vorhanden sind, Okklusion und Artikulation äquilibriert sind und keine anämischen Zonen an den Zahnfleischrändern bestehen, die alle Korrekturen am MK-Zahnersatz notwendig machen würden, besteht im Grunde keine Veranlassung, die Zementierung auf eine nächste Behandlungssitzung zu verschieben. Nur wenn Patient oder Zahnarzt keine ausreichende Zeit für diesen Arbeitsvorgang mehr zur Verfügung haben, sollte er verschoben werden.

Ist die Behandlung – wie geschildert – vorangebracht worden, kann das »Probetragen« durch Festsetzen mit einem provisorischen Zement erfolgen. Es eignen sich beispielsweise Temp-bond (Fa. Kerr) *mit* Modifier oder Scutabond (Fa. Espe). Die zusätzliche Anwendung von Modifier (Verdünner des Zementes) empfiehlt sich, um den MK-Zahnersatz wieder entfernen zu können. Sie bringt natürlich auch die Gefahr mit sich, daß sich der MK-Zahnersatz bei Genuß klebriger Speisen von den Brückenpfeilern löst. Darüber muß der Patient *vorher* informiert werden: Er sollte Hinweise für zweckmäßiges Verhalten in dieser Situation erhalten. Natürlich besteht in der Zwischenzeit die Gefahr der partiellen Keramikfraktur. Daher sollte die Zeit des Probetragens nicht ausgedehnt, sondern auf einige Tage beschränkt werden.

Beim Probetragen von Brücken mit mehreren Ankern werden zweckmäßigerweise nur die endständigen Kronen mit provisorischem Zement gefüllt, die anderen erhalten eine Fletcherpulver-Vaseline-Mischung, die nicht abbindet und die Wiederentfernung der Brücke aus dem Munde nicht erschwert.

»Probetragen« erscheint gelegentlich zweckmäßig, wenn der MK-Zahnersatz in den Frontzahnbereich ausgedehnt ist. Hier sollte man die Begutachtung der Familie oder aus dem Lebenskreis des Patienten abwarten.

Umfangreiche prothetische Behandlungen in beiden Kiefern lassen es in der Regel sinnvoll erscheinen, zwar die Zahnreihen nacheinander zu versorgen, jedoch oberen und unteren Zahnersatz dann in *einer* abschließenden Behandlungssitzung fest einzugliedern. Für einen Kiefer ergibt sich somit das Probetragen der prothetischen Versorgung über längere Zeit.

> *Welche Reparaturmöglichkeiten sind bei aufgetretenen Sprüngen und Frakturen der verkleidenden keramischen Schicht gegeben?*

Zwischen den beiden genannten Fehlern sollte unterschieden werden: Sprünge sind anders zu beurteilen als Frakturen. Bei *Sprüngen* handelt es sich in der Regel um einen Riß der gebrannten keramischen Masse, der von Spannungen im keramischen Anteil des MK-Zahnersatzes ausgelöst wurde. Oft gehen sie von einer dünnen keramischen Schicht, einem Hohlraum in der Keramik oder einer spitz ausgearbeiteten Stelle des Metallgerüstes aus. Da weiterhin Haftung zwischen Metallgerüst und Keramik besteht, erfordern Sprünge zahnärztliches Eingreifen nur, wenn den Patienten die Verfärbung des Risses stört und er auf Erneuerung der MK-Krone oder -Brücke besteht. – Sprünge werden häufig erst nach längerer Verweildauer des MK-Zahnersatzes im Munde erkannt. Man spricht dann von »Spätsprüngen«. Ihre Erkennung erfolgt meist durch Verfärbung infolge Farbstoffen von Nahrungsmitteln oder, bei Rauchern, von Nikotin. – Während eines Kurses erwähnte ein Teilnehmer, daß er mit Kaltlicht jeden keramischen Zahnersatz vor dem endgültigen Einsetzen »durchleuchtet«. Sprünge seien auf diese Weise zu erkennen.

Frakturen in der keramischen Schicht haben verschiedenste Ursachen. Geht ein Teil der Keramik oder die gesamte Verblendung verloren, ist guter Rat teuer. Wenn die Frakturränder innerhalb der Keramik liegen und die ästhetische Einbuße gering ist, sollte ein Versuch mit »Verschleifen« und Polieren gemacht werden. –

Kurzfristige Reparaturen lassen sich mit verschiedenen Kunststoff-Füllungswerkstoffen durchführen, am geeignetsten erscheinen die mit UV-Licht polymerisierbaren, z.B. Novafil u.a. Es zeigt sich jedoch, daß diese Reparaturen nur für einige Wochen oder vielleicht Monate halten. Dann löst sich der Kunststoffteil von der keramischen oder metallischen Unterlage wegen der Flüssigkeitsaufnahme des Kunststoffes wieder ab. Reparaturmaterialien, z.B. DEN-MAT, zeigen in Nachuntersuchungen von *Schröder* und *Marx* keine längere Reparaturfähigkeit als sechs bis acht Monate. Das gleiche trifft für »enamalite 500« zu, das ebenfalls klinisch nachuntersucht wurde. – Es bleibt die von *Maren* empfohlene Methode der Präparation des keramisch geschädigten Metallgerüstes für die Aufnahme einer Keramikschale, einer MK-Schale oder einer keramischen Jacketkrone. Dieses Vorgehen dürfte nicht einfach durchführbar, aber noch am aussichtsreichsten sein, wenn man nicht mit zahnfarbenem Kunststoff reparieren will.

Die *Fehlerquote* für Metallkeramik mit EM-Legierung wird, wie bereits ausgeführt, sehr niedrig mit 1 bis 3 % *(Voss, Kerschbaum* u.a.) im Vergleich zu notwendigen Reparaturen von Kunststoff-Verkleidungen angegeben. Bei steigender Verbreitung der Metallkeramik, besonders mit wenig oder nicht geprüften Werkstoffen, ist natürlich mit einem Anstieg von Sprüngen, Frakturen u.a. zu rechnen.

> *Wie können zementierte MK-Kronen und -Brücken aus dem Munde entfernt werden?*

Dies kann in der Regel nur durch Zerstörung gelingen. Mit einem walzenförmigen Diamantschleifer wird die Keramikschicht in Längsachse der Krone aufgeschliffen und anschließend mit einem Hartmetall-Fissurenbohrer das Metallgerüst.

Dies fällt bei EM-Legierungen wegen deren geringerer Härte leichter als bei NEM-Legierungen. Auch kann man aufgeschnittene Edelmetall-Gerüste leichter aufbiegen und dann vom Zahnstumpf lösen, als das bei Gerüsten aus NEM-Legierungen der Fall ist.

Sofern es sich um eine MK-Brücke mit zwei Brückenankern handelt, bei der sich ein Anker vom Pfeilerzahn, aus welchen Gründen auch immer, gelöst hat, kann man zunächst folgendes versuchen: Man bohrt durch den noch festsitzenden MK-Brückenanker unterhalb der Kaufläche ein Loch – in der Keramik mit einem kugelförmigen Diamanten, im Metall wiederum mit einem Hartmetall-Rosenbohrer, bis hindurch zum Befestigungszement. – Wenn man Glück hat, läßt sich die Brücke dann vom Pfeilerzahn abhebeln. Im anderen Falle muß diese Krone, wie oben geschildert, aufgeschnitten werden.

> *Ist die prothetische Versorgung mit metallkeramischen Kronen und Brücken schwieriger zu bewerten als mit kunststoffverkleidetem Zahnersatz?*

Diese Frage muß im Prinzip bejaht werden. Die klinische Erfahrung über mehr als ein Jahrzehnt zeigt verschiedene positive Fakten, die für Metallkeramik im Vergleich zu kunststoffverkleidetem Zahnersatz sprechen. Der Herstellungsgang im Laboratorium und die Behandlung des Patienten jedoch erfordern exakte Handhabung und sorgfältiges Vorgehen sowie Akribie, weil sich Fehler sehr einschneidend bemerkbar machen und Korrekturen im Munde nach dem Zementieren nicht mehr möglich sind. Die Metallkeramik setzt intensive Beschäftigung mit den klinischen und labortechnischen Abläufen voraus, da größtmögliche Genauigkeit, saubere Verarbeitung, gute Abstimmung zwischen Zahnarzt und Zahntechniker und ein bißchen »Fingerspitzengefühl« notwendig sind. Wo bei einer klemmenden kunststoffverkleideten Metallbrücke noch etwas »mit Druck« zu machen ist, platzt bei einer MK-Brücke bei diesem Vorgehen möglicherweise die verblendete keramische Schicht ab. Auch die Gestaltung von Kontaktpunkten bzw. Kontaktflächen zu natürlichen Nachbarzähnen bereitet Schwierigkeiten, sofern sie im MK-Zahnersatz aus gebrannter keramischer Masse bestehen. Die Masseschrumpfung während des Brennens und die Form nach dem Glasurbrand erfordert nicht selten sehr diffiziles Nachschleifen des MK-Zahnersatzes. Gelegentlich ziehen Korrekturen in der Kaufläche und/oder an den keramischen Kontaktpunkten im Laboratorium einen zusätzlichen Arbeitsgang wegen Nachbrennens oder Glasierens nach sich. Es liegt einerseits an der Güte und Zusammensetzung der keramischen Massen, andererseits an der Qualität der Bindung dieser speziellen Massen auf den speziellen Metall-Legierungen, daß die Metallkeramik sich trotz dieser schwierigen Verarbeitung und Handhabung mehr und mehr durchsetzt.

> *In welcher Weise können die Prinzipien der Aufwachstechnik bei MK-Brücken berücksichtigt werden?*

Im Grunde können die Prinzipien der Aufwachstechnik mit einem genau geformten Höckerrelief bei keramischen Massen nicht erfüllt werden. Das liegt an der Masseschrumpfung von ca. 15 Vol.-% während des Brennens bei 950 °C, da die mühevoll aufgebauten Höcker und Fissuren zusammensintern, sich rund ausformen und an Volumen verlieren. *Kh. Körber* hat sogenannte Artikulationskegel aus Hartporzellan herstellen lassen (Fa. Vita), um dieser Höckerschrumpfung entgegenzuwirken, jedoch lassen sich die Porzellankegel nur selten in dem für die Kauflächengestaltung verfügbaren okklusalen Raum unterbringen. So bleibt es in der Keramik bei einer Annäherung an »aufgewachste« Kauflächen, entsprechend dem Vorstellungsvermögen und dem Können des Zahntechnikers bzw. Keramikers. Wer aufgewachste Kauflächen nicht missen möchte, könnte zum Teil auf den Ersatz der Kaufläche in Keramik verzichten. Die Abbildungen 134 und 135 zeigen eine keramisch verkleidete Oberkiefer-Brücke, bei der etwa die Hälfte der Kaufläche in bukko-palatinaler Richtung in Edelmetall gestaltet ist. So sind die palatinalen Höcker gut in die Fissuren der unteren Kauflächen zu plazieren. – Die umgekehrte Anordnung – Höckergestaltung in Edelmetall im Unterkiefer – könnte eventuell nicht den ästhetischen Wünschen des Patienten entsprechen.

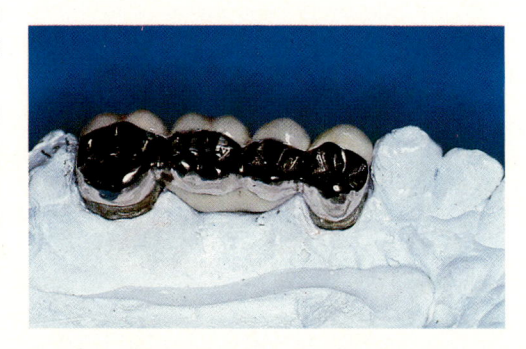

Abb. 134 Die Aufwachstechnik kann in der Metallkeramik nur durch die teilweise Gestaltung der Kaufläche in Metall ausgeführt werden

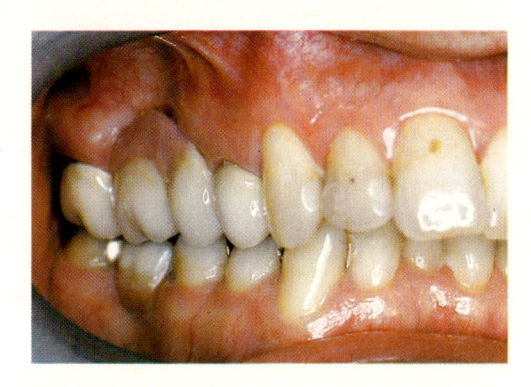

Abb. 135 Bei einer MK-Brücke von 14 nach 17 im rechten Oberkiefer ist keine wesentliche ästhetische Einbuße zu verzeichnen

10. Darstellung von sieben Behandlungsabläufen

1. Fall
Frau E. H., 60 Jahre alt. Im Oberkiefer prothetisch versorgt. Erhaltung des Molaren 36 durch Überkronung mit einer metallkeramischen Krone.

Bei einer sechzigjährigen Patientin ist die m-o-d-Amalgamfüllung des unteren linken 1. Molaren erneuerungsbedürftig. Der seit Jahrzehnten devitale Zahn (Abb. 1.1) hat eine gute Wurzelfüllung, wie das Röntgenbild zeigt, und soll daher überkront werden. Es sind keine weiteren vorbereitenden Maßnahmen erforderlich. In einer Behandlungssitzung können die Präparation des Zahnes 36, die Abformung und die provisorische Versorgung erfolgen.

Die *Präparation* erfolgt systematisch, in diesem Falle ohne Anästhesie, jedoch unter Sprayanwendung und unter Schonung der kariesresistenten Nachbarzähne sowie der marginalen Gingiva. Der Zahnfleischrand ist schon 1 bis 2 mm retrahiert, eine leichte Taschenbildung kann außerdem festgestellt werden. So wird die wenig konische Neigung der Wände des Stumpfes unter den Limbus gingivae, jedoch nicht bis auf den Boden der Zahnfleischtasche gelegt. Die vorhandene Füllung wird während des Präparierens als Zahnhartsubstanz betrachtet und erst zu einem späteren Zeitpunkt – vor dem Zementieren der Krone – entfernt. Eine deutlich sichtbare Präparationsgrenze muß erzielt werden. Um den devitalen Zahnstumpf nicht zu stark zu schwächen, wird sowohl auf eine hohlkehlartige Präparation als auch auf eine Stufenpräparation verzichtet (Abb. 1.2).

Für die Modellgewinnung eignen sich verschiedene *Abformverfahren,* z. B. das einzeitige Doppelabformverfahren mit Polyäthergummi (Impregum), bei dem ein Teil der Masse mit der Spritze in den Sulkus appliziert, der andere in einem Serienlöffel in den Mund gebracht wird. Um die antagonistischen Zähne wiederzugeben – im dargestellten Falle handelt es sich um Zähne eines partiellen Zahnersatzes –, genügt ein drei bis vier Zähne umfassender Wachsbiß. Um die Präparationsgrenze genau darstellen zu können, sie liegt in diesem Falle in der Zahnfleischtasche, ist die vorherige Eröffnung der Tasche mit einem Baumwollfaden (Gingipac) und einer adstringierenden Flüssigkeit (z. B. Racestyptine) erforderlich (Abb. 1.3); dazu wird die abzuformende untere Zahnreihe mit Watterollen trockengelegt. Im Rahmen der durchzuführenden Behandlung kann es trotz gelungener einzeitiger Doppelabformung (Abb. 1.4)

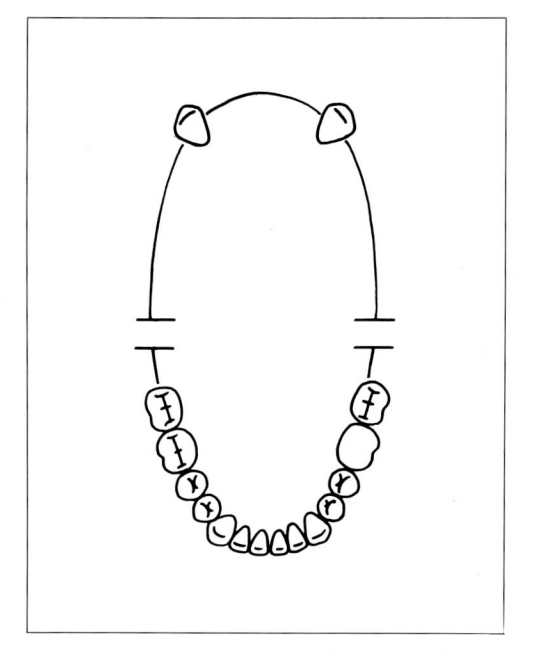

zweckmäßig sein, zusätzlich eine Kupferring-Lastic-Abformung vom Zahnstumpf zu nehmen, z. B. um den Ansatz der Bifurkation besser darzustellen oder weil der Zahntechniker die Laborarbeit auf einem einzelnen Zahnstumpf bevorzugt. Im vorliegenden Falle ist die Kupferring-Abformung mit einer elastischen Abformmasse (Lastic 55) anzuraten. – Die weichen Kupferringe sind für diesen Arbeitsgang zu bevorzugen, da sie sich beim Aufpassen leicht dem Zahnstumpf anpassen. Nach dem Konturieren des Ringes an der Präparationsgrenze muß in den Ring ein Adhäsivlack für die Silikonmasse eingestrichen werden, damit sich dünne Partien der Abformmasse nicht ablösen. Die Entnahme des Kupferringes mit der abgebundenen Abformmasse darf nicht mit den Fingern erfolgen. Es besteht die Gefahr, daß der Kupferring verformt wird. Daher geschieht die Entnahme stets mit einer gerieften Spitzzange, die an einem Teil des Randes angreift.

Eine provisorische Stumpfversorgung kann mit einer gut passenden Zinnkappe (Aluminiumkappe) erfolgen. Da jedoch bei der dargestellten Behandlung verschiedene Veranlassungen für die notwendige provisorische Überkronung entfallen (z. B. ist der Zahn 36 devital) und die endgültige Versorgung wenige Tage später erfolgt, wird kein Provisorium eingegliedert.

Im *Laboratorium* wird zunächst der Kupferring-Abdruck ausgegossen. Der künstliche Zahnstumpf zeigt die Präparationsgrenze deutlich (Abb. 1.5).

Diese soll durch eine Kerbe markiert werden. Dann kann der Stumpf in den Zahnreihenabdruck eingesetzt und festgewachst werden. Nach Fertigstellung des Arbeitsmodelles wird der Metallunterbau modelliert, gegossen und zum Aufbrennen vorbereitet. Anschließend erfolgt im keramischen Laboratorium in drei Brennvorgängen die Herstellung der keramischen Krone mit Rundum-Verkleidung (Abb. 1.6). Die Skizze (Abb. 1.7) zeigt auch, daß die bukkale Gestaltung der Krone inkl. der Kronenflucht etwas stärker ausfallen muß, da die bukkal im Zahnstumpf fehlende Stufe durch Metall zu verstärken ist, um die Krone am Zervikalrand genügend stabil gestalten zu können.

In der *zweiten Behandlungssitzung* kann die MK-Krone 36 eingegliedert werden. Bei der Einprobe werden die Kontakte zu den Nachbarzähnen, der zervikale Randschluß, die Okklusion und die Artikulation geprüft. Dann sind noch die Reste der Amalgamfüllung und eventuell vorhandene Sekundärkaries zu entfernen (Abb. 1.8). Nun kann die MK-Krone zementiert werden. Die Anwendung von Phosphatzement mit Feinkorn-Zementpulver und eines stetigen Fingerdruckes ohne Gewalt oder Hammerschlag bringt die Krone in optimale Position. Bei diesem Vorgehen wird die durch den Zement verursachte Diskrepanz zwischen Zahnstumpf und Kronenrand minimal, ca. 20 Mikron. Abb. 1.9 zeigt die MK-Krone 36 in situ, gleichzeitig kann man im Mundspiegel die linguale Gestaltung der Krone sehen.

Die Behandlung wird durch Feineinschleifen der Krone 36 in Okklusion und Artikulation abgeschlossen.

Behandlungsablauf beim Wiederaufbau eines Molaren durch Überkronung mit einer metallkeramischen Krone

Behandlung	Laboratorium
Untersuchung (Abb. 1.1) Röntgenaufnahme Beratung Präparation (Abb. 1.2) Abformung des Stumpfes, der Zahnreihe und des Gegenkiefers (Abb. 1.3, 1.4) (Provisorische Versorgung) Dauer: 30 Minuten	
	Stumpfherstellung und Modellherstellung (Abb. 1.5) Gießen des Metallunterbaues Keramische Verblendung (Abb. 1.6, 1.7)
Eingliederung der Krone 36 durch Zementieren (Abb. 1.8, 1.9) Feineinschleifen Dauer: 15 Minuten Nachsorge	

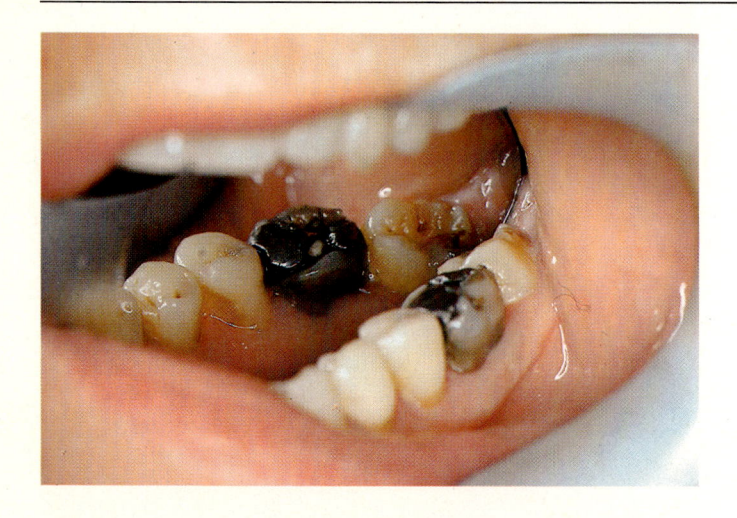

Abb. 1.1 Der devitale Zahn 36 soll durch Überkronung erhalten werden

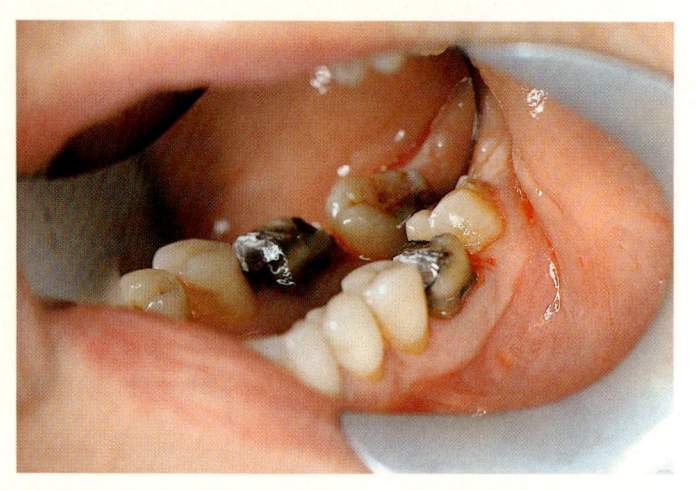

Abb. 1.2 Präparation des Zahnes mit leicht konischen Wänden, jedoch ohne Hohlkehle oder Stufe, um den Stumpf des bereits wurzelbehandelten Zahnes nicht weiter zu schwächen

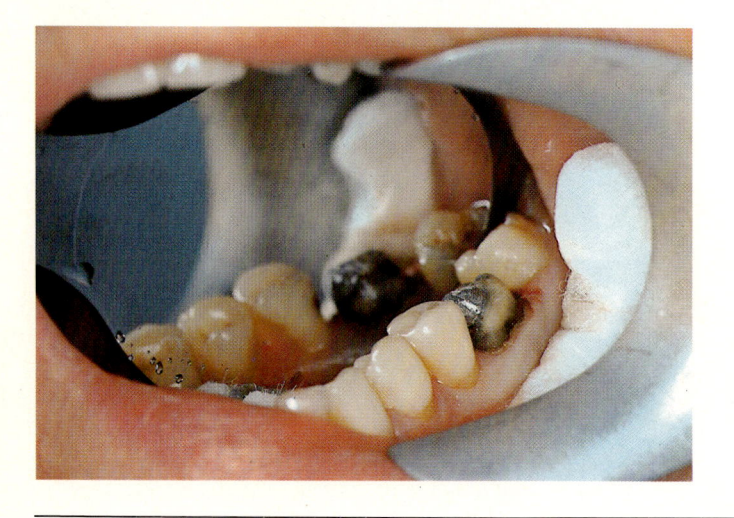

Abb. 1.3 Vorbereitung der Zahnfleischtasche durch Erweiterung mit einem Baumwollfaden, der mit einer adstringierenden Flüssigkeit getränkt ist

1. Fall 127

Abb. 1.4 Abdruck nach dem einzeitigen Doppelabformverfahren mit Impregum und Wachsbiß Zusätzlich zu der Doppelabformung kann eine Kupferring-Abformung vom Zahnstumpf zweckmäßig sein

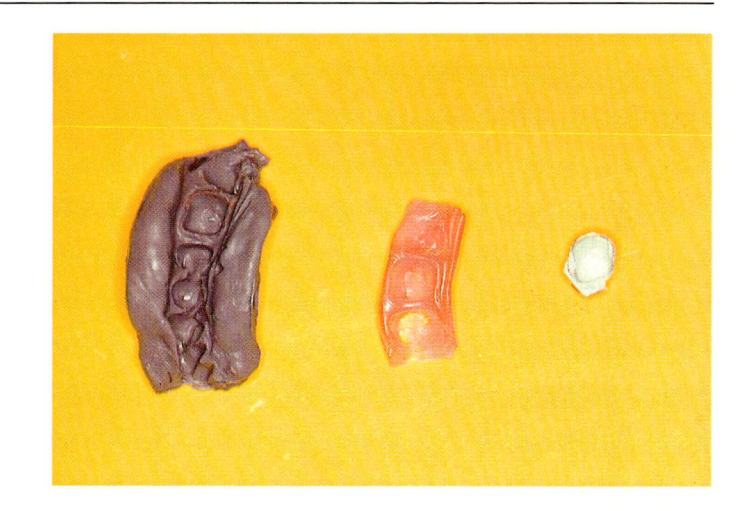

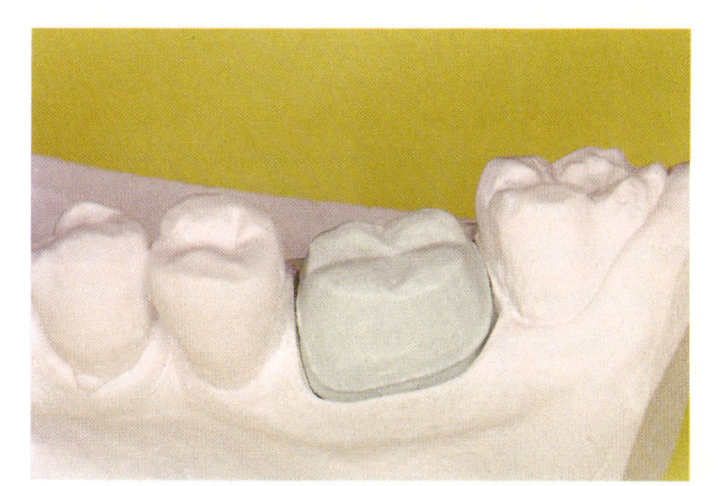

Abb. 1.5 Stumpfmodell mit Kerbe, die unterhalb der Präparationsgrenze angebracht wird, um diese darzustellen

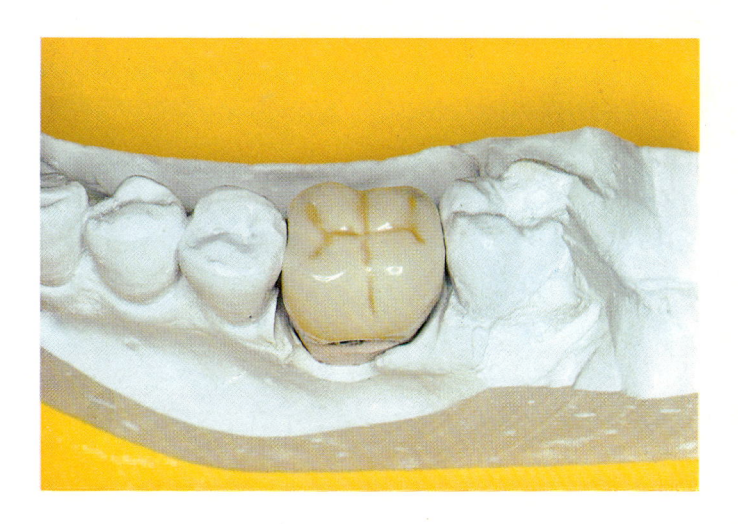

Abb. 1.6 Keramische Krone 36 auf dem Modell nach dem Glanzbrand

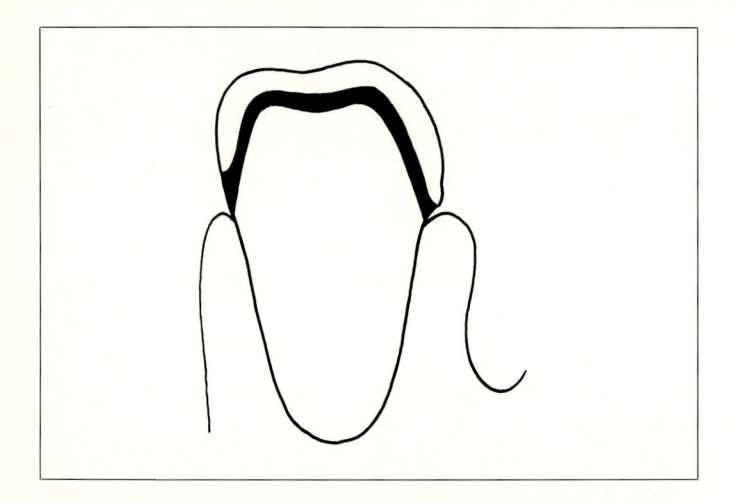

Abb. 1.7 Skizze von Metallunterbau und keramischer Verkleidung in einem bukko-lingualen Schnitt

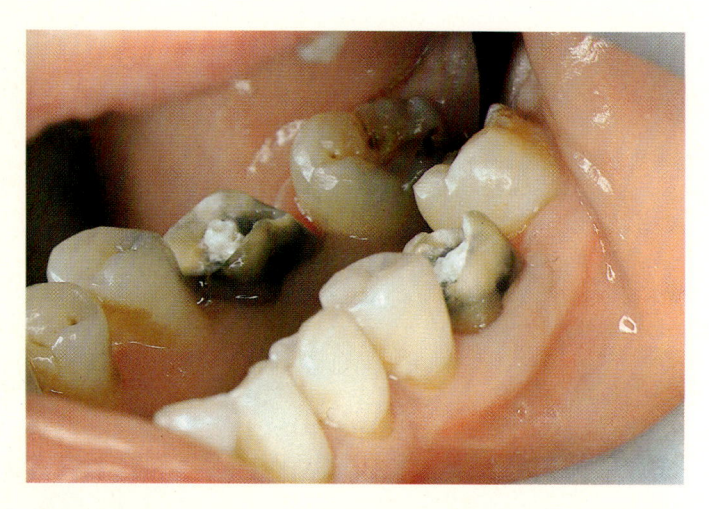

Abb. 1.8 Vor dem Einzementieren der MK-Krone werden zunächst die Reste der Amalgamfüllung und eventuell vorhandene Sekundärkaries entfernt

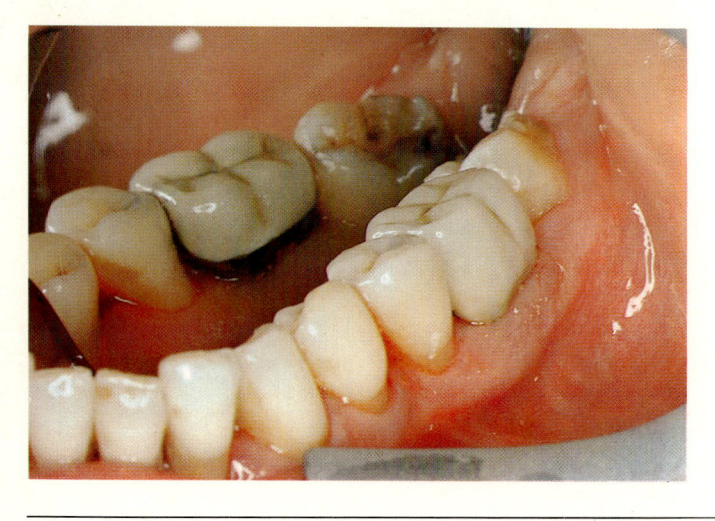

Abb. 1.9 MK-Krone 36 in situ, im Mundspiegel kann man die linguale Gestaltung sehen

2. Fall

Herr H. P., 72 Jahre alt. Lückengebiß der Gruppe A 3, Verlust aller vier Sechs-Jahr-Molaren und des linken unteren 2. Prämolaren, prothetisch nicht versorgt. Erhaltung der vier oberen Schneidezähne durch Überkronung mit paarig verbundenen metallkeramischen Kronen.

Der bereits zweiundsiebzig Jahre alte Patient, mit einem annähernd vollständigen Gebiß (Eichner-Gruppe A 3) und bemerkenswert gesunder parodontaler Situation, lehnt seit einigen Jahren, wenn wieder einmal eine oder mehrere Füllungen im oberen Frontzahnbereich notwendig sind, die Überkronung ab mit dem Bemerken: Sie sehen doch noch gar nicht so schlecht aus (Abb. 2.1 und 2.2). Die Verankerung von Füllungen in den Zähnen 12, 11, 21 und 22 ist jedoch aus Mangel an Zahnhartsubstanz und wegen der starken Abrasionen der palatinalen Flächen (Abb. 2.3 und 2.4) dauerhaft nicht mehr möglich, die Zahnarztbesuche häufen sich. Eine wiederholte Beratung hat nun Erfolg gebracht, und die Überkronung der vier Schneidezähne zur Erhaltung und zum Wiederaufbau wird in Angriff genommen.

Zunächst werden »vorbereitende Maßnahmen«, z. B. Zahnstein- und Konkrementenfernung, sowie Zahnreinigung durchgeführt. Das sog. »Zähneputzen« mit dem Prophylaktik-Besteck zum Entfernen der Beläge ist wegen der Feststellung der Zahnfarbe für provisorische und endgültige Kronen von Bedeutung; bei älteren Patienten ist die Farbbestimmung schwierig, weil die transparente Schneidekante meist durch Abrasion verlorengegangen ist. Eine kleine Zeichnung für den Zahntechniker über die labiale Farbverteilung (im Vergleich zum Zahnfarbring) könnte nützlich sein, wenn er nicht persönlich bei der Farbbestimmung zugegen sein kann.

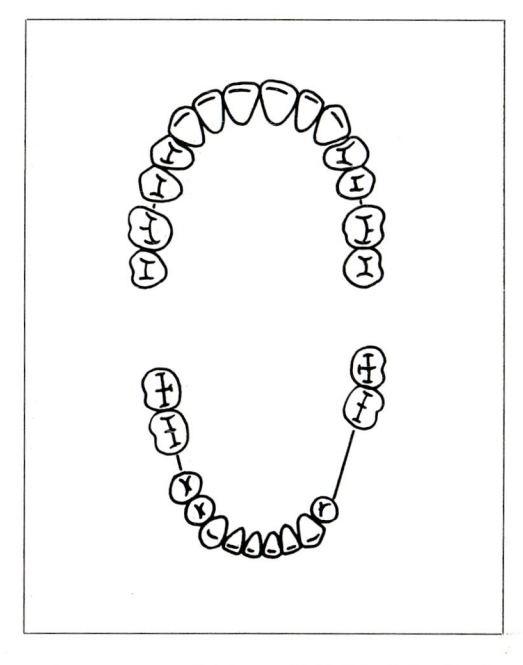

Die erste Behandlungssitzung wird durch Abformungen von Ober- und Unterkiefer abgeschlossen (Abb. 2.5). der obere Abdruck sollte im Laboratorium zweimal ausgegossen werden; auf einem Modell stellt der Zahntechniker vier provisorische Kronen aus Kunststoff her (Abb. 2.6). Hierzu müssen die in Gips dargestellten Zähne zu Zahnstümpfen radiert werden, wie sie nach der Präparation zu erwarten sind (Abb. 2.7). Dieser Arbeitsgang im Labor kann vom Zahnarzt selbst vorgenommen werden, jedoch wird der in der Zusammenarbeit geübte Zahntechniker bald die richtige Radierung durchzuführen verstehen. Die provisorischen Kunststoffkronen werden paarig verbunden. Das ist für die Befestigung mit provisorischen Zementen günstiger, da sich die Kronen dann nicht so leicht ablösen. Das zweite Modell dient als Leitmodell für den Zahntechniker bei der Herstellung der endgültigen Kronen.

Im vorliegenden Behandlungsablauf werden nicht alle vier Schneidezähne in einer Sitzung beschliffen, obgleich das natürlich rationeller wäre. Aus Rücksicht auf das Alter des Patienten erschien es richtig, die Sitzungen nicht über eine Stunde Dauer auszudehnen. So ergaben sich zwei Behandlungssitzungen für die Präparation der Zähne 12, 11, 21, 22 (Abb. 2.8 und 2.9). Die Skizze (Abb. 2.10) stellt einen Zahnstumpf für die Aufnahme einer Facettenkrone in verschiedenen Ansichten dar, ohne daß die Präparationsform durch Füllungen und Kavitäten gestört wäre. Die Abformungen der einzelnen Zahnstümpfe mit Kupferringen und Lastic 55-Masse (Abb. 2.11 und 2.12) sowie die provisorische Versorgung aller vier Zahnstümpfe (Abb. 2.13) werden vorgenommen. Zu enge provisorische Kronen müssen entsprechend ausgefräst, zu weite provisorische Kronen gegebenenfalls mit zahnfarbenem, schnellhärtendem Kunststoff ausgefüttert werden, bevor sie mit Temp-bond einzusetzen sind.

Eine stabile, ästhetisch akzeptable provisorische Versorgung, wie dargestellt, verleiht dem Patienten für die Übergangszeit genügend Sicherheit, um im öffentlichen Leben auftreten zu können und zwingt den Zahnarzt nicht, seinen Zahntechniker zu »schneller Arbeit« zu drängen.

Nachdem im Laboratorium vier Stumpfmodelle, Übertragungskappen aus schnellhärtendem Kunststoff und ein individueller Löffel aus Kunststoff (Abb. 2.14) hergestellt worden sind, wird die nächste Behandlungssitzung anberaumt. (Es sei bemerkt, daß die Übertragungskappen *nur* aus schnellhärtendem Kunststoff angefertigt werden dürfen. Die so beliebte Tiefziehfolie läßt sich nicht eng genug adaptieren und gibt den Kronenstumpf zu ungenau – meist zu dick – wieder und verbindet sich nur dann mit dem schnellhärtenden Kunststoff, wenn die Tiefziehfolie aus PMM-Kunststoff hergestellt worden ist.) Die Übertragungskappen werden, nach vorsichtiger Entfernung der provisorischen Doppelkronenpaare, auf die Zahnstümpfe aufgesetzt. Häufig müssen sie am zervikalen Rande nachgeschliffen werden, weil sie zu dick sind oder über die Präparationsgrenze hinwegreichen. Für dieses Anpassen der Übertragungskappen benötigt man viel Zeit, besonders, wenn – wie im vorliegenden Falle – die Stumpfpräparation (Abb. 2.8 und 2.9) wegen der ausgefallenen Füllung schwierig war. Zwischen Zahntechniker und Zahnarzt sollte die Vereinbarung gelten, daß der Rand der anzufertigenden Krone dem Rand der Übertragungskappe entspricht. – Das Anpassen der Übertragungskappen an die zervikalen Ränder ist beendet, wenn die marginale Gingiva und die Interdentalpapillen an keiner Stelle gepreßt werden, das heißt, nicht blaß bzw. blutleer aussehen (Abb. 2.15 und 2.16).

In der Übertragungskappe befindet sich, bereits im Laboratorium vorbereitet, ein *Fenster* in Höhe der Schneidekante. Dieses dient zum Kontrollieren des exakten Sitzes der Übertragungskappe auf dem Zahnstumpf (Abb. 2.15). Ist an dieser Stelle kein Spalt zu erkennen, paßt die Kappe auf den Zahnstumpf. Die eckige Form der Übertragungskappen gewährt deren genauen Sitz im späteren Sammelabdruck. Die Beschriftung der Übertragungskappen mit Bleistift (Abb. 2.16) kann dem Zahntechniker hilfreich sein, sofern die Kappen nicht sicher im Sammelabdruck sitzen oder nach Entfernung des Sammelabdruckes auf dem natürlichen Zahnstumpf verblieben sind. In der in Abb. 2.16 dargestellten Situation sollten die vier Übertragungskappen palatinal bereits so weit ausgeschliffen

sein, daß der Patient ungestört die maximale Interkuspidation, in diesem Falle durch Vorhandensein aller vier Stützzonen sicher gegeben, einnehmen kann.
Eine *andere,* als sehr wertvoll erwiesene *Methode* in der Handhabung von Übertragungskappen wird in den Abb. 2.17 und 2.18 dargestellt. Da für die endgültigen Kronen deren Verblockung zu je zwei Paaren vorgesehen ist, werden bereits die jeweiligen beiden Übertragungskappen im Munde mit schnellhärtendem Kunststoff verbunden. Bei diesem Vorgang ist es wichtig, beide zu verbindende Übertragungskappen während des Polymerisationsvorganges des Steges auf dem Stumpf festzuhalten, da die Aushärtung des Kunststoffes mit Kontraktion einhergeht und in dieser Phase eine der Übertragungskappen vom natürlichen Zahnstumpf abgezogen werden kann. Dann ist kein einwandfreies Meistermodell herzustellen. Außerdem sollte der verbindende Steg die Interdentalpapille eindeutig *freilassen.* Durch diesen Hohlraum fließt bei der Abformung die leichtfließende Abformmasse gut hindurch und fixiert die beiden Blöcke von Übertragungskappen. Gehen diese ohne Schwierigkeiten von den Zahnstümpfen ab, ist gleichzeitig kontrolliert, daß die Präparation einwandfrei ist, keine »unter sich gehenden« Stellen vorhanden sind, parallel präpariert worden ist und daher jeweils für einen Block von zwei Kronen auch eine gemeinsame Aufschubrichtung vorhanden ist. Die Sammelabformung mit individuellem Löffel aus Kunststoff, vor Gebrauch innen mit einem Adhäsivlack bestrichen, wird über die Übertragungskappen und die ganze Zahnreihe mit Lastic 55 genommen. Abb. 2.19 zeigt, daß sich die klinischen, zeitlich eher aufwendigen Maßnahmen gelohnt haben. Beide Blöcke von Übertragungskappen sind gut im Sammelabdruck fixiert. So kann nach Einsetzen der Zahnstumpfmodelle (Abb. 2.20) ein Meistermodell angefertigt werden, auf dem ohne weitere Zwischeneinprobe die Kronen hergestellt werden können.
Der weitere Arbeitsgang im *Laboratorium* läuft folgendermaßen ab: Der Zahntechniker blockt auf den Zahnstümpfen starke Kavitäten mit Gips o. ä. aus (auf Abb. 2.21 zu erkennen) und zieht Kappen aus Folien (Abb. 2.21), die ihm die dünne Gestaltung der Wachsformen von den Metallunterbauten gestatten (Abb. 2.22). *Erstmalig erfolgt in dieser Phase die Kontrolle der habituellen Okklusion.* Diese ist im Falle des behandelten Patienten so einzurichten, daß die unteren Frontzähne im antagonistischen Kontakt die späteren Metallanteile der MK-Kronen treffen (Abb. 2.23). Der Guß der Kronen erfolgt paarweise in einem Stück (Abb. 2.24), in diesem Falle in Degulor G, einer aufbrennfähigen, goldfarbenen Edelmetall-Legierung. – Die Gußstifte werden abgesägt und die Kronen so ausgearbeitet, daß nun der keramische Arbeitsprozeß beginnen kann. Die labialen Stufen sind mit einer dünn auslaufenden Metallschicht bedeckt (Abb. 2.25).
Von einer Schilderung des Oxidglühens über das mehrmalige Brennen soll an dieser Stelle abgesehen werden. Für die Gestaltung der Kronenform standen dem Keramiker das Ausgangsmodell und die notwendigen Angaben in bezug auf Farbe, ursprüngliche Zahnform, Alter und Geschlecht des Patienten und eine Farbskizze zur Verfügung. Abb. 2.26 zeigt im Vergleich zu Abb. 2.1, daß die Kronen in Form und Farbe sehr gut wiedergegeben werden konnten. Es sei eine leichte labiale Verstärkung der Kronen erwähnt, die notwendig wurde, um labial von den natürli-

chen Zähnen nicht noch mehr Zahnhartsubstanz abtragen zu müssen. Schon bei den Provisorien war diese Korrektur vorgenommen worden (Abb. 2.13). Auf die ursprüngliche hohe Transparenz der vier Schneidekanten (Abb. 2.2), die sich besonders durch die starke palatinale Abrasion ergeben hatte, mußte aus Gründen einer genügenden Schichtdicke und Stabilität der keramischen Verkleidung, besonders der Schneidekanten, verzichtet werden. Die Metallgerüste der Kronen sind palatinal so weit hochgezogen (Abb. 2.27), daß der Patient in Okklusion und bei regulatorischen Kontroll- und Spielbewegungen innerhalb seines Okklusionsfeldes nur Kontakt mit dem Edelmetallgerüst hat.

Die Methode der Sammelabformung mit Übertragungskappen gibt nicht nur, wie oben geschildert, die genaue Lage der Zahnstümpfe auf dem Meistermodell wieder, sondern stellt auch die die Stümpfe umgebenden Gingivaanteile dar. So ist es möglich, ohne die schöpferische Phantasie des Zahntechnikers bemühen zu müssen, Kronenränder und Interdentalpartien den natürlichen Gegebenheiten entsprechend gestalten zu können. Abb. 2.28 stellt die günstige Gestaltung der approximalen und palatinalen Kronenränder in Metall sowie der interdentalen Abschnitte zwischen 12 und 11 sowie 21 und 22 dar.

Für die Eingliederung der Kronenpaare sollte genügend Zeit während der Sprechstunde oder außerhalb dieser Zeit reserviert sein. Es ist nicht zu erwarten, daß metallkeramische Arbeiten über mehrere Zähne »auf Anhieb« passen, wie das von Metallbrücken oder kunststoffverkleideten Brücken her bekannt ist. Während des Aufbrennens der keramischen Massen auf das Metallgerüst wurde dieses ja mehrmals auf ca. 950° C erwärmt; ein Prozeß, der nicht ohne Auswirkung auf die Paßgenauigkeit bleiben kann. Da sich außerdem jede Gewaltanwendung bei der Eingliederung metallkeramischer Arbeiten wegen der Gefahr des Abplatzens von Keramikanteilen verbietet, ist folgendes Vorgehen empfehlenswert.

Es wird versucht, die MK-Kronenpaare ohne Druck auf die jeweiligen Zahnstümpfe aufzusetzen. Ergibt sich kein guter Anschluß des Kronenrandes oder Abschluß an der labialen Stufe, werden die Kronen mit dünnfließender Silikonmasse, z. B. Lastic 55 DF, Impregum, Xantopren blau, ausgelegt (Abb. 2.29) und unter sanftem Fingerdruck den Zahnstümpfen bis zum Aushärten der Masse adaptiert (Abb. 2.30). Die Entfernung der Kronen von den Zahnstümpfen ist in der Regel leicht möglich; der Blick ins Innere der Kronen zeigt deutlich die Stellen, an denen unmittelbarer Kontakt zwischen Metall und Zahnstumpf besteht, d. h., es werden diejenigen Stellen dargestellt, die das vollständige Aufsetzen der MK-Kronen verhindern (in Abb. 2.31 am labialen Kronenteil). Mit einem scharfen Rosenbohrer können diese Bezirke leicht innen am Metall korrigiert werden, ohne daß es zu dem früher üblichen unklaren Verschmelzen von Wachs kommt. Die Abformmasse ist leicht zu entfernen und die endgültige Eingliederung der Kronen kann erfolgen, sofern nicht noch Korrekturen der Kontaktpunkte erforderlich sind.

Die *Kontaktpunkte* zu den natürlichen Nachbarzähnen 13 und 23 in richtiger Höhe und Ausdehnung zu gestalten fällt dem Zahntechniker nicht leicht, da die keramische Masse beim Brennen stark (um ca. 15% des ursprünglich aufgetragenen Volumens) schrumpft. Der Zahntechniker hat schon selbst durch Schwärzung der Modellzähne mit Bleistift nach dem Biskuitbrand versucht (in Abb. 2.26 erkennbar), die Kontaktpunkte optimal zu gestalten. Hier muß häufig noch etwas – nicht zu stark – nachgearbeitet werden. Im Munde werden Zahnseide, Blaupapier oder dünne Folien zur Darstellung zu starker Kontaktpunkte zu den natürlichen Zähnen benutzt. Sofern die natürlichen Nachbarzähne approximale, zahnfarbene Füllungen aufweisen, sollte erwogen werden, diese vor Eingliederung der MK-Kronen zu erneuern, weil man nun sehr gut an diese Zahnflächen herankommt und sie unter Kontakt zu den einzugliedernden Kronen formen kann.

Die endgültige *Eingliederung* der MK-Kronenblöcke erfolgt mit Zink-Phosphatzement, wobei das Pulver mit der Qualität Feinkornzement bezeichnet sein sollte. Vor dem Zementieren werden um die verbundenen interdentalen Kontakte Zahnseidenfäden mit einem Knoten geschlungen. Sie dienen dazu, später Reste des abgebundenen Zementes aus den Interdentalräumen zu befördern (Abb. 2.32). Durch Untersuchungen hat sich erwiesen, daß Gußkronen – oder wie in diesem Falle – gut passende, gegossene Edelmetallgerüste mit Phosphatzement nur ausgelegt werden dürfen, um ein Abfließen des zähflüssigen Phosphatzementbreies nicht zu erschweren. Die Methode, die Krone mit Zement »gestrichen voll« zu füllen, ist falsch und ermöglicht nicht, eine Krone unter Fingerdruck an die vorgesehene Stelle zu adaptieren.

Nach dem Eingliedern und der Entfernung der Zementreste kann ein guter Kronenrandschluß erwartet werden. Dennoch ist bei Lupenbetrachtung oder bei Vergrößerung einer Fotografie mit einem feinen Zementrand zu rechnen (Abb. 2.33), dessen Stärke 15 bis 25 Mikron betragen kann, wenn die Kronen vorher sehr guten Randschluß hatten.

Die Erhöhung zementierter Kronen um Phosphatzementspaltstärke ist auch der Grund für das unbedingt notwendige *Feineinschleifen* vor Beendigung dieser Behandlungssitzung. Bei schnellen Adduktionsbewegungen des Unterkiefers soll keine Stelle der vier Kronen einen fühlbar starken Stoß bekommen, was sich durch Auflegen der Fingerkuppen gut kontrollieren läßt. Erst wenn diese Suprakontakte beseitigt sind, kann das Eingliedern beendet werden. Sehr häufig können die Patienten diesen Augenblick exakt angeben. Im geschilderten Behandlungsfall war noch eine Nachsorgesitzung zum wiederholten Feineinschleifen erforderlich. – Es muß nicht nur an den eigenen, antagonistischen Zähnen geschliffen werden; auch am Metallgerüst und der glasierten keramischen Schicht können Korrekturen nötig werden. Die Glasur muß nicht unbedingt erhalten bleiben (Abb. 2.34).

Bei dem in der Darstellung beschriebenen älteren Patienten besteht keine Kariesneigung. Daher müssen die Kronenränder oder labial gestalteten Stufen nicht unbedingt unter den Limbus gingivae in die Zahnfleischtasche, die hier labial gar nicht vorhanden war, verlegt werden (Abb. 2.35). Um eine parodontal günstige Situation zu erhalten, gilt die Regel: *Die Krone soll eher etwas zu kurz als zu lang sein, weil sonst eine Zahnfleischtasche künstlich geschaffen und damit die Gefahr einer Dauerreizung heraufbeschworen wird.*

Die palatinalen Anteile der MK-Kronenblöcke stellen sich 14 Tage nach dem Eingliedern ohne jede Irritation der Gingiva dar (siehe Abb. 2.34), wozu die Massage dieser Gegend durch die Zunge wesentlich beigetragen haben dürfte. Ebenfalls 14

Tage nach Eingliederung der MK-Kronen ist Abb. 2.36 aufgenommen, die die oben interpretierte Situation in günstiger ästhetischer und funktioneller Hinsicht darstellt.

Nachsatz: Diese Bilderserie, während eines Fortbildungsvortrages gezeigt, regte einen zahnärztlichen Kollegen zu der Frage an, warum ich wohl nicht zunächst die Seitenzahnlücken des Patienten geschlossen habe. Die Beantwortung war einfach: »Der Patient hat mich nicht ›rangelassen‹.« Trotz intensiver Beratung waren dem Siebzigjährigen die Notwendigkeit und die Vorteile des Lückenschlusses im Seitenzahngebiet nicht nahezubringen, weil es für ihn »schon immer so war«, also sicher längere Zeit als 25 Jahre. Die vier Kronen im Frontzahnbereich konnten daher keine keramischen Jacketkronen sein, sondern mußten nach heutigem Wissensstand im metallkeramischen Verfahren hergestellt werden. (Wegen des Verlustes mehrerer Seitenzähne findet eine stärkere Belastung im Frontzahnbereich statt, der keramische Jacketkronen aufgrund der Werkstoffeigenschaften nicht gewachsen sind.) Dieses Vorgehen mit MK-Kronen war zahnärztlich zu verantworten, da die Ober-Unterkieferrelation durch die vier vorhandenen natürlichen Stützzonen gesichert war und nur die Lücke im linken Unterkiefer ein normales Ausmaß von zwei Zahnbreiten aufwies.

Behandlungsablauf bei Überkronung von vier Frontzähnen mit metallkeramischen Kronen

Behandlung	Laboratorium
Untersuchung (Abb. 2.1, 2.2, 2.3, 2.4) Röntgenaufnahmen Beratung Abformung von OK und UK mit Alginat (Abb. 2.5) Vorbereitende Maßnahmen, z. B. Entfernung des Zahnsteins, der Konkremente und Beläge Dauer: 30 Minuten	
	Herstellung der Modelle von OK und UK 2. Modell von OK und Anfertigung von vier paarigen, provisorischen Kunststoffkronen 12 und 11 sowie 21 und 22 (Abb. 2.6, 2.7)
Präparation der Zähne 12 und 11 mit labialen Stufen unter Verwendung der Rillenschleifer nach *Kühl* Provisorische Versorgung von 12 und 11 Dauer: 50 Minuten	
Entfernen der Provisorien 12 und 11 Präparation der Zähne 21 und 22 mit labialen Stufen (Abb. 2.8, 2.9, 2.10) Abformung der vier Zähne mit Kupferringen und Lastic 55 (Abb. 2.11, 2.12) Provisorische Versorgung aller vier Zähne (Abb. 2.13) Dauer: 60 Minuten	
	Herstellung von vier Modellstümpfen und von vier Übertragungskappen aus schnellhärtendem Kunststoff sowie eines individuellen Kunststofflöffels auf dem vorhandenen Oberkiefermodell (Abb. 2.14)
Entfernung der vier provisorischen Kronen Aufsetzen und Nacharbeiten der vier Übertragungskappen (Abb. 2.15) Kontrolle der habituellen Okklusion Bezeichnen der Übertragungskappen mit Bleistift (Abb. 2.16) und Sammelabdruck oder Verbinden von je	

▼

Behandlung	Laboratorium
zwei Übertragungskappen mit schnellhärtendem Kunststoff unter Freilassen der Interdentalpapille (Abb. 2.17, 2.18). Sammelabdruck mit individuellem Löffel und Lastic; Abformung des Unterkiefers mit Alginat (Abb. 2.19) Provisorische Versorgung der vier Zähne mit den vorhandenen Kunststoffkronen Dauer: 45 Minuten bis 60 Minuten	
	Einsetzen der Modellstümpfe in den Sammelabdruck (Abb. 2.20) Herstellung des Meistermodells und Herstellung von vier metallkeramisch verkleideten Frontzahnkronen, von denen 12 und 11 sowie 21 und 22 jeweils paarig verbunden sind a) Nach dem Auslegen unter sich gehender Abschnitte der Zahnstümpfe werden vier Kappen aus 0,6 mm starker Tiefziehfolie hergestellt (Abb. 2.21) und die Gerüste der zu verkleidenden Kronen modelliert (Abb. 2.22) b) Kontrolle des antagonistischen Kontaktes in den aus Edelmetall zu gestaltenden palatinalen Flächen der Kronen (Abb. 2.23) c) Guß der beiden Gerüste aus einer aufbrennbaren Edelmetall-Legierung (hier Degudent D; Abb. 2.24) d) Ausarbeiten und Aufpassen der Gerüste (Abb. 2.25) e) Aufbrennen der keramischen Massen f) Fertige metallkeramische Kronen auf dem Modell (Abb. 2.26, 2.27, 2.28)
Entfernung der provisorischen Kronen Einprobe der Kronen (unter Verwendung leicht fließender Silikon-Abformmasse; Abb. 2.29, 2.30, u. 2.31) Eingliederung der paarigen, metallkeramisch verkleideten Frontzahnkronen 12 und 11 sowie 21 und 22 durch Zementieren (Abb. 2.32) inkl. Feineinschleifen (Abb. 2.33, 2.34, 2.35, 2.36) Dauer: 60 Minuten Nachsorge ggf. weiteres Feineinschleifen	

2. Fall 137

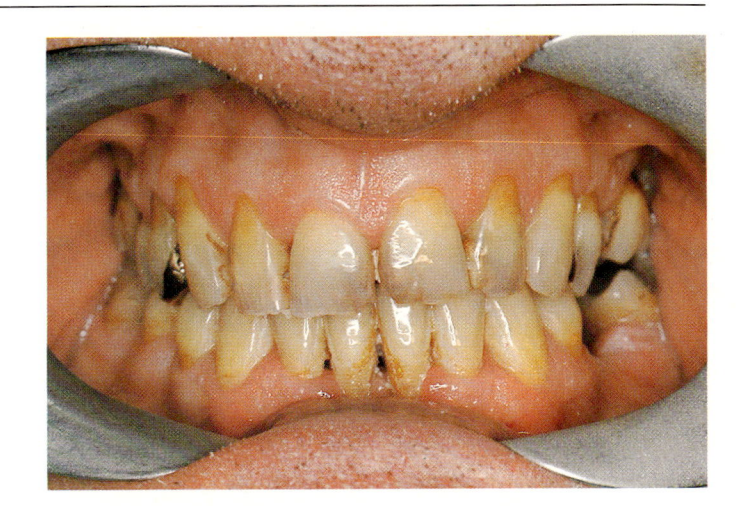

Abb. 2.1 Ausgangssituation bei einem über siebzig Jahre alten Patienten in Schlußokklusion

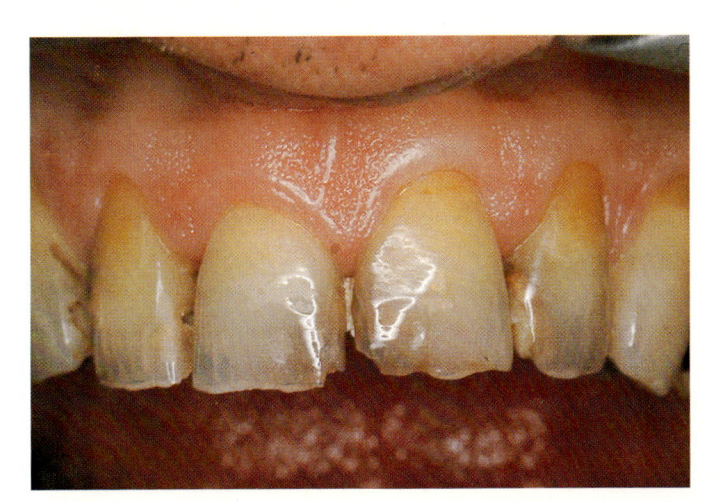

Abb. 2.2 Die vier oberen Frontzähne sind palatinal stark abradiert und haben daher stark transparente Schneidekanten

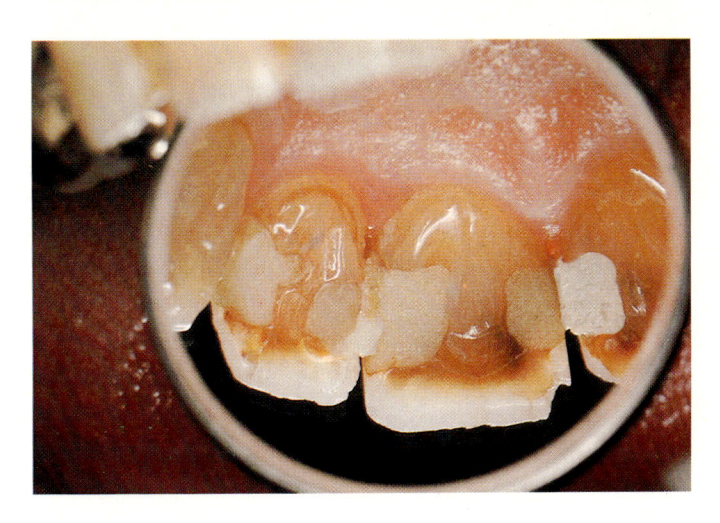

Abb. 2.3 Darstellung der palatinalen Flächen der beiden rechten Schneidezähne im Spiegel, die bisher durch Füllungen immer wieder restauriert wurden

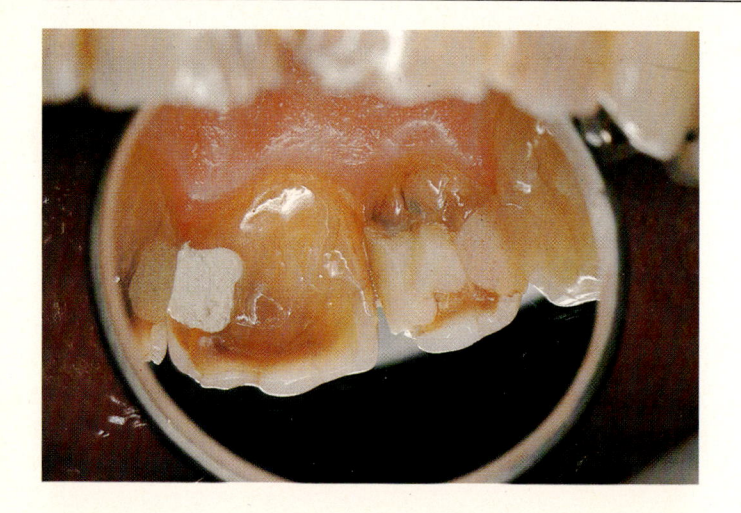

Abb. 2.4 Spiegelbild der Palatinalflächen der beiden linken Schneidezähne

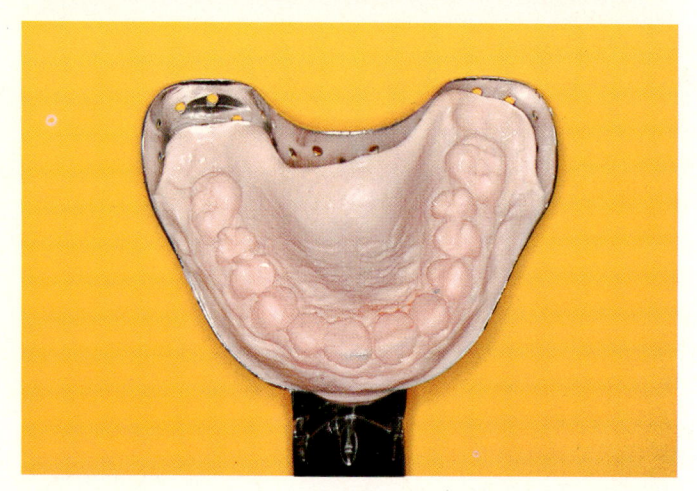

Abb. 2.5 Abformung des Oberkiefers mit Alginat zur Herstellung eines Situationsmodells und eines Arbeitsmodells, auf dem provisorische Kunststoffkronen hergestellt werden sollen

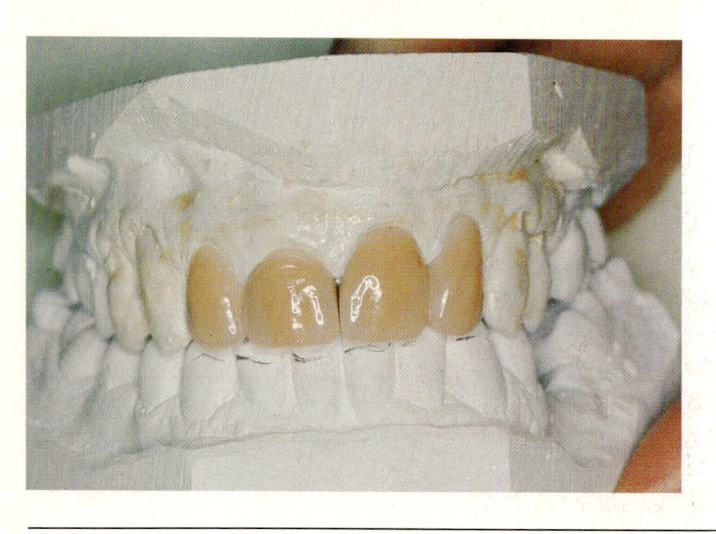

Abb. 2.6 Kunststoffkronen 12, 11, 21, 22 als Provisorien vorbereitet. Bei ihnen wurde die Länge der bisherigen natürlichen Kronen berücksichtigt, die labiale Gestaltung geht jedoch über die vorgefundene Situation etwas hinaus

2. Fall 139

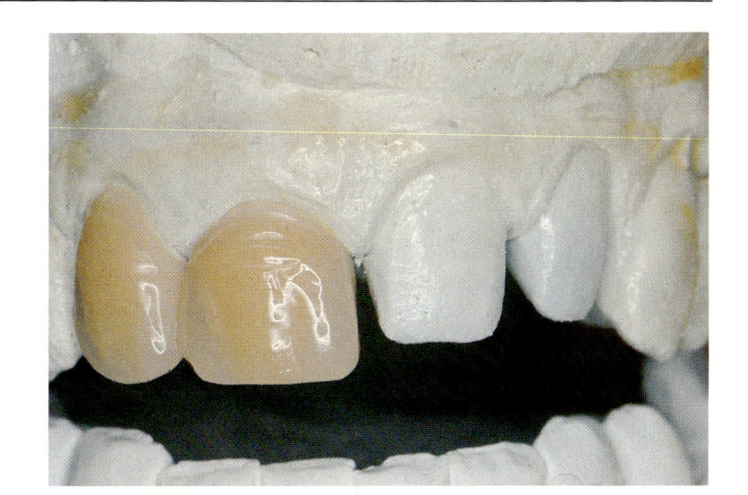

Abb. 2.7 Die Kunststoffkronen werden paarig verbunden, um ihre Haltbarkeit und Haftung zu erhöhen. Die Gestaltung der Stümpfe erfolgte im Laboratorium in die nach Präparation zu erwartende Form

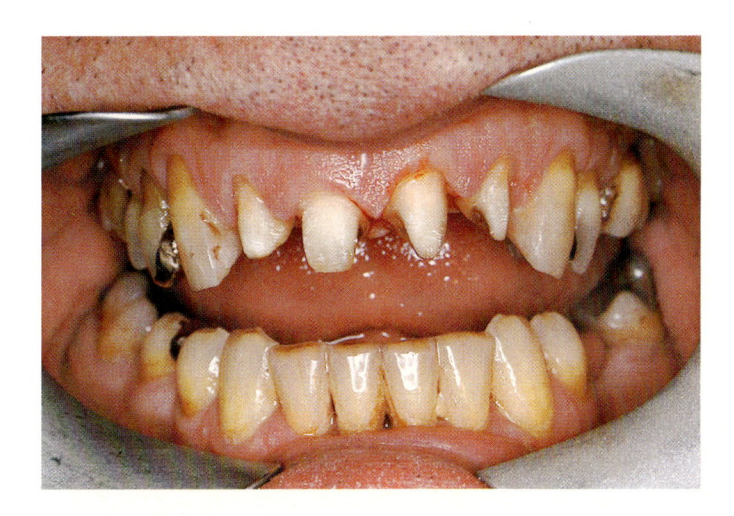

Abb. 2.8 Kontrolle der habituellen Okklusion nach Abschluß der Präparation; die Abstände zu den unteren Frontzähnen betragen 1 bis 1,5 mm. Leichtes Beschleifen der unteren Frontzähne und Brechen der Kanten wurden durchgeführt

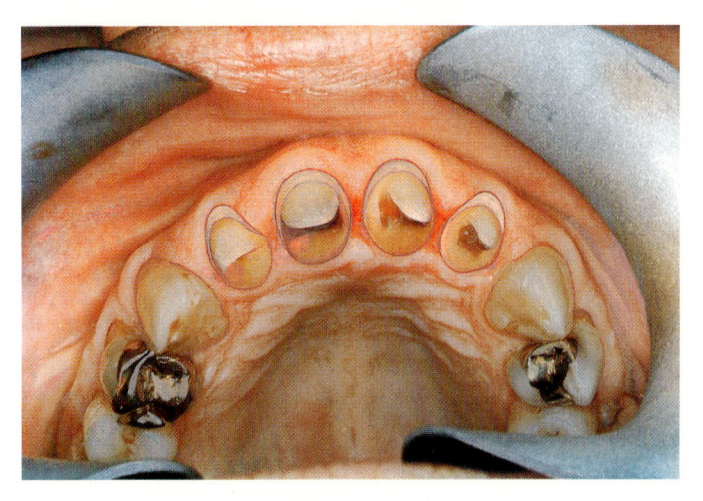

Abb. 2.9 Die präparierten Zahnstümpfe 12, 11, 21 und 22 mit labialen, in Höhe des Zahnfleischrandes liegenden Stufen

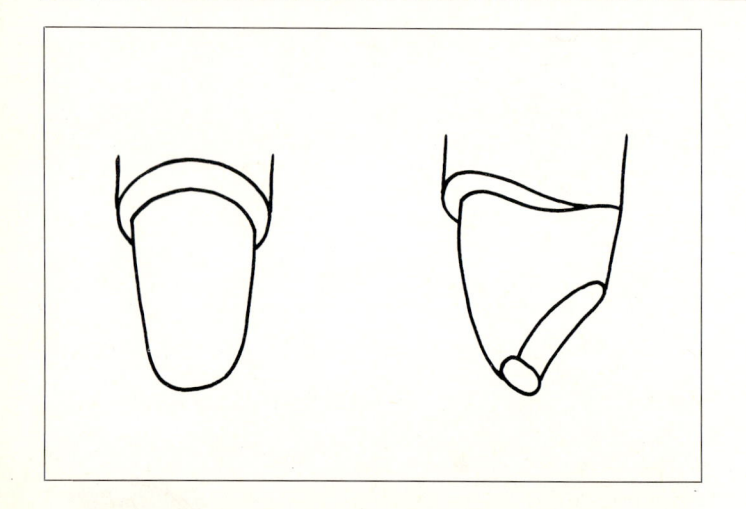

Abb. 2.10 Die Skizze stellt einen Zahnstumpf für die Aufnahme einer Facettenkrone dar; die labiale Stufe soll nicht erfaßt werden

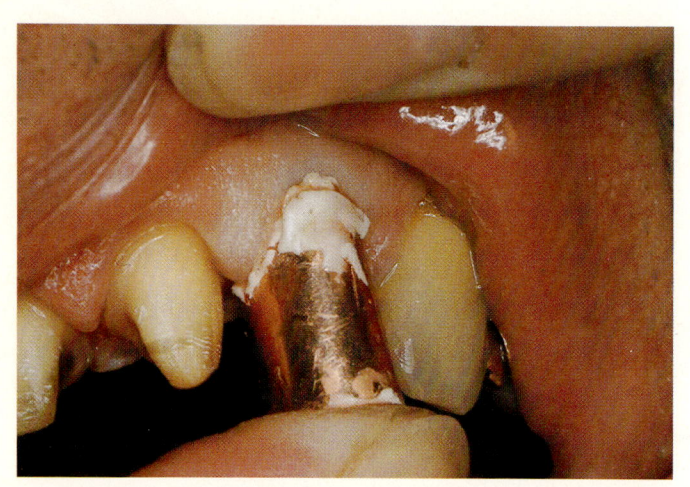

Abb. 2.11 Die Abformung der Zahnstümpfe erfolgt mit weichen Kupferringen und Lastic 55, einzeln, nacheinander

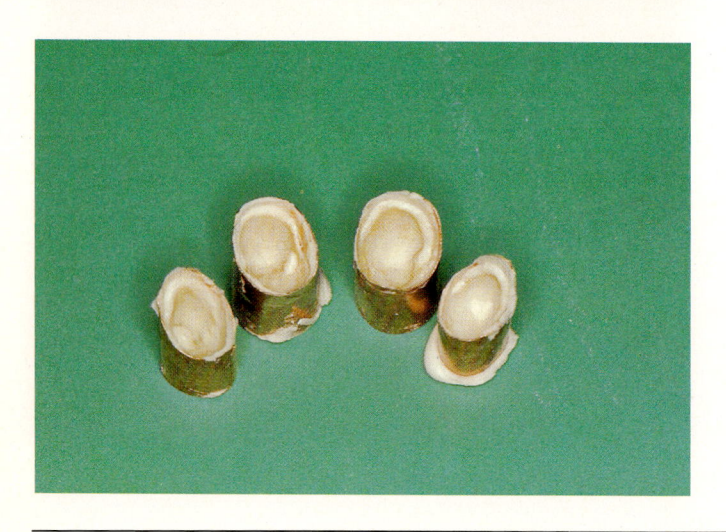

Abb. 2.12 Vier Kupferring-Abdrücke, die die Präparationsgrenzen darstellen

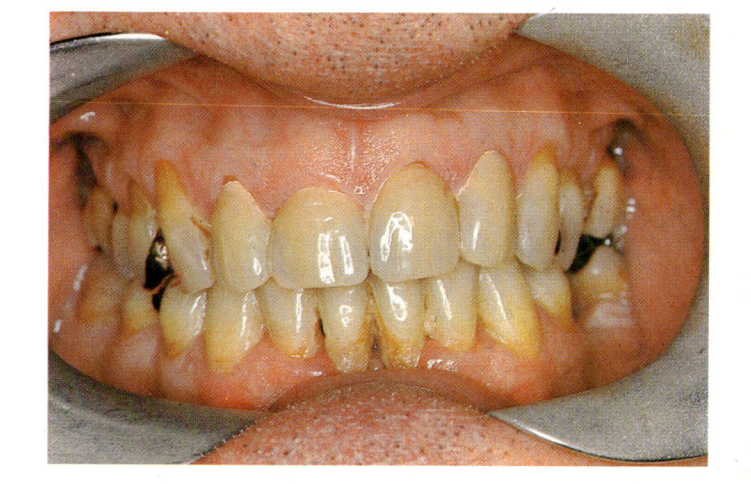

Abb. 2.13 Provisorische Versorgung mit den im Laboratorium vorbereiteten Kunststoffkronen, eingesetzt mit einem Zinkoxid-Eugenol-Präparat (Tempbond)

Abb. 2.14 Im Laboratorium werden nach den Kupferring - Lastic - Abdrücken Modellstümpfe, und auf diesen kantig gestaltete Übertragungskappen aus schnellhärtendem Kunststoff hergestellt. Auf dem vorhandenen Oberkiefermodell kann außerdem der individuelle Löffel aus Kunststoff – unter Berücksichtigung von Platz für die Übertragungskappen im Frontzahngebiet – für die Sammelabformung vorbereitet werden

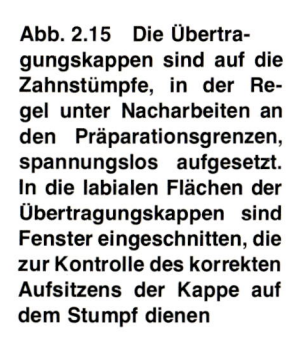

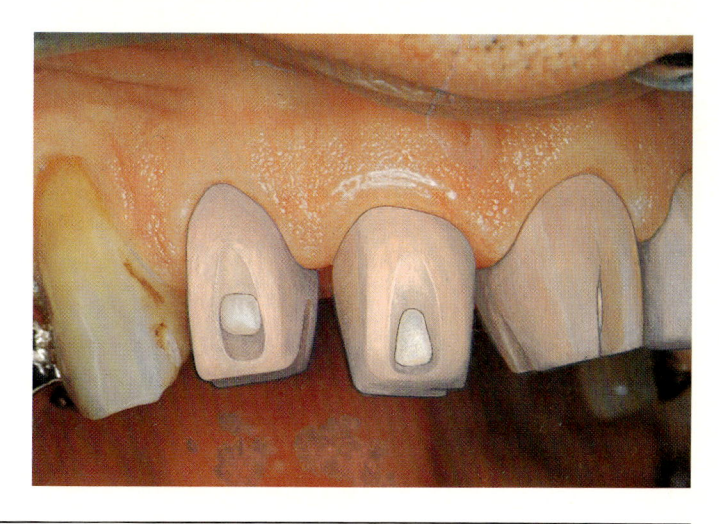

Abb. 2.15 Die Übertragungskappen sind auf die Zahnstümpfe, in der Regel unter Nacharbeiten an den Präparationsgrenzen, spannungslos aufgesetzt. In die labialen Flächen der Übertragungskappen sind Fenster eingeschnitten, die zur Kontrolle des korrekten Aufsitzens der Kappe auf dem Stumpf dienen

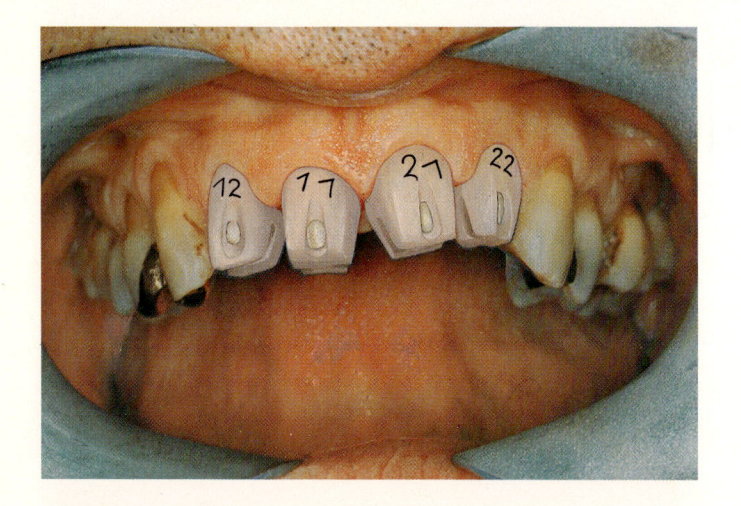

142 *Darstellung von sieben Behandlungsabläufen*

Abb. 2.16 Ist eine Sammelabformung vorgesehen, sollten die Übertragungskappen mit Bleistift bezeichnet werden, um sie leicht replazieren zu können für den Fall, daß sie nicht fest im Abdruck verbleiben

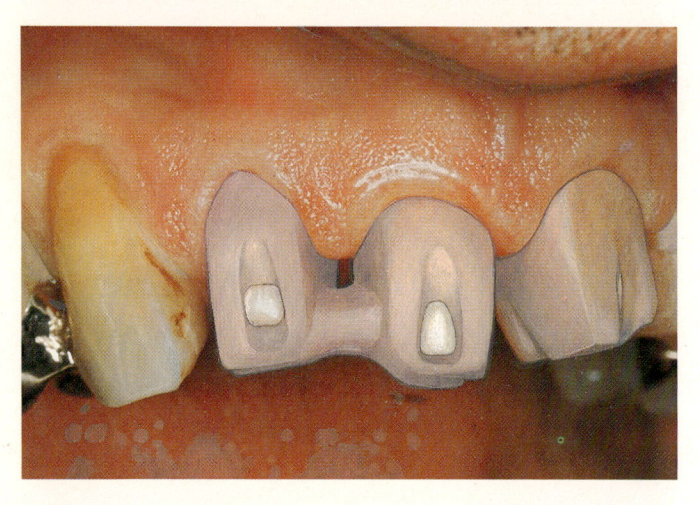

Abb. 2.17

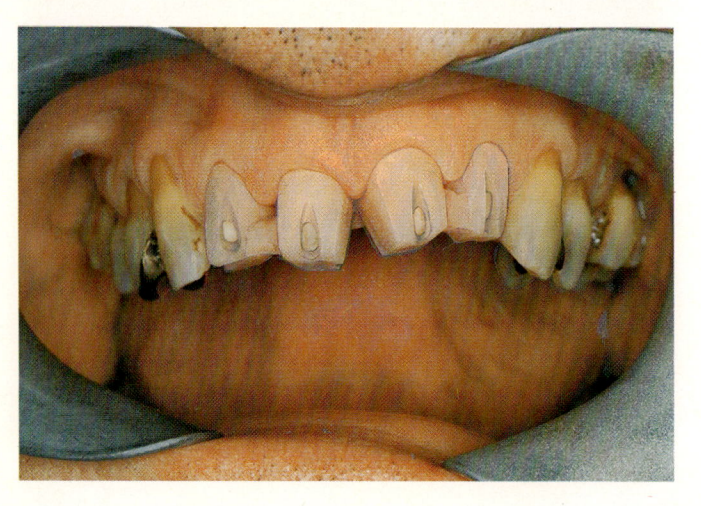

Abb. 2.17 und 2.18 Vorbereitung zur Sammelabformung: Als zweckmäßig hat sich die Verbindung einzelner Übertragungskappen mit schnellhärtendem Kunststoff erwiesen. Dabei soll die Interdentalpapille freigehalten werden, um sie durch Abformmasse darzustellen und die verbundenen Übertragungskappen im Sammelabdruck sicher zu fixieren

2. Fall 143

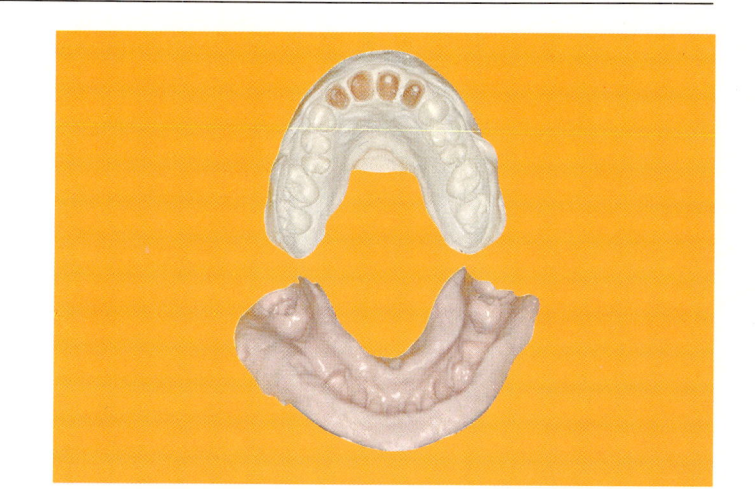

Abb. 2.19 Das Labor erhält den Sammelabdruck (inklusive der Zahnstümpfe) und den Gegenkieferabdruck aus Alginat, wenn erforderlich, das in der Praxis hergestellte Modell nach Alginatabformung

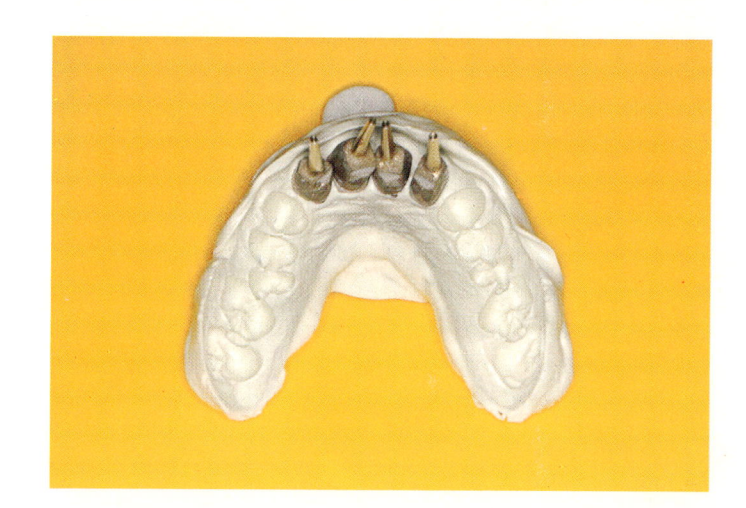

Abb. 2.20 Zur Herstellung des Meistermodells werden die vorhandenen Zahnstümpfe in die Übertragungskappen eingesetzt und mit Wachs fixiert

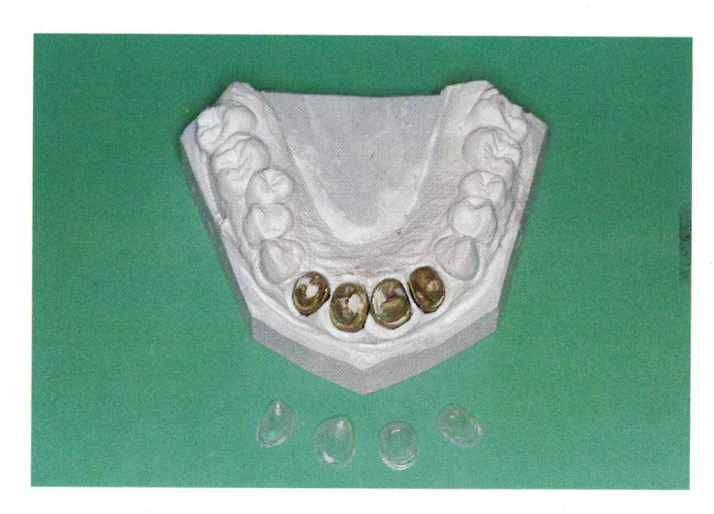

Abb. 2.21 Das fertige Meistermodell mit vier Zahnstümpfen; die Kavitäten sind aufgefüllt. Auf den Zahnstümpfen wurden mit 0,6 mm dünner Tiefziehfolie vier Kappen hergestellt und an den Präparationsgrenzen sauber ausgearbeitet

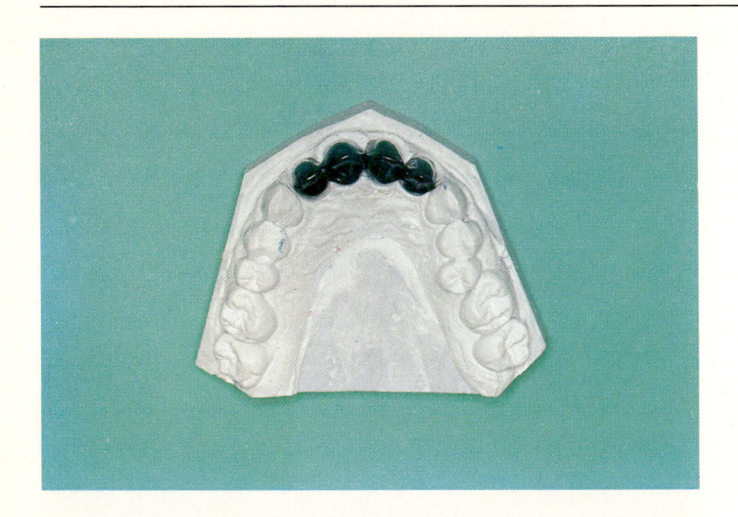

Abb. 2.22 Modellation der Kronengerüste in Blauwachs

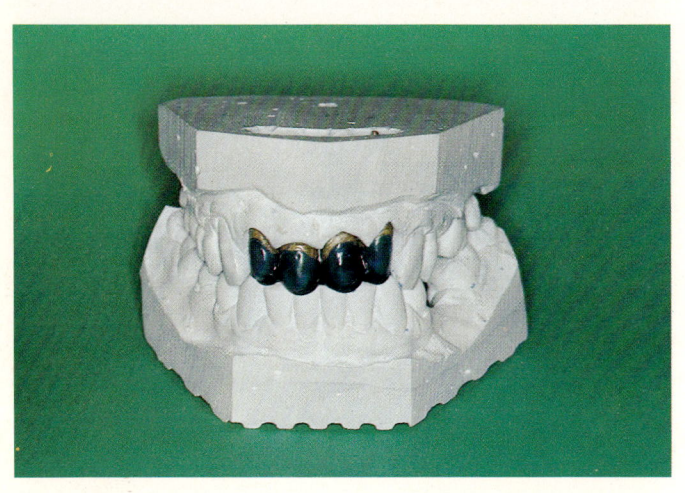

Abb. 2.23 Kontrolle des antagonistischen Kontaktes: Die unteren Frontzähne sollen in der Regel das Metallgerüst in habitueller Okklusion palatinal treffen

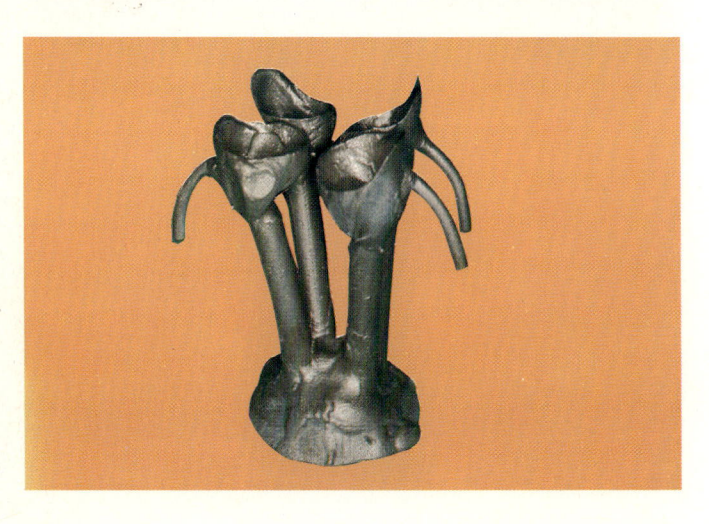

Abb. 2.24 Die Kronen 12 und 11 sowie 21 und 22 sollen paarig verbunden werden und wurden daher bereits paarig gegossen, hier nach dem Guß aus einer aufbrennbaren Edelmetall-Legierung (Degudent G)

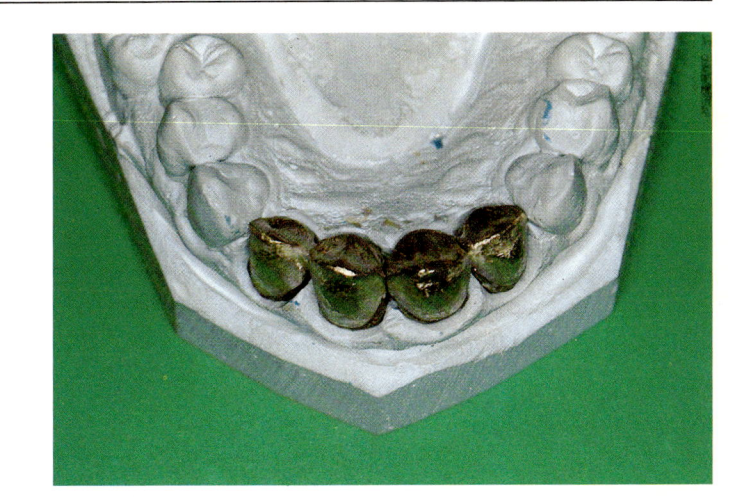

Abb. 2.25 Gegossene, paarige Metallgerüste, ausgearbeitet auf dem Modell

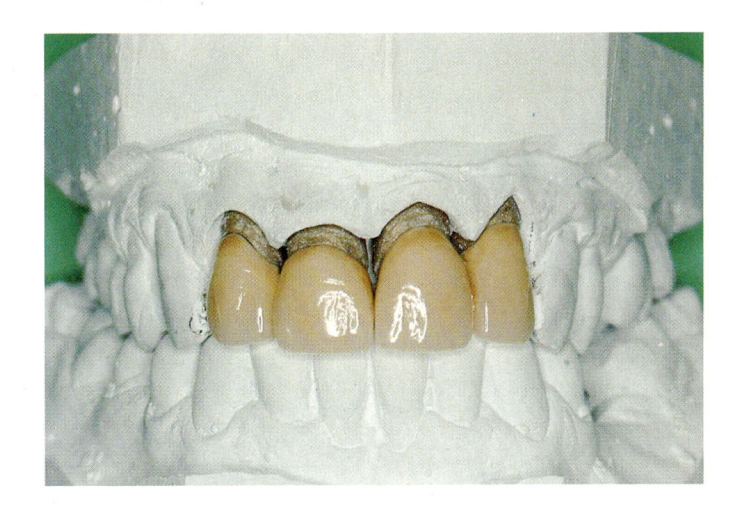

Abb. 2.26 Vier metallkeramisch verkleidete Frontzahnkronen nach Abschluß der Brennvorgänge auf dem Modell

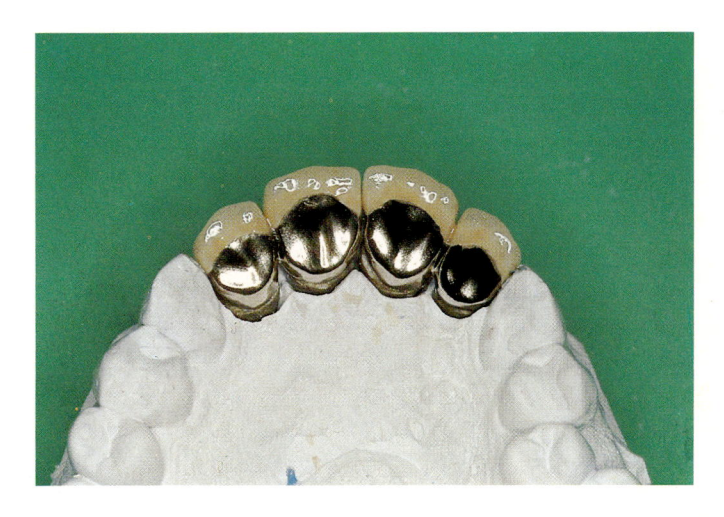

Abb. 2.27 Ansicht der Kronen von palatinal

Abb. 2.28 Ansicht der Doppelkronen von zervikal, der Gestaltung der Interdentalräume ist besondere Aufmerksamkeit geschenkt worden

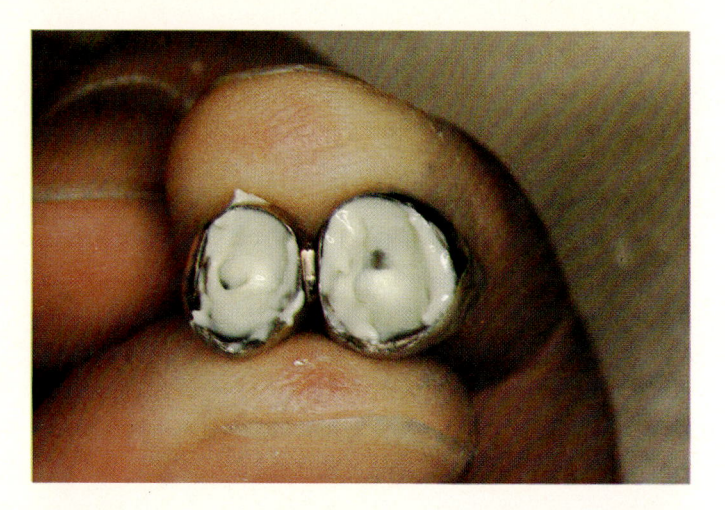

Abb. 2.29 Die Prüfung der Paßgenauigkeit der Kronenpaare geschieht mit dünnfließender Silikonabformpaste, mit der die Kronen ausgelegt – nicht aufgefüllt – werden

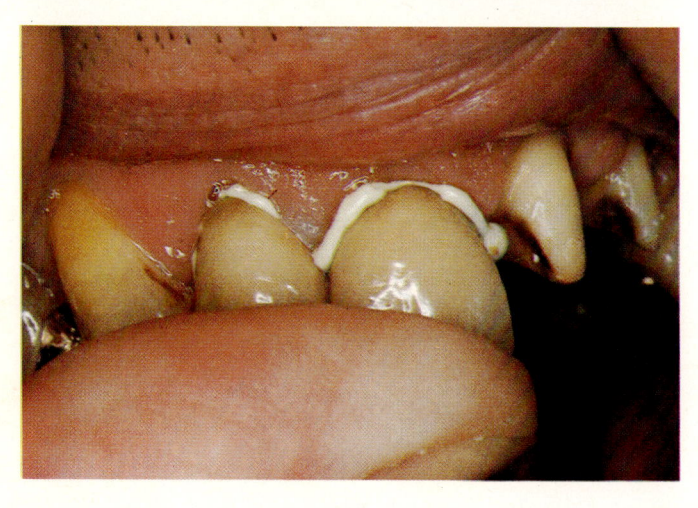

Abb. 2.30 Aufsetzen des Kronenpaares mit Silikonpaste unter Fingerdruck

Abb. 2.31 Nach Abnehmen der Kronen kann man die durchgedrückten Kontaktstellen mit dem Zahnstumpf deutlich erkennen. An diesen Stellen ist gegebenenfalls etwas am Metallgerüst von innen auszuschleifen, an anderen Stellen nicht

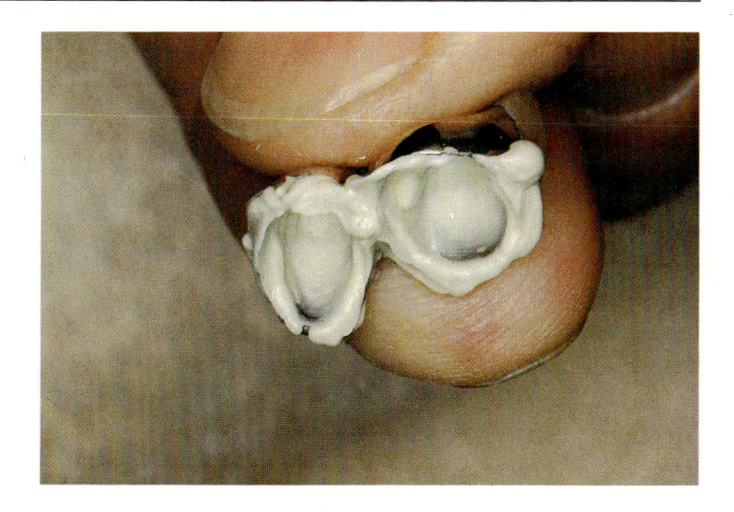

Abb. 2.32 Zum endgültigen Einsetzen mit Phosphat-Zement empfiehlt es sich, über die jeweiligen Kontaktstellen der Kronen Zahnseide zu knoten. Nach dem Abbinden des Zementes lassen sich so interdental unerwünschte Reste des Zementes leicht entfernen

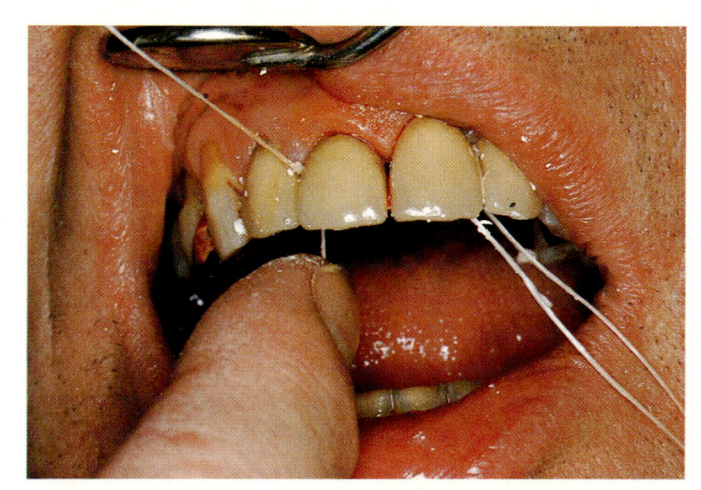

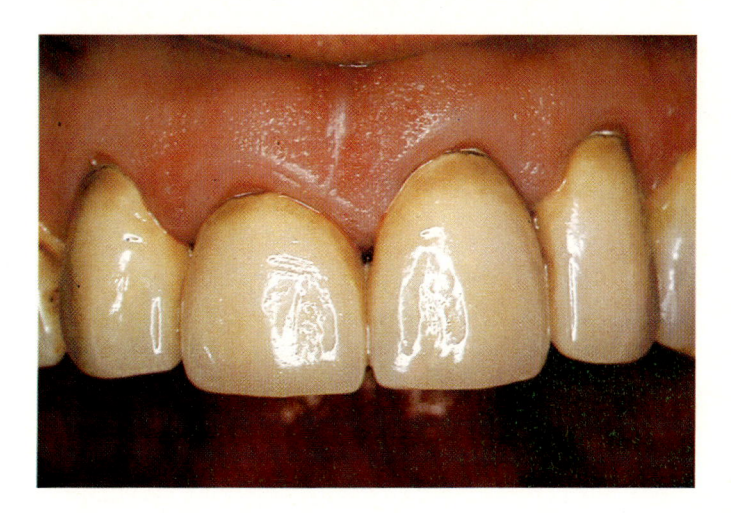

Abb. 2.33 Metallkeramische Doppelkronen unmittelbar nach der Eingliederung

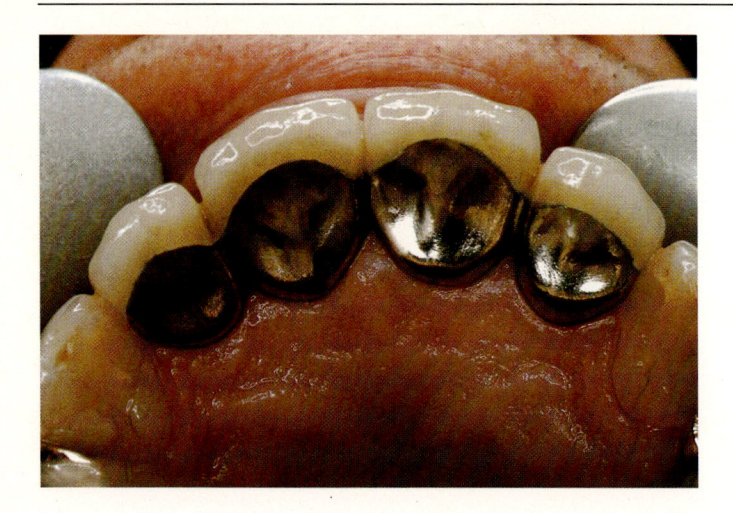

Abb. 2.34 Spiegelaufnahme von der palatinalen Seite, 14 Tage nach Eingliederung

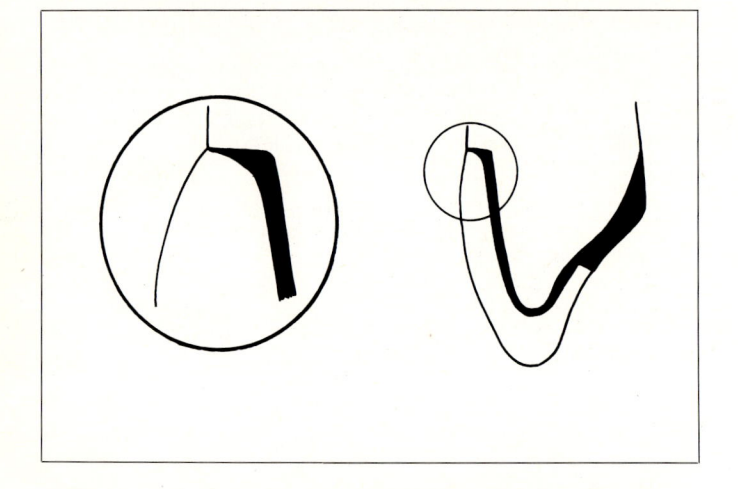

Abb. 2.35 Skizze der metallkeramischen Frontzahnkrone ohne Erfassung der labialen Stufe

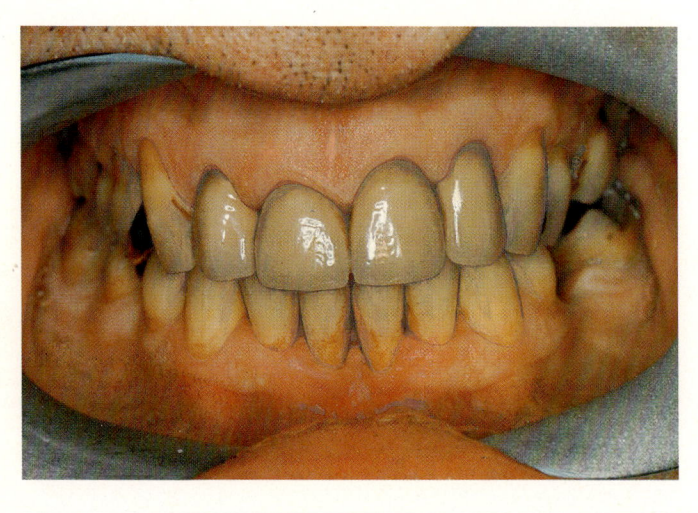

Abb. 2.36 Die metallkeramischen Kronen 14 Tage nach Abschluß der Behandlung in Okklusion

3. Fall

Frau H. W., 51 Jahre alt. Lückengebiß der Gruppe B 2, Vervollständigung der oberen Zahnreihe durch eine metallkeramische Brücke im Seitenzahnbereich.

Obgleich die Kaufähigkeit der Patientin durch Zahnverlust stark reduziert ist und antagonistischer Kontakt nur in zwei Stützzonen bestand (Abb. 3.1), konnte sich die Patientin schwer entschließen, einen Brückenzahnersatz anfertigen zu lassen. Wie sie während der Behandlung erwähnte, war das Augenmerk vorbehandelnder Zahnärzte stets auf die operative Entfernung des irregulär liegenden linken unteren Weisheitszahnes (im UK-Modell auf Abb. 3.3 zu erkennen) gerichtet, die sie fürchtete. Da der Kieferkammabschnitt zwischen 17 und 13 bereits vollständig ausgeheilt war (Abb. 3.2), dürften sich die Ängste der Patientin schon über eine lange Zeit, wahrscheinlich Jahre, hingezogen haben, obgleich die Entfernung von 38 nicht im Zusammenhang mit der Vervollständigung der oberen Zahnreihe gesehen zu werden braucht.

Nach allgemeiner Vorbehandlung werden Alginatabformungen von Ober- und Unterkiefer genommen und im Laboratorium Modelle sowie zwei provisorische Kunststoffkronen für die zu beschleifenden Zähne 17 und 13 hergestellt (Abb. 3.3). – Die Präparation beider Brückenpfeiler erfolgt in einer Sitzung. Der Zahn 17 wird vorbereitet für die Aufnahme einer Gußkrone und erhält eine Hohlkehlpräparation unter Verwendung eines diamantierten Schleifers nach *Lustig* (Abb. 3.4) sowie eines gleichdimensionierten Finierers (Abb. 3.5). Die okklusal vorhandene Füllung wird entfernt und die Kavität mit Dycal ausgelegt (Auf Abb. 3.6 erkennbar). Der Zahn 13 soll eine metallkeramisch verblendete Krone erhalten, so daß hier eine labiale Stufenpräparation angezeigt ist. Eine definierte Schichtdicke der Zahnhartsubstanz kann unter Verwendung der Rillenschleifer nach *Kühl* abgetragen werden (Abb. 3.6). – Noch in der gleichen Behandlungssitzung werden von den Zahnstümpfen 17 und 13 Abformungen mit Kupferringen und Lastic 55 (Abb. 3.7) genommen. – Die provisorische Versorgung der beiden Zahnstümpfe erfolgt mit den vorbereiteten Kunststoffkronen, die nach geringer Korrektur mit Tempbond aufgesetzt werden (Abb. 3.8). Die Korrektur betrifft nicht nur die Anpassung der Kronen, sondern auch die sichere Stützung des antagonistischen Kontaktes von 17 (Abb. 3.9). Wird diese Abstützung nicht geschaffen, nähern sich die Zähne des Unterkiefers unter Funktion der Masseter-Pterygoideus-Schlinge in wenigen Tagen dem Zahn 17 an, wobei der durch Präparation erzielte okklusale Abstand (in Abb. 3.6 gut zu erkennen) schnell verlorengeht.

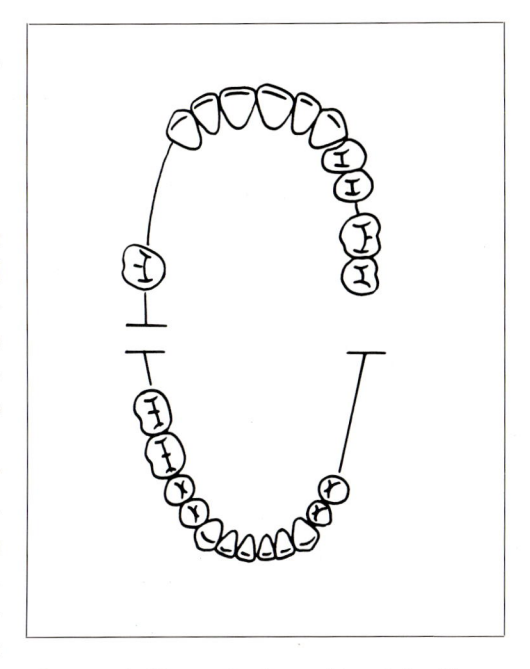

Das *Laboratorium* stellt Modellstümpfe nach den Kupferringabdrücken her und außerdem kantige Übertragungskappen mit okklusalen Fenstern (Abb. 3.10) aus schnellhärtendem Kunststoff, wobei keine Tiefziehfolie verwendet werden darf. Der individuelle Löffel aus Kunststoff muß stabil sein und umfaßt die ganze obere Zahnreihe. Er ist unter Verwendung eines Platzhalters (Wachs oder Asbestpappe) angefertigt worden (Abb. 3.11), um Raum für eine annähernd gleich starke Schicht der Abformmasse an den Zähnen und bei den Übertragungskappen zu gewährleisten; er liegt im Munde demnach am Rande rundherum der Schleimhaut auf.

Nach Entfernung der provisorischen Kronen und der Reste des provisorischen Befestigungsmaterials werden die Übertragungskappen 17 und 13 im Munde eingepaßt und den Zahnstümpfen aufgesetzt. Wichtig ist die Kontrolle der Präparationsgrenzen, die von den Übertragungskappen nicht überragt werden dürfen (Abb. 3.12). Die Übertragungskappe sitzt dem Zahnstumpf gut auf, wenn zwischen Kappe und Zahnstumpf kein Spalt erkennbar ist (Abb. 3.13). – In Situationen wie der geschilderten ist die Okklusion nicht gegeben. So gehört zu diesem Behandlungsabschnitt das Auftragen von schnellhärtendem Kunststoff auf die Okklusalfläche der Kappe 17 sowie auf die Palatinalfläche der Kappe 13. Die natürlichen antagonistischen Zähne werden leicht mit Vaseline überzogen, die Übertragungskappen 17 und 13 im Munde okklusal mit schnellhärtendem Kunststoff beschickt. Nun wird der Patient aufgefordert, die habituelle Okklusion einzunehmen. Nach dem Aushärten des Kunststoffes fühlt der Patient festen Zahnkontakt. Die Kunststoffüberreste werden mit der Fräse etwas geglättet und so bearbeitet, daß sie womöglich »pilzartig« aussehen (Abb. 3.14). Diese Form trägt zur Fixierung in der Abformmasse bei.

Im geschilderten Behandlungsablauf wird der Sammelabdruck mit Lastic 55 genommen, nachdem der Kunststofflöffel innen mit einem Adhäsivlack bestrichen worden war. Wenn beide Übertragungskappen, wie in Abb. 3.15 zu sehen, fest im Sammelabdruck nach Entfernung aus dem Munde verblieben sind, kann die Brücke ohne Gerüsteinprobe im Laboratorium fertiggestellt werden. (Eine Gerüsteinprobe beansprucht in diesem Falle mit Entfernung der Provisorien und deren Wiederbefestigung 20 bis 25 Minuten. Sie bietet bei dieser metallkeramischen Brücke aber dennoch nicht die erwünschte Sicherheit des »Passens auf Anhieb«, weil mehrfaches Brennen und die Lötung der Krone 17 an den metallkeramisch verkleideten Brückenteil noch verschiedene Unsicherheitsfaktoren mit sich bringen. – Gewisse Korrekturen müssen also vor der Eingliederung sowieso in Kauf genommen werden.)

Der *Arbeitsgang im Laboratorium* ist im folgenden »Behandlungsablauf« und in den Abb. 3.16 bis 3.24 kurz geschildert und dargestellt. Nur einige Punkte sollen hervorgehoben werden: Die Modellation der Brücke in Wachs (Abb. 3.18) soll so erfolgen, daß 17 antagonistischen Kontakt zu dem Zahn 47 hat; die anderen Brückenanteile sollen keramisch verkleidet werden. Erstrebenswert ist eine gleichmäßig starke keramische Schicht von 1 bis 2 mm. Diesen Platz muß der Zahntechniker rundherum vorsehen. Es sei erwähnt, daß es klinische Situationen gibt, bei denen die Höhe des zahnlosen Alveolarfortsatzes und sein Abstand zu den antagonistischen Zähnen es *nicht* zulassen, ein für die Metallkeramik notwendig starkes Brückenzwischenglied unter Berücksichtigung der keramischen Schicht zu formen. Raummangel tritt in der Nähe der Brückenpfeiler auf. Der Übergang vom Brückenkörper zum Brückenanker wird dann zu dünn oder die Papille des Brückenpfeilers chronisch gequetscht. – Dies geschieht am ehesten bei Sägeschnittmodellen, die die Papillenform nicht wiedergeben, wie sie in Abb. 3.17 und 3.20 deutlich zu sehen sind.

Bei der Planung dieser Brücke ist für den Zahn 17 eine unverkleidete Gußkrone vorgesehen, die aus einer normalen, harten Gußlegierung (hier Degulor M) hergestellt wird. Der mediale Brückenanker 13 sowie der Brückenkörper werden aus der keramisch aufbrennbaren Legierung Degudent Universal hergestellt (Abb. 3.19 und 3.20). Die keramische Verkleidung erfolgt in den vorgesehenen Stufen mit Oxidglühen, Aufbrennen der Grundmasse im Vakuum bei 950° C (Abb. 3.21) und den folgenden zwei bis drei formgebenden Bränden (Abb. 3.22). Die Lötung der Krone 17 an den Brückenkörper erfolgt nach Abschluß der Brennvorgänge auf einem besonderen Lötblock (Abb. 3.23) mit einem Speziallot. Der Lötblock kommt dabei nochmals in den Brennofen, der auf 800 bis 850° C – je nach Lot – erwärmt wird, jedoch geschieht dieser Arbeitsgang ohne Anwendung von Vakuum. Es ist zahntechnisch schwierig, eine korrekte, vollständige Lötung durchzuführen. Daher ist die Frage, ob eine Brücke dieser Dimension von 17 nach 13 (Abb. 3.20) nicht in einem Stück gegossen werden kann, um damit die Lötung zu vermeiden, durchaus berechtigt. Die Entwicklung goldfarbener Aufbrennlegierungen (z. B. Degudent G) bietet sich für diese Einstückguß-Konzeption jetzt an; als die geschilderte Behandlung durchgeführt wurde, waren goldfarbene Legierungstypen noch nicht verfügbar. Dennoch ist die Brückenkörperspanne von 17 nach 13 beachtenswert groß und somit die gewünschte Paßgenauigkeit, besonders nach mehrmaligem Aufbrennen keramischer Schichten, zumindest fraglich und von der Theorie über Expansion und Kontraktion der einzelnen gebrauchten Werkstoffe (Wachs, Einbettungsmasse, Gußlegierung u. a.) her kaum zu erwarten. In diesen Fällen ermöglicht die natürliche Eigenbeweglichkeit der Pfeilerzähne die Brückeneingliederung. (Durch »Probetragen« rückt mancher Brückenpfeiler doch noch an die »richtige« Stelle.) Aber oft geht es nicht ohne Korrekturschliffe innerhalb der Brückenanker ab. Dies ist eine lästige Mehrarbeit, von der der Zahntechniker nichts ahnt, weil sich seine Modellstümpfe durch häufiges Auf- und Absetzen des Brückengerüstes eben doch etwas abreiben. Der Patient dagegen glaubt, daß die Brücke »wohl nicht so ganz gepaßt« hätte, weil nachgearbeitet werden mußte. So sollte man eine ausreichend lange Eingliederungszeit und gewisse Korrekturen vorher ankündigen, um das Vertrauensverhältnis zwischen Zahnarzt und Patient nicht zu gefährden.

In Abb. 3.24 ist die vom Laboratorium fertiggestellte, metallkeramisch verkleidete Brücke von 17 nach 13 zu sehen, dazu in Abb. 3.25 die Skizze der einzelnen Brückenteile. Die Eingliederung erfolgt, wie beim 2. Patienten ausführlich beschrieben, sehr vorsichtig, d. h. ohne Anwendung von zu starkem Fingerdruck oder gar Hammerschlag.

Nach dem Zementieren der Brücke ist das *Feineinschleifen* besonders wichtig. Bei dieser Patientin ist zu erwarten, daß sie neue Kaugewohnheiten entwickelt. So wird sie nicht sofort angeben können, ob sie die habituelle Okklusion richtig fühlt und sie wird keine adäquaten Artikulationsbewegungen ausführen können. Ein oder zwei Nachsorgesitzungen werden notwendig sein, nicht nur, weil die Patientin dann Artikulationshindernisse angeben kann, sondern auch, weil Überlastungen einzelner keramischer Abschnitte der Brücke ausgeschaltet werden müssen. Das Feineinschleifen erfolgt mit einem sogenannten Soft-Schleifer nach Markierung mit Blaupapier. Dieses zeichnet Suprakontakte oder Kontakte bei vorhandener Glasurschicht nur wenig ab, nach deren Entfernung jedoch sehr genau. Gegen die Entfernung der Glasur an antagonistischen Kontaktstellen ist nichts einzuwenden, sofern der genannte Soft-Schleifer, möglichst mit Wasserspray, benutzt wird, der eine nur minimal rauhe keramische Oberfläche hinterläßt, die mit einem weichen Gummipolierer geglättet werden kann.

Trotz der bekannten Gewebefreundlichkeit glasierter keramischer Oberflächen kann der kritische Betrachter des Abschlußbildes 3.26 im Vergleich zu der Mundaufnahme ca. drei Jahre später (Abb. 3.27) eine gewisse chronische Verdickung des Zahnfleischrandes bei der Krone 13 registrieren. Obgleich die Ausgangssituation (Abb. 3.1) schon Veränderungen des Zahnfleischrandes in Form einer Dehiszenz erkennen und daher die Vermutung einer parodontalen Labilität an dieser Stelle des sonst parodontal beachtlich gesunden Gebisses aufkommen läßt, ist die Situation drei Jahre nach Eingliederung am Zahn 13 nicht optimal, aber immerhin befriedigend. Trotz der Berücksichtigung einer labialen Stufe bei der Präparation des Zahnes 13 und deren Versenkung unter den Limbus gingivae (Abb. 3.6) war wohl für den Metallunterbau, der die Stufe labial erfaßt hat, und die keramische Verkleidung dieses Metallabschnittes nicht genügend Raum. Außerdem scheint, wie in Abb. 3.26 zu erkennen, auch die Interdentalpapille zum Brückenzwischenglied hin nicht genügend Platz gefunden zu haben. Die chronisch verdickte marginale Gingiva in der Gegend 13 sieht drei Jahre nach Eingliederung günstiger aus (Abb. 3.27) als bald nach der Eingliederung (Abb. 3.26; interessanterweise weder von der Patientin noch von deren Angehörigen zu irgendeiner Zeit bemerkt). Das dürfte an einer besseren Mund- und Zahnpflege durch die Patientin liegen.

Behandlungsablauf bei Versorgung eines Lückengebisses durch Herstellung und Eingliederung einer metallkeramisch verkleideten Seitenzahnbrücke

Behandlung	Laboratorium
Untersuchung (Abb. 3.1 u. 3.2) Röntgenaufnahmen Beratung Abformung von OK und UK mit Alginat Dauer: 30 Minuten	
	Modellherstellung von OK und UK 2. Modell von OK und Anfertigung von 2 provisorischen Kronen 17 und 13 (Abb. 3.3)
Präparation von 17 mit Hohlkehle, unter Anwendung der Schleifer nach *Lustig* (Abb. 3.4) inkl. Glättung der präparierten Stumpfoberfläche (Abb. 3.5) Stufenpräparation von 13 mit dem Rillenschleifer nach *Kühl* (Abb. 3.6) Abformung der präparierten Zahnstümpfe 17 und 13 mit Kupferring-Lastic-Abdrücken (Abb. 3.7) Provisorische Versorgung der Stümpfe 17 und 13 mit vorbereiteten Kunststoffkronen eingesetzt mit Temp-bond (Abb. 3.8, 3.9) Dauer: 90 Minuten	
	Herstellung von Modellstümpfen der Zähne 17, 13 und von Übertragungskappen (Abb. 3.10) sowie von einem individuellen Löffel aus Kunststoff nach vorhandenem OK-Modell (Abb. 3.11)
Nach Entfernung der provisorischen Kronen 17 und 13: Aufsetzen der Übertragungskappen für die Zahnstümpfe 17 und 13 (Abb. 3.12 u. 3.13) Erhöhung der Übertragungskappen 17 und 13 mit schnellhärtendem Kunststoff, bis die habituelle Okklusion gesichert ist (Abb. 3.14) Abformung des OK mit aufgesetzten Übertragungskappen unter Zuhilfenahme des individuellen Löffels mit Lastic 55	

Behandlung	**Laboratorium**
Abformung des Gegenkiefers mit Alginat (Abb. 3.15) Provisorische Versorgung der Stümpfe 17 und 13 mit den vorhandenen Kunststoffkronen Dauer: 60 Minuten	
	Einsetzen der Modellstümpfe in den Sammelabdruck (Abb. 3.16) Herstellung des Meistermodells, Einsetzen in einen Mittelwertartikulator (Abb. 3.17) und Herstellung der Brücke von 17 nach 13 mit metallkeramischer Verkleidung des Brückenkörpers 16, 15, 14 sowie der Krone 13 a) Modellation des Brückengerüstes (Abb. 3.18) b) Guß des Brückengerüstes aus einer aufbrennbaren Legierung (z. B. Degudent Universal) und der Krone 17 aus Degulor M (Abb. 3.19) c) Ausgearbeitetes Brückengerüst und die Krone 17 auf dem Modell (Abb. 3.20) d) Die Grundmasse ist auf das Brückengerüst aufgebrannt (Abb. 3.21) e) Fertig gebrannte Brücke in zwei Teilen (Abb. 3.22) f) Zwei Brückenteile auf dem Lötmodell (Abb. 3.23) g) Brücke nach Abschluß der Lötarbeiten auf dem Modell (Abb. 3.24 und Abb. 3.25)
Eingliederung der Brücke von 17 nach 13 durch Zementieren (Abb. 3.26, 3.27) Feineinschleifen Dauer: ca. 40 Minuten Nachsorge	

3. Fall 155

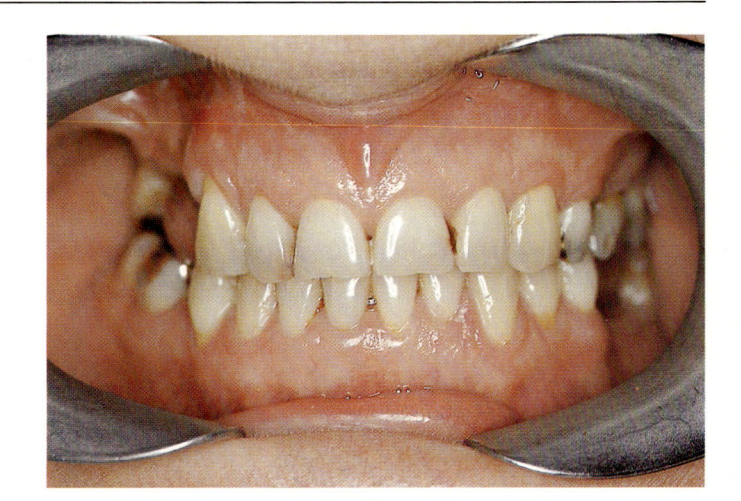

Abb. 3.1 Ausgangssituation bei einer Patientin mit einer Zwischenlücke im rechten Oberkiefer

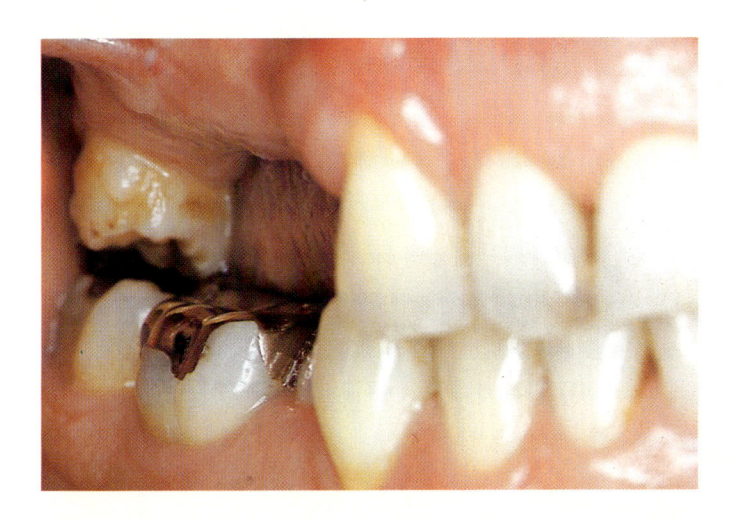

Abb. 3.2 Die Lücke zwischen den Zähnen 17 und 13 soll durch eine metallkeramisch verkleidete Brücke geschlossen werden

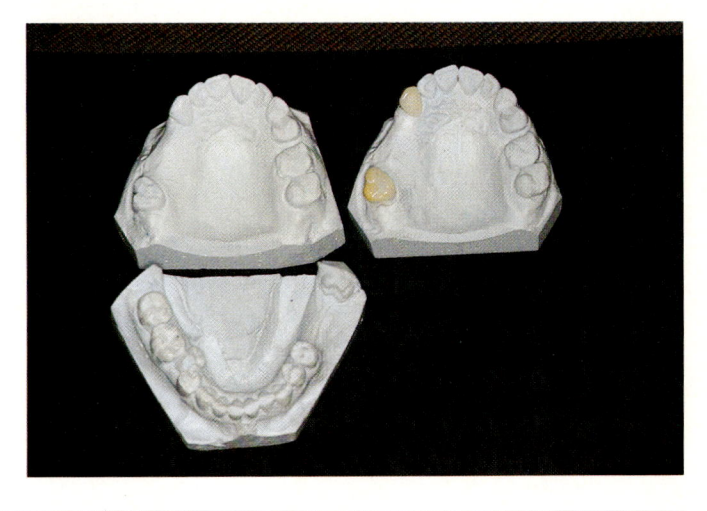

Abb. 3.3 Von Ober- und Unterkiefer sind Gipsmodelle nach Alginatabdrücken hergestellt worden; der obere Abdruck wurde zweimal ausgegossen. Auf dem Zweitmodell stellte der Zahntechniker nach Radieren der Zähne 17 und 13 zwei Kunststoffkronen her, die als Provisorium benutzt werden

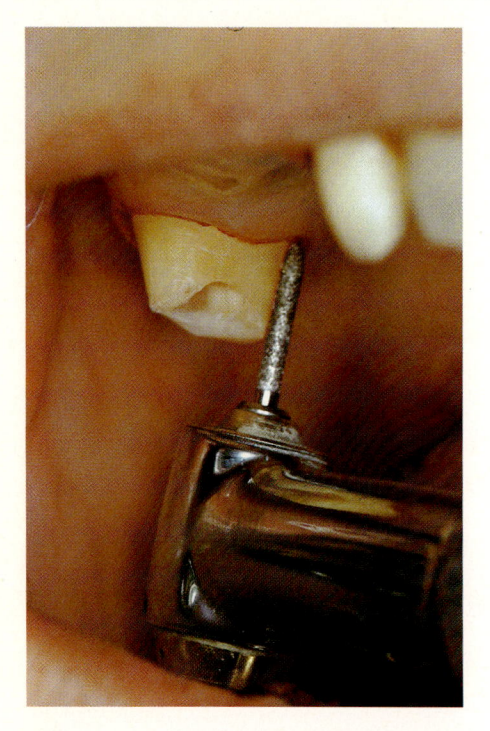

Abb. 3.4 Die Präparation des Molaren 17 erfolgt mit einem zylinderförmigen Diamantschleifer mit hohlkehlförmiger Spitze (nach Lustig), um eine deutlich sichtbare Präparationsgrenze in Höhe des Limbus gingivae zu erzielen

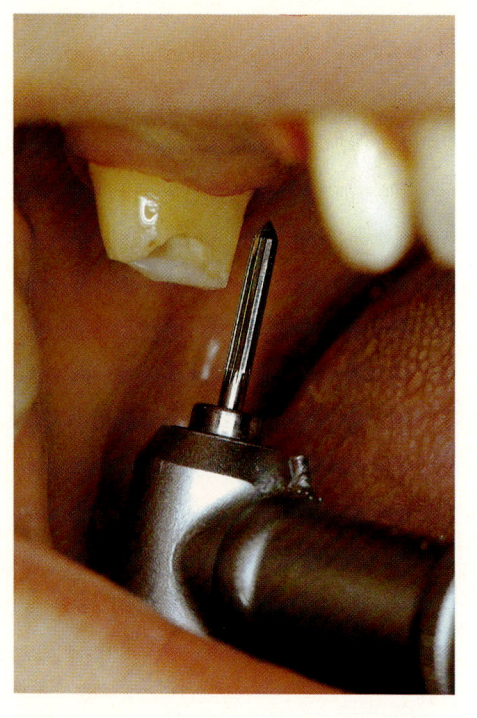

Abb. 3.5 Die Oberfläche der Zahnhartsubstanz kann abschließend mit einem Finierer geglättet werden

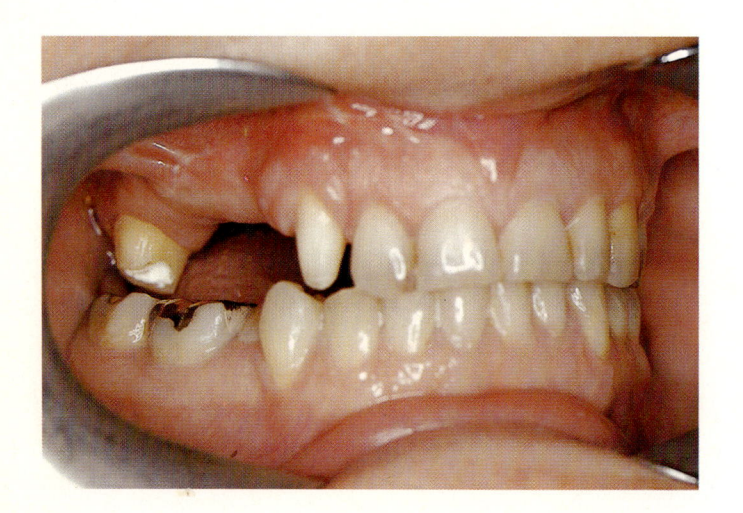

Abb. 3.6 Der Eckzahn erhielt bei der Präparation eine labiale, etwas unter dem Zahnfleischrand liegende Stufe, die jeweils approximal ausläuft. Wegen der günstigen Verhältnisse in habitueller Okklusion kann auf die Fortführung der Stufe nach palatinal verzichtet werden

3. Fall 157

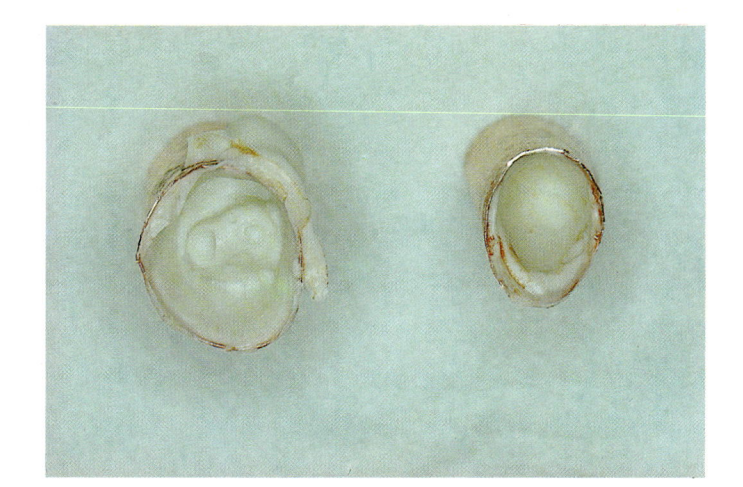

Abb. 3.7 Die Abformung der Stümpfe 17 und 13 erfolgte mit Kupferringen und Lastic 55

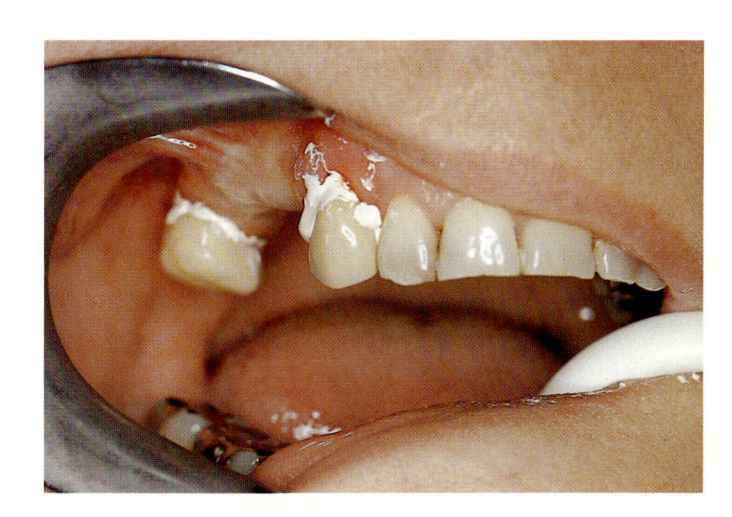

Abb. 3.8 Die im Laboratorium vorbereiteten Kunststoffkronen für die provisorische Versorgung müssen angepaßt und können dann mit einem Zinkoxid-Eugenol-Präparat (Temp-bond) aufgesetzt werden

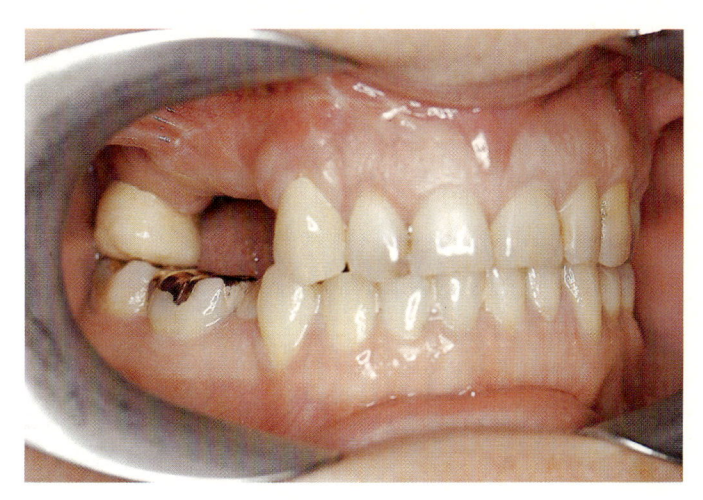

Abb. 3.9 Situation bei Abschluß der ersten Behandlungssitzung mit provisorischer Versorgung der Zähne 17 und 13

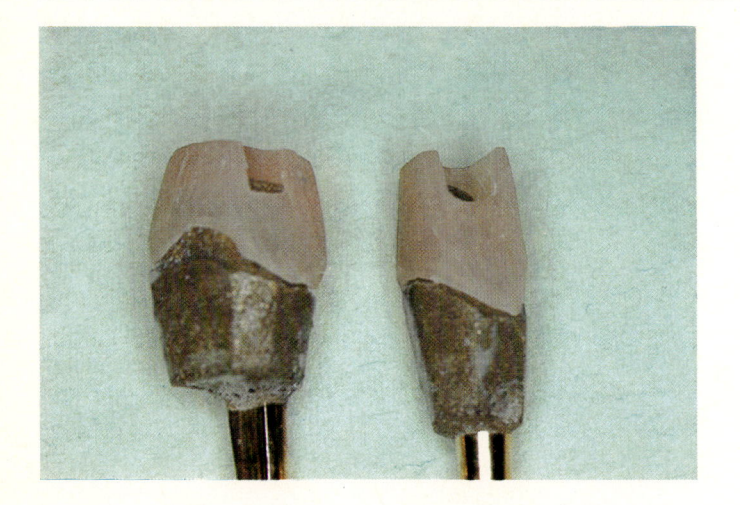

Abb. 3.10 Nach den Kupferring - Lastic - Abdrücken werden Modellstümpfe hergestellt und mit einer Rille unterhalb der Präparationsgrenze versehen. Die Übertragungskappen sind hier aus schnellhärtendem Kunststoff kantig gestaltet und weisen okklusal-labial ein Fenster auf

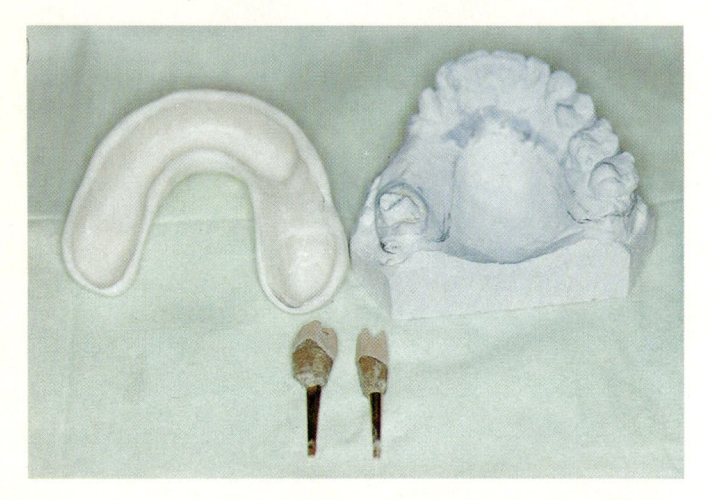

Abb. 3.11 Auf dem vorhandenen Oberkiefermodell wird außerdem ein individueller Löffel aus Kunststoff hergestellt, wobei der Platz für die Übertragungskappen bei 17 und 13 sowie die Abformmasse berücksichtigt wird

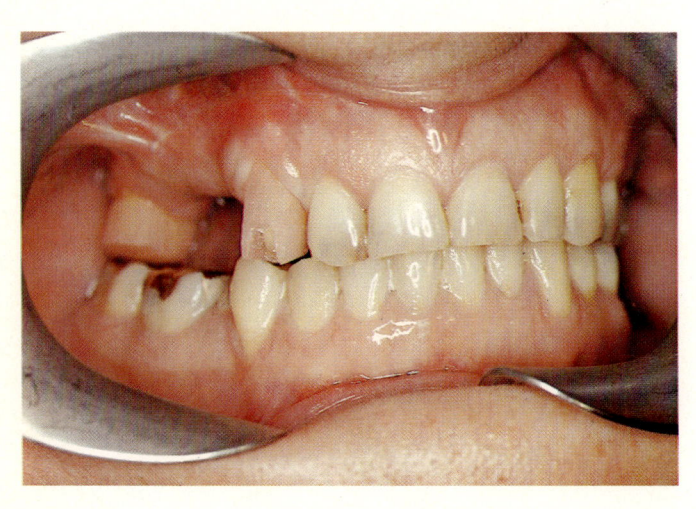

Abb. 3.12 Die Übertragungskappen aus Kunststoff sollen den Zahnstümpfen 17 und 13 spannungslos aufzusetzen sein

3. Fall 159

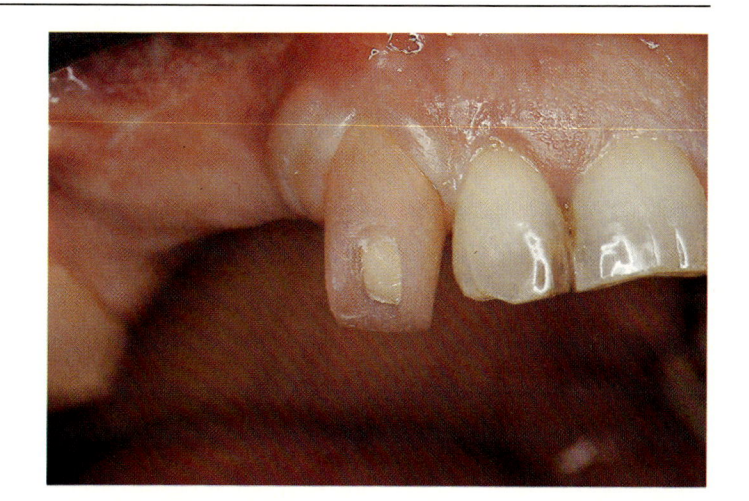

Abb. 3.13 Das okklusal-labiale Fenster in der Übertragungskappe ermöglicht die Kontrolle ihres exakten Sitzes auf dem präparierten Zahn

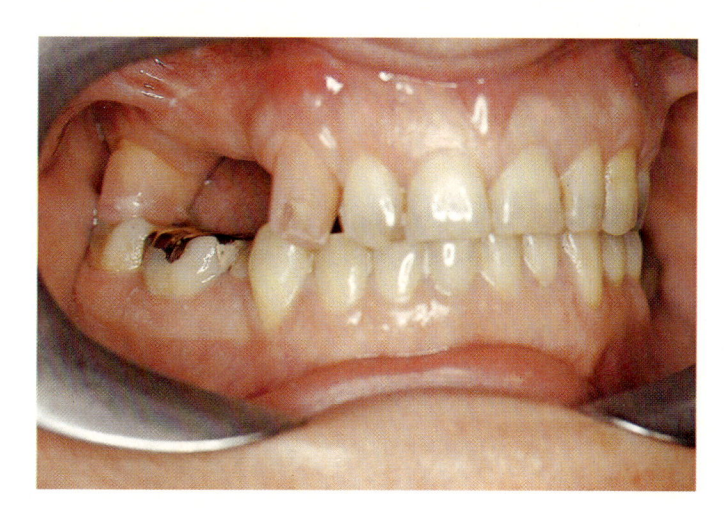

Abb. 3.14 Zur Sicherung der Schlußokklusion werden die Übertragungskappen mit schnellhärtendem Kunststoff bis zur habituellen Okklusion aufgebaut

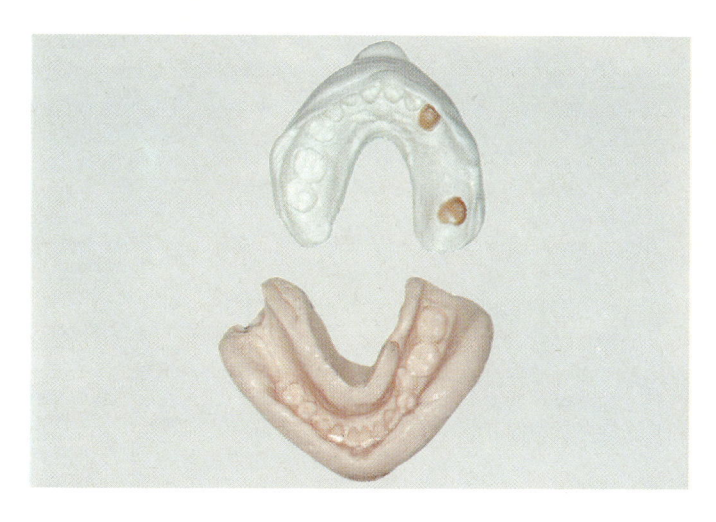

Abb. 3.15 Abformung des ganzen Oberkiefers mit beiden Übertragungskappen unter Benutzung des individuellen Löffels sowie Abformung der gesamten unteren Zahnreihe mit Alginat

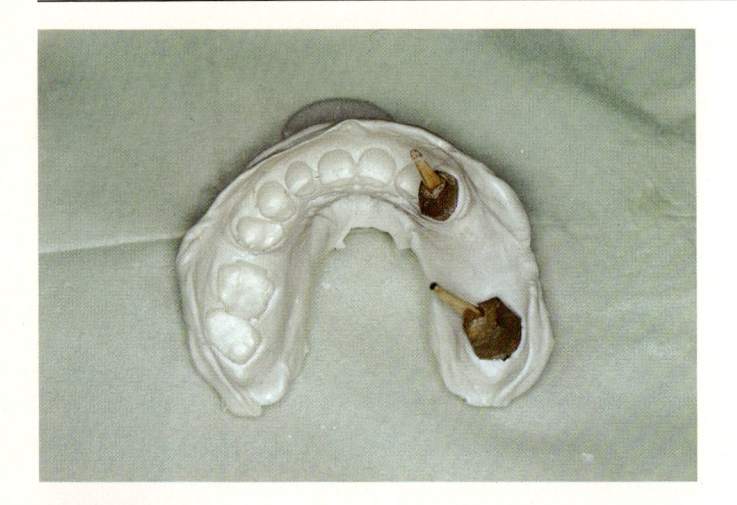

Abb. 3.16 Zur Herstellung des Arbeitsmodells werden die beiden vorhandenen künstlichen Zahnstümpfe in die Übertragungskappen eingesetzt und fixiert

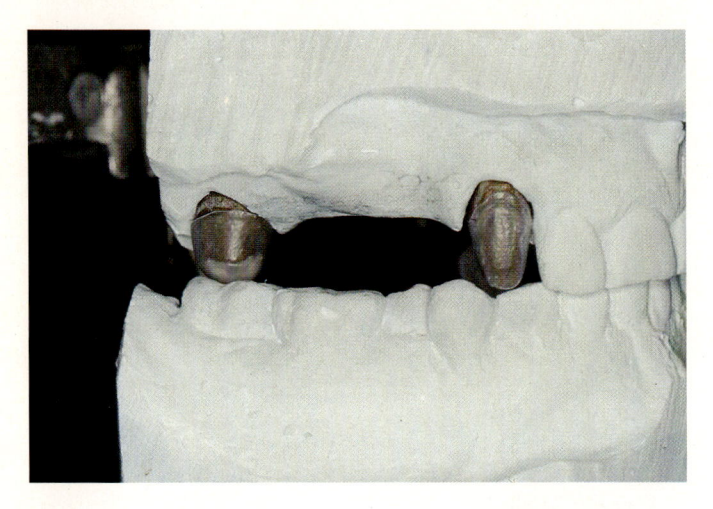

Abb. 3.17 Arbeitsmodell des Oberkiefers und Unterkiefermodell im Artikulator

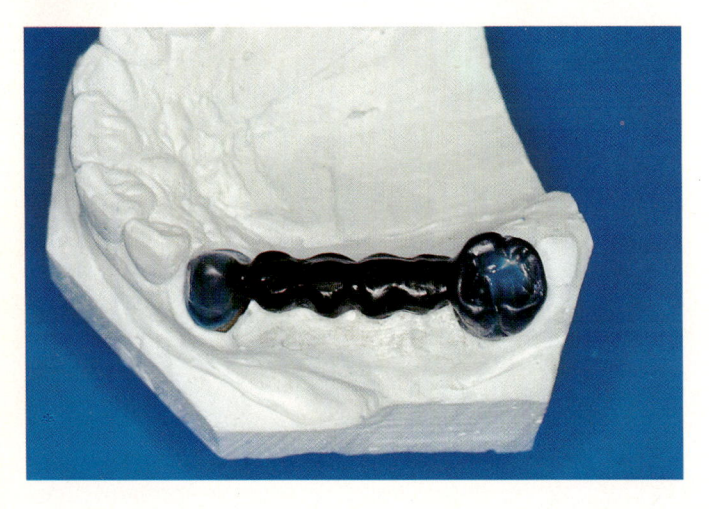

Abb. 3.18 Das Brückengerüst ist in Wachs modelliert; die Krone 17 wird nicht keramisch verkleidet, während der Brückenkörper und die Krone 13 um die zu erwartende keramische Schicht reduziert gestaltet werden müssen

3. Fall 161

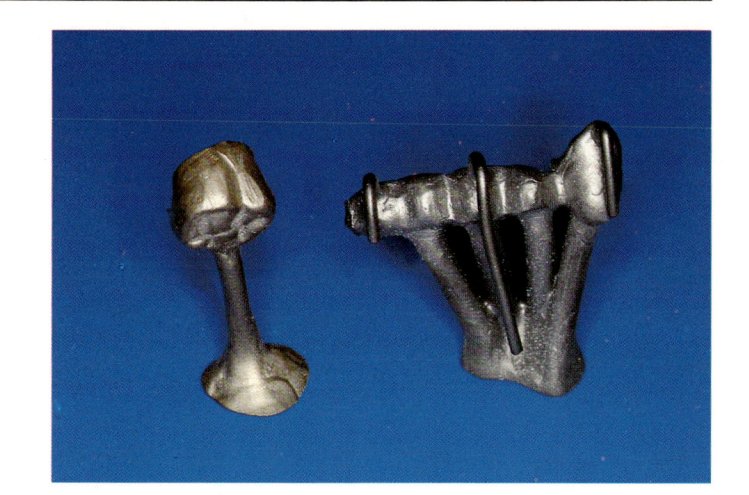

Abb. 3.19 Die Krone 17 (aus einer normalen Edelmetall-Legierung) und die Brücke von 16 bis 13 (aus einer Aufbrenn-Legierung aus Edelmetall) nach dem Guß

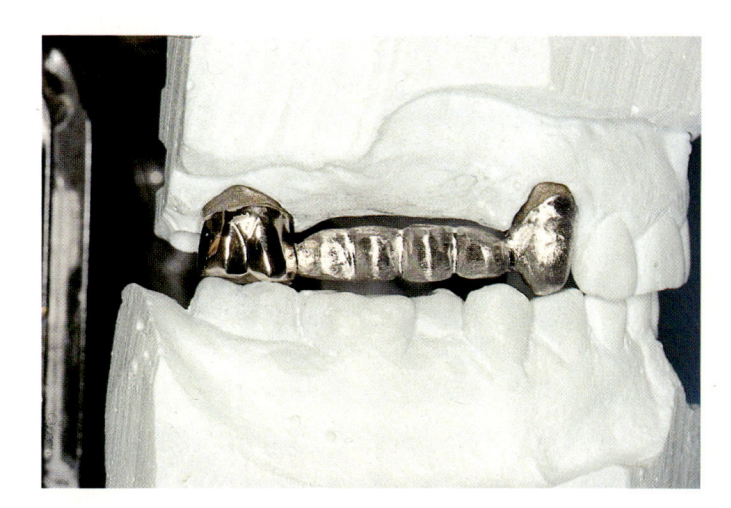

Abb. 3.20 Beide Gußteile ausgearbeitet auf dem Modell

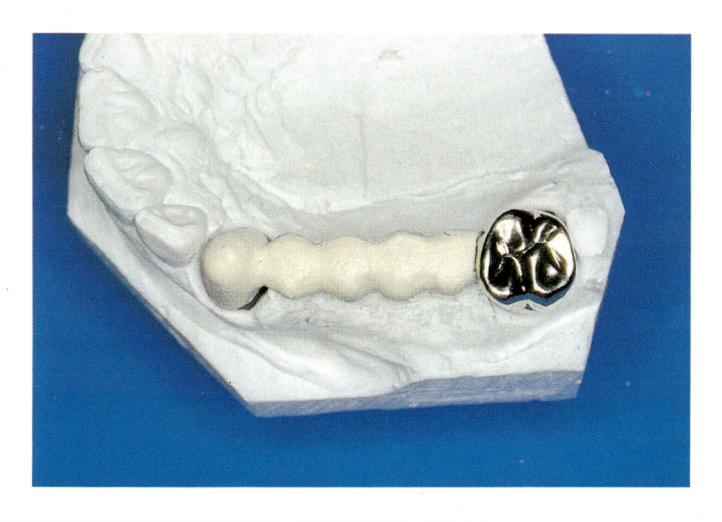

Abb. 3.21 Nach der Wärmevorbehandlung, bei der sich eine Oxidschicht bildet, wird die Grundmasse auf das Brückengerüst zur vollständigen Verkleidung aufgebrannt

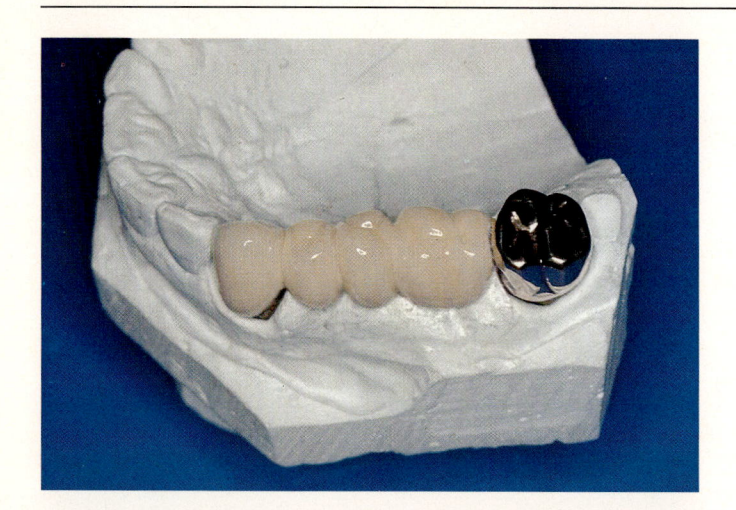

Abb. 3.22 Die Brücke ist nach drei bis vier Bränden in der gewünschten Form fertiggestellt, jedoch noch in zwei Teilen

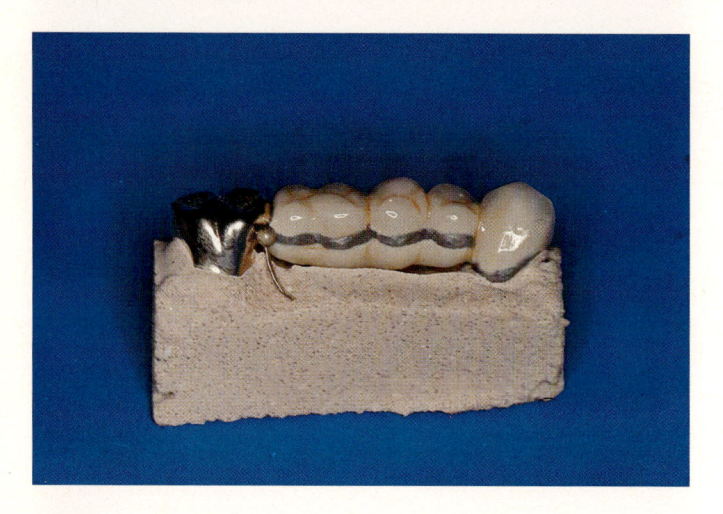

Abb. 3.23 Krone 17 und Brücke 16 bis 13 auf dem Lötblock zur freien Lötung im Brennofen

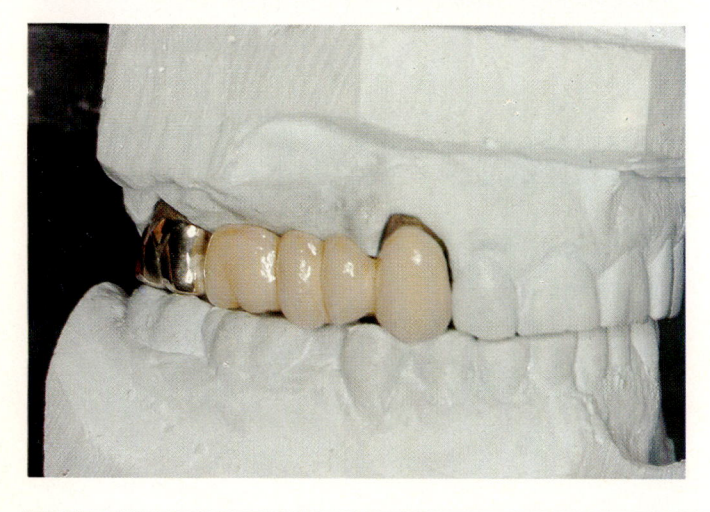

Abb. 3.24 MK-Brücke von 17 nach 13 nach Abschluß der Arbeiten im Laboratorium auf dem Modell

3. Fall   163

Abb. 3.25 Skizze der einzelnen Glieder der MK-Brücke: 17 ist eine Gußkrone mit Hohlkehlpräparation (nach Lustig), die MK-Krone 13 erfaßt labial die Stufe und ist mit keramischer Masse verkleidet; die Brückenzwischenglieder entsprechen einer Empfehlung, nach der oral ein Edelmetallband von der gebrannten keramischen Masse nicht verkleidet wird (Fa. de Trey)

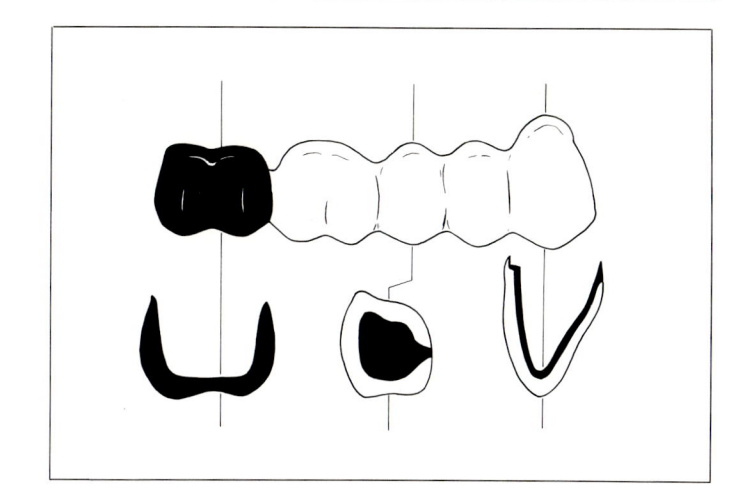

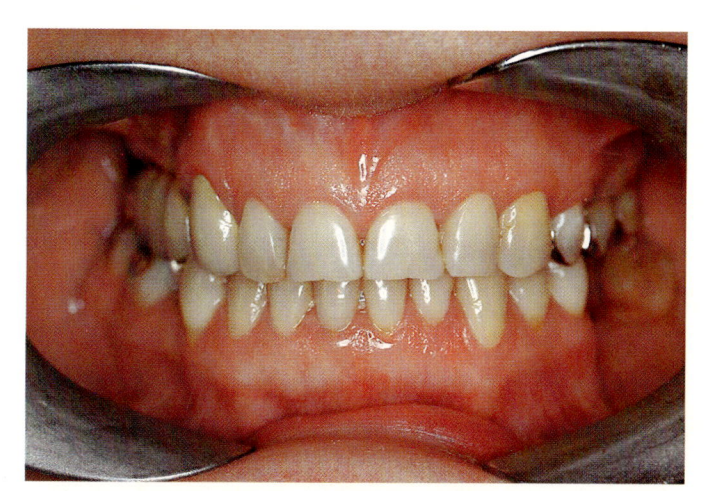

Abb. 3.26 Die metallkeramische Brücke nach dem Zementieren und Feineinschleifen im Munde

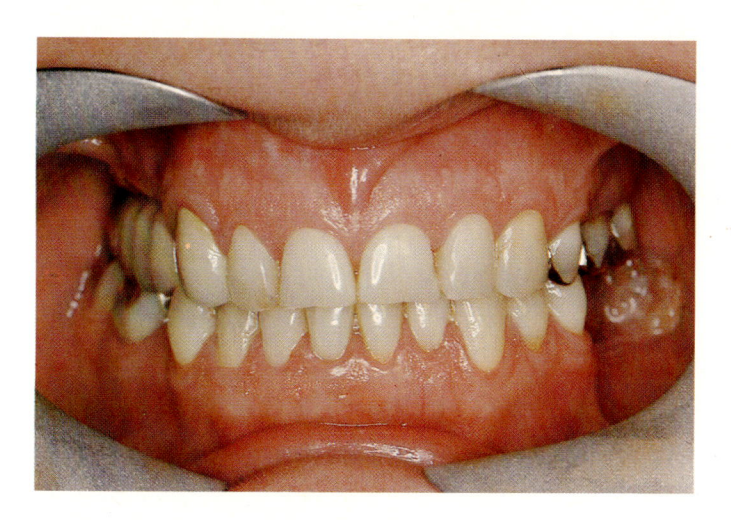

Abb. 3.27 Die gleiche Brücke ca. drei Jahre nach Eingliederung

4. Fall

Frau Dr. A. D., 68 Jahre alt, Lückengebiß der Gruppe B 2, jedoch mit dem Leitsymptom Abrasion, besonders der unteren Frontzähne.

Die prothetische Versorgung von älteren Patienten muß unter besonderen Voraussetzungen erfolgen. So sollte beispielsweise der Wunsch des Patienten nach Verbesserung der Kau-, Sprech- oder ästhetischen Funktion vorhanden sein und er seinerseits auch durch akzeptable Mundpflege am Erfolg mitzuwirken bereit sein. Diese Voraussetzungen bot die achtundsechzigjährige Patientin, die wohl bis zum Eintritt ins Pensionsalter von ihrem Beruf außerordentlich stark in Anspruch genommen war und daher nur minimale Zeit für Zahnbehandlungen aufgebracht hatte.

Aus der Gesamtbehandlung werden nur einzelne Abschnitte kurz erwähnt, die prothetische Versorgung des oberen Frontzahnabschnittes mit einer Übergangs- und einer metallkeramischen Brücke jedoch ausführlich dargestellt.

Die Ausgangssituation kann mit der Situation der Gruppe B 2, antagonistischer Kontakt in zwei Prämolaren-Stützzonen, allerdings durch das sekundär entstandene Leitsymptom der Abrasion (4. Grades) stark verwischt, umrissen werden (Abb. 4.1). Dabei weist der Oberkiefer noch fast alle Zähne auf (Abb. 4.2), die jedoch nicht alle erhalten werden können. Der Unterkiefer hat ein erweitertes anteriores Restgebiß bis zu den ersten Prämolaren beiderseits, das durch starke Abrasion charakterisiert ist und in das eine schleimhautgelagerte, nicht abgestützte partielle Prothese eingegliedert worden war, die sich als insuffizient erwies (Abb. 4.3).

Die *Vorbehandlung* beginnt im Unterkiefer mit der Extraktion von zwei Frontzähnen (Abb. 4.4), parodontaler Lokalbehandlung und der anschließenden Eingliederung einer Unterkieferprothese, die durch eine kunststoffverkleidete Onlayschiene auf den vorhandenen stark abradierten Zähnen parodontal abgestützt ist (Abb. 4.5). (Für einen späteren Zeitpunkt ist die Überkappung der fünf restlichen Zähne vorgesehen.) Gleichzeitig wird eine Okklusionserhöhung durchgeführt, die noch eine ausreichende Ruheschwebe des Unterkiefers ermöglicht. – Danach werden die oberen Seitenzähne durch Gußfüllungen und Kronen vervollständigt bzw. wieder aufgebaut. Auch erfolgt Lückenschluß im rechten Oberkiefer durch eine einseitig (medial) labil aufgelegte Inlaybrücke von 17 nach 15 (Abb. 4.6).

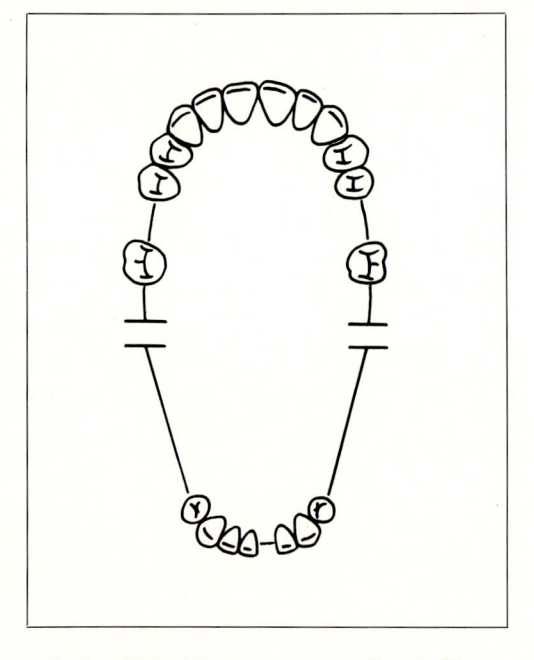

Die Ausgangssituation für die Behandlung der oberen Front ist nun wesentlich günstiger (Abb. 4.7) als zu Beginn der Behandlung. Durch die mehrmonatige bisherige Behandlung ist gesichert, daß die Patientin

die neu eingestellte Okklusionshöhe akzeptiert hat.
Von den vorhandenen sechs Frontzähnen (Abb. 4.8) können die Zähne 12, 21 und 22 aus unterschiedlichen Gründen nicht erhalten bleiben.
Der zu schildernde Behandlungsabschnitt beginnt mit Abformungen von Ober- und Unterkiefer inkl. Onlayprothese mit Alginat und der Modellherstellung. Die zu extrahierenden drei Zähne werden auf dem Gipsmodell radiert und außerdem die Zähne 13, 11 und 23 um soviel Substanz reduziert, wie bei der vorgesehenen Präparation abgetragen werden muß (Abb. 4.9). Der Zahn 11 trägt eine keramische Jacketkrone. Unter Berücksichtigung der antagonistischen Verhältnisse fertigt der Zahntechniker nun eine provisorische Brücke aus zahnfarbenem Kunststoff an (Abb. 4.10). In der nächsten Behandlungssitzung, für die ca. zwei Stunden reserviert wurden, erfolgt unter Injektion zunächst die Präparation der Zähne 13 und 23 für die Aufnahme von Facettenkronen. Dabei wird die Zahnhartsubstanz nur sehr sparsam abgetragen, um die Pfeilerzähne der späteren Brücke nicht zu sehr zu schwächen. Anschließend wird die Jacketkrone 11 entfernt und der Zahnstumpf nachpräpariert, wobei vor allem die Stufe unter den Limbus gingivae zu verlegen ist (Abb. 4.11). – Jetzt kann die Extraktion der Zähne 12, 21 und 22 erfolgen. Danach werden die Wunden versorgt und die Gingivaränder mit Nähten leicht fixiert (Abb. 4.12).
Nach Stillstand der Blutung – eine Zeit, die auch für die Patientin als Erholungspause wertvoll ist – kann nun die prothetische Versorgung mit der *provisorischen Brücke* erfolgen. In der Regel muß in den Kunststoff-Brückenankern noch etwas korrigierend gefräst werden, bevor die Befestigung der Brücke mit Temp-bond erfolgen kann (Abb. 4.13). Diese provisorische Brücke hat nicht nur die Aufgabe, der Patientin als temporärer Zahnersatz zu dienen, sondern erspart ihr die Gewöhnung an eine herausnehmbare, schleimhautgelagerte Immediatprothese, die häufig auch parodontal zerstörende Folgen hat. Gleichzeitig dient sie als Wundabdeckung und begünstigt einen alsbaldigen Wundverschluß. – Eine Woche nach dieser Behandlung zeigt sich die klinische Situation wie erwartet günstig, die Nähte können entfernt werden (Abb. 4.14). – Die prothetische Behandlung wird fortgesetzt, indem die Brückenpfeiler noch nachpräpariert und mit Kupferringen und Lastic (Abb. 4.15) abgeformt werden. Gegebenenfalls ist es, durch die Nachpräparation bedingt, notwendig, die Anker der provisorischen Brücke mit schnellhärtendem, zahnfarbenem Kunststoff auszufüttern, um der Brücke einen sicheren Sitz zu geben.
Nach wenigen Tagen liefert der Zahntechniker drei Modellstümpfe mit Übertragungskappen aus Kunststoff sowie einen individuellen Kunststofflöffel für die Sammelabformung (Abb. 4.16). Nachdem die drei Übertragungskappen aufgesetzt sind (Abb. 4.17), kann die Abformung mit dem individuellen Löffel und Lastic 55 vorgenommen werden (Abb. 4.18). Der Ausheilungsprozeß hat zunächst auf den Fortgang der Behandlung keinen wesentlichen Einfluß, sofern nicht unvorhergesehene Komplikationen eintreten. Der epitheliale Verschluß der Alveolen erfolgt in ca. zwei Wochen, die Ausheilung des Alveolarfortsatzes beansprucht mehrere Monate. In den ersten Wochen nach den Extraktionen fällt der Alveolarfortsatz stärker zusammen als in den folgenden drei bis vier Monaten. Daraus ist zu folgern, daß erst ca. fünf bis

sechs Monate nach den Extraktionen der endgültige Frontzahnersatz eingegliedert werden kann, um dauerhaften, guten Anschluß des Brückenkörpers an den Kieferkamm zu erlangen.

Im Behandlungsgang wird daher folgendermaßen vorgegangen:

Im zahntechnischen *Laboratorium* wird nach dem Sammelabdruck (Abb. 4.18) ein Meistermodell hergestellt und das Brückengerüst für die Frontzahnbrücke von 13 nach 23 aus einer aufbrennfähigen Legierung (hier die Edelmetall-Legierung Degudent Universal) gegossen. – Eine Einprobe des Brückengerüstes ist in diesem Falle angezeigt (Abb. 4.19), weil bei der Abformung mit individuellem Löffel und Lastic eine der Übertragungskappen auf dem Zahnstumpf 11 verblieben war und in den Sammelabdruck reponiert werden mußte. Wegen möglicher Ungenauigkeiten, durch das Fenster in der Übertragungskappe hervorgerufen, ist dieser zusätzliche Behandlungsgang angeraten.

Gleichzeitig kann in dieser Sitzung eine nochmalige Wundkontrolle erfolgen und vom Zahnarzt dort am Modell radiert werden, wo in absehbarer Zeit von ein bis zwei Wochen weitere Retraktionen der Gingivaränder zu erwarten sind (Abb. 4.20; es sei ausdrücklich betont, daß nur unter besonderen Voraussetzungen an einem Modell radiert werden darf. Die dargestellte Situation – Kiefermodell wenige Tage nach Extraktion – ist eine davon. Am Modell des *ausgeheilten* Kieferkammes darf *nicht* radiert werden.)

Nach ca. 20 Tagen ist die Schrumpfung des Alveolarfortsatzes unterhalb des Brückenkörpers der provisorischen Kunststoffbrücke (Abb. 4.21) deutlich sichtbar. Die sehr redegewandte Patientin gibt auch an, daß ihre Aussprache etwas behindert sei (Sigmatismus stridens) und sie das sogenannte »Sprühen feinster Speicheltröpfchen« beobachtet.

So erhält der Zahntechniker den Auftrag, das vorhandene Brückengerüst aus der aufbrennfähigen Edelmetall-Legierung mit zahnfarbenem Kunststoff zu verkleiden. Diese stabile Übergangsbrücke wird 20 Tage nach Extraktion der Zähne 12, 21 und 22 provisorisch mit Temp-bond eingegliedert (Abb. 4.22).

Mehrere Vorteile ergeben sich aus diesem Vorgehen. Die Patientin erhält die von ihr durch eine festsitzende Brücke erwartete Sicherheit schon bald nach Zahnverlust. Sie kann die Form und Stellung der aus Kunststoff bestehenden Frontzähne leicht korrigieren lassen. Das ist gerade in dieser geschilderten Behandlung von Bedeutung, denn die Ausgangssituation der oberen Frontzähne (Abb. 4.8) war ungünstig. Wegen der Lücken und der unterschiedlichen Farben der eigenen und Ersatzzähne war sie nicht einfach zu restaurieren. So waren z. B. die beiden Eckzähne bei der provisorischen Kunststoffbrücke (Abb. 4.13 und 4.21) etwas zu kräftig ausgefallen und die Eckzahnspitzen standen zu weit aus dem Zahnbogen heraus.

An der nun eingegliederten Kunststoffbrücke mit Metallgerüst (Abb. 4.22) kann wegen der abzuwartenden Zeit der Ausheilung und Atrophie der Kieferkammabschnitte mehrmals korrigiert werden. So z. B. an der Form der Zähne oder, wie in diesem Falle, wegen des Voranschreitens der Alveolarkamm-Ausheilung mit seiner Reduzierung. Zwei Monate nach Eingliederung des mit Kunststoff verkleideten Metallgerüstes (Abb. 4.23) wird der Brückenkörper durch »Unterfütterung« mit Lastic 55 und Umsetzen in Kunststoff erneut dem Alveolarfortsatz angepaßt.

Dieses Verfahren eignet sich natürlich nicht nur für Patienten mit Wartezeit wegen der Ausheilung. Auch bei sehr kritischen oder unentschlossenen Patienten kann das Verfahren mit provisorischer Kunststoffverkleidung des aufbrennfähigen Brückengerüstes durchgeführt werden. Diese Patienten brauchen dann nicht die vom Zahntechniker entworfene Brücke zu akzeptieren. Sie können die Wirkung ihrer Brücke »im stillen Kämmerlein« betrachten oder bei ihren Verwandten, Freunden und Arbeitskollegen testen und sie vom Zahnarzt entsprechend abändern lassen, bis sie zu einer für sie akzeptablen Form gelangt ist. Erst dann wird von der Kunststoffbrücke mit Metallgerüst im Munde ein Abdruck mit Alginat genommen, von dem sich der Keramiker ein Leitmodell herstellt. Er löst den Kunststoff vom Brückengerüst ab und brennt die Frontzahnbrücke in der angegebenen Zahnfarbe unter strenger Berücksichtigung der vom Zahnarzt mit dem Patienten erarbeiteten Form und Zahnstellung auf dem vorhandenen Meistermodell. Wer ein oder gar mehrere Male die Reaktion enttäuschter Patienten erlebt hat, findet das empfohlene Vorgehen sicher nicht aufwendig. Es ist in jedem Falle weniger kostspielig als die neuerliche Anfertigung einer keramischen Brücke!

Wenn die Frontzahnbrücke nach zwei oder drei Monaten fertiggestellt werden soll, kann dies in der Regel nicht auf dem früheren Meistermodell geschehen, da sich weitere Alveolarkammveränderungen ergeben haben können. Im vorliegenden Behandlungsablauf war dies nicht augenfällig (Abb. 4.24). Die Patientin wünschte jedoch den Schluß der kleinen Lücken innerhalb der Brückenzwischenglieder.

So werden nach weiteren zwei Monaten zwei Abformungen mit Alginat des ganzen Oberkiefers genommen: Der eine zur Sicherung der von der Patientin akzeptierten Frontzahnbrückenform und für die Herstellung eines Leitmodelles für den Zahntechniker, der zweite (Abb. 4.25) zur Anfertigung eines neuen Meistermodelles unter Verwendung der noch vorhandenen Stumpfmodelle, das den ausgeheilten Zustand der Kieferkammabschnitte, die Papillen, die Lage der Zahnstümpfe zueinander und die Zähne des Oberkiefers wiedergibt. Überraschenderweise hatte die Patientin die sonst übliche, recht ordentliche Mundpflege im oberen Frontzahnabschnitt, also in der Gegend mit der kunststoffverkleideten Brücke, reduziert. Obgleich sich unter den Brückenkörpern kaum Plaque befand (Abb. 4.25), zeigten die bedeckten Kieferkammabschnitte nicht den erwarteten Ausheilungszustand (Abb. 4.26); er stellte sich jedoch in wenigen Tagen annähernd ein (Abb. 4.27).

Der Kunststoff wird vom Brückengerüst entfernt und die metallkeramische Brücke von 13 über 11 nach 23 hergestellt (Abb. 4.28 und 4.29). (Während dieses Arbeitsganges trägt die Patientin kurzfristig die Kunststoff-Immediat-Brücke, Abb. 4.9 und 4.10, die vorher an der Basis der Brückenzwischenglieder mit zahnfarbenem, schnellhärtendem Kunststoff noch ergänzt wurde.)

An dieser Stelle ist die Frage zu erörtern, ob nicht gleich anstelle des Kunststoffes keramische Massen aufgebrannt und diese nach mehrmonatigem Tragen nur an der Basis ergänzt werden sollten. Abgesehen von der leichten ästhetischen Korrekturmöglichkeit von Form und Stellung der Brückenzähne aus Kunststoff muß erwähnt werden, daß dann zusätzliche Brennvorgänge notwendig werden. Zu viele Brennvorgänge sollten aber vermieden werden, weil Spannungen in der keramischen Masse entstehen und möglicherweise Rekristallisationen auftreten können. Wiederholtes Erhitzen und Abkühlen des metallkeramischen Objektes führt zu unkontrollierbaren Änderungen der aufeinander abgestimmten Ausdehnungskoeffizienten von Metall-Legierung und keramischer Masse. Abplatzen der Keramik könnte die Folge sein. Außerdem ist beim Anbrennen der Arbeitsgang im Laboratorium wesentlich schwieriger durchzuführen. Das nachträgliche Anbrennen ist daher nicht zu empfehlen.

Nach der Einprobe wird die Frontzahnbrücke mit Phosphatzement unter Verwendung von Fäden zur Entfernung von Zementresten endgültig eingegliedert (Abb. 4.30). Es sei erwähnt, daß gegen das sogenannte Probetragen von metallkeramischen Brücken nichts einzuwenden ist. Das ist jedoch nicht erforderlich, wenn mit dem Patienten Übereinstimmung über Funktion und Ästhetik erzielt worden ist. Wenn keine anderen, klinischen Gründe für das Probetragen sprechen (z. B. Behandlungsabschluß des Gegenkiefers abwarten, Zustimmung des Ehepartners über den ästhetischen Eindruck einholen), sollte nicht das »Prinzip des Probetragens« verfolgt werden.

Die Behandlung der Patientin ist nun beendet. Abb. 4.31 und 4.32 zeigen die Abschlußsituation von palatinal und in habitueller Okklusion.

Hinweis

Farbdifferenzen bei den Abbildungen in Fall 4 sind durch Unterschiede in der Film-Emulsion bedingt

Behandlungsablauf bei der Herstellung und Eingliederung einer oberen sechsgliedrigen metallkeramischen Frontzahnbrücke im Rahmen einer umfangreichen prothetischen Versorgung eines Lückengebisses mit starker Abrasion

Behandlung	Laboratorium
Nach Untersuchung, Röntgenaufnahmen, Beratung ist die Behandlung des Unterkiefers vorerst abgeschlossen (Abb. 4.5), die Behandlung des Oberkiefers in den Seitenzahnbereichen beendet (Abb. 4.6) Abformung von OK und UK mit Alginat Zahnfarbbestimmung Dauer: 15 Minuten	
	Herstellung der Modelle des OK (zweimal ausgießen) und des UK, Radierung eines OK-Modelles Herstellung einer Immediat-Brücke von 13 über 11 nach 23 aus Kunststoff (Abb. 4.9, 4.10)
Präparation der Zähne 13 und 23 sowie Entfernung der Krone 11 (Abb. 4.11) Extraktion der natürlichen Zähne bzw. Kronen 12, 21 und 22 inkl. Wundversorgung (Abb. 4.12) Eingliederung der provisorischen Kunststoffbrücke von 13 nach 23 nach korrigierenden Maßnahmen mit Temp-Bond (Abb. 4.13) Dauer: 90 bis 120 Minuten Fortsetzung der prothetischen Behandlung Korrigierende Präparation der Pfeilerzähne 13, 11 und 23 Abformung der Pfeiler mit Kupferringen und Lastic 55 (Abb. 4.14 u. 4.15) Ausfüttern der Brückenanker der Kunststoffbrücke mit schnellhärtendem Kunststoff und Wiedereinsetzen der provisorischen Brücke mit Temp-bond Dauer: 45 Minuten	
	Herstellung von drei Modellstümpfen und Übertragungskappen aus schnellhärtendem Kunststoff sowie eines individuellen Kunststofflöffels auf dem vorhandenen radierten Modell unter Berücksichtigung von Raum für die Übertragungskappen auf den Zähnen 13, 11 und 23 (Abb. 4.16).

▼

Behandlung	Laboratorium
Entfernen der provisorischen Brücke Aufsetzen der drei Übertragungskappen und diese mit Bleistift bezeichnen (Abb. 4.17) Sammelabformung mit individuellem Löffel und Lastic 55 (Abb. 4.18) Wiedereingliederung der provisorischen Brücke Dauer: 30 Minuten	
	Einsetzen der Modellstümpfe in den Sammelabdruck und Herstellung des Meistermodelles Modellieren des Brückengerüstes für eine metallkeramische Brücke von 13 über 11 nach 23 Gießen des Brückengerüstes in einer aufbrennfähigen Edelmetall-Legierung, in diesem Falle Degudent Universal
Entfernen der provisorischen Brücke und Einprobe des Brückengerüstes für die sechsgliedrige Frontzahnbrücke (Abb. 4.19) Radierungen am Modell (Abb. 4.20) Wiedereingliederung der provisorischen Brücke Dauer: 30 Minuten	
	Verkleidung des Brückengerüstes aus der aufbrennfähigen Edelmetall-Legierung mit Brückenkunststoff (unter Berücksichtigung der Ausgangssituation)
Entfernung der provisorischen Kunststoffbrücke nach 20 Tagen Eingliederung der kunststoffverkleideten Übergangsbrücke für mehrere Monate mit Temp-bond (Abb. 4.22) Dauer: 20 Minuten Modelle aufbewahren	
	Nacharbeiten der provisorischen Kunststoffbrücke
Zwei Monate später, also ca. drei Monate nach Extraktion, zeigt eine klinische Nachuntersuchung die Notwendigkeit zur Unterfütterung der Brücke (Abb. 4.23) im indirekten Verfahren	

▼

Behandlung	Laboratorium
	Umsetzung des Abformmaterials in Kunststoff
Eingliederung der Übergangsbrücke Nach *weiteren zwei Monaten* (Abb. 4.24): Abformung der kunststoffverkleideten Brücken und des OK (Abb. 4.25) Entfernen der Übergangsbrücke (Abb. 4.26) Eingliederung der ursprünglichen provisorischen Kunststoffbrücke Dauer: 20 Minuten	
	Herstellung eines Leitmodells vom OK zur Sicherung der Situation mit Übergangsbrücke Herstellung eines neuen Meistermodelles vom OK unter Verwendung der vorhandenen drei Modellstümpfe. Entfernung des Kunststoffes vom Brückengerüst Umbrennen des Brückengerüstes aus der aufbrennfähigen Edelmetall-Legierung Degudent Universal mit keramischer Masse Fertigstellung der MK-Brücke 13 nach 23 (Abb. 4.28 und 4.29)
Entfernen der provisorischen Kunststoffbrücke (Abb. 4.27) Einprobe der MK-Frontzahnbrücke und Eingliederung durch Zementieren (Abb. 4.30 bis 4.32) Kontrolle des antagonistischen Kontaktes: Einschleifen, in diesem Falle an den unteren Kunststoffzähnen Dauer: 45 Minuten Nachsorge Fortsetzung der Gesamtbehandlung	

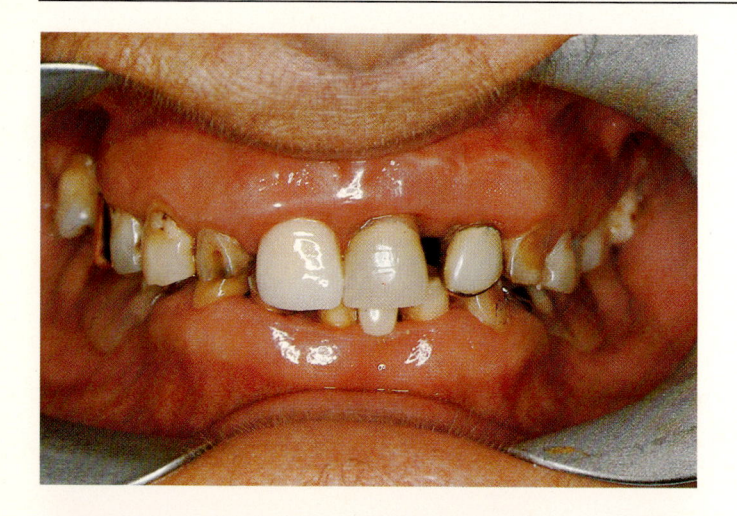

172 *Darstellung von sieben Behandlungsabläufen*

Abb. 4.1 Ausgangsbefund bei einer achtundsechzigjährigen Patientin in Okklusion, das sekundär entstandene Leitsymptom Abrasion ist deutlich erkennbar

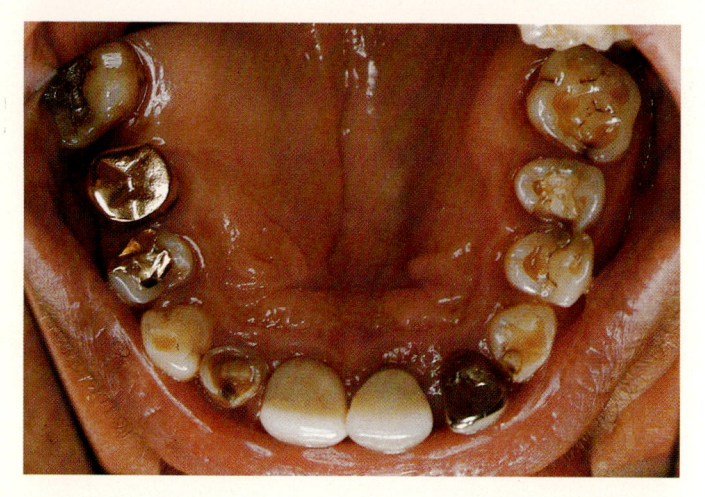

Abb. 4.2 Der Oberkiefer ist annähernd vollständig bezahnt und zum Teil mit Kronen und Füllungen versorgt

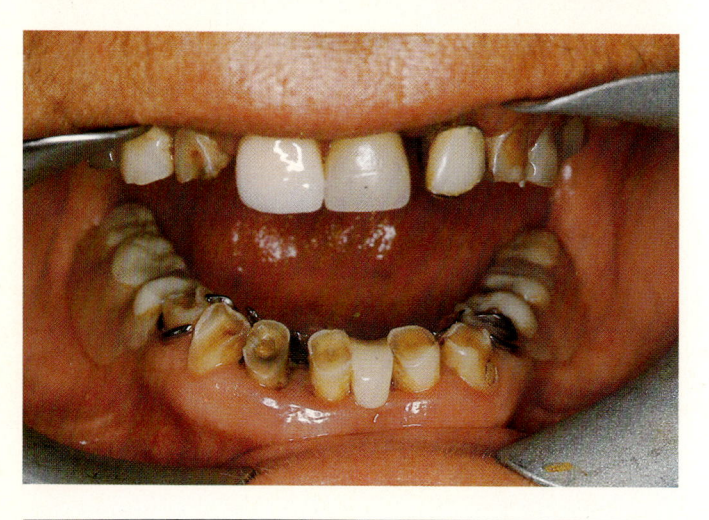

Abb. 4.3 Der Unterkiefer weist ein erweitertes anteriores Restgebiß bis zu den ersten Prämolaren auf. Die fehlenden Zähne sind durch eine schleimhautgelagerte partielle Modellgußprothese (!) ersetzt, deren parodontal schädigende Wirkung besonders lingual deutlich diagnostizierbar ist. Die natürlichen Zähne sind stark abradiert (IV. bis V. Grades)

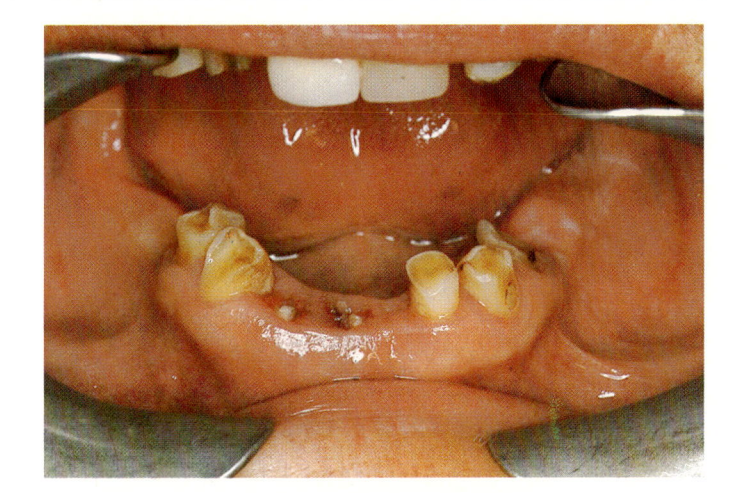

Abb. 4.4 Aufgrund des klinischen und röntgenologischen Befundes (die Pulpa des Zahnes 42 war durch Abrasion V. Grades eröffnet) mußten die Zähne 42 und 41 extrahiert werden

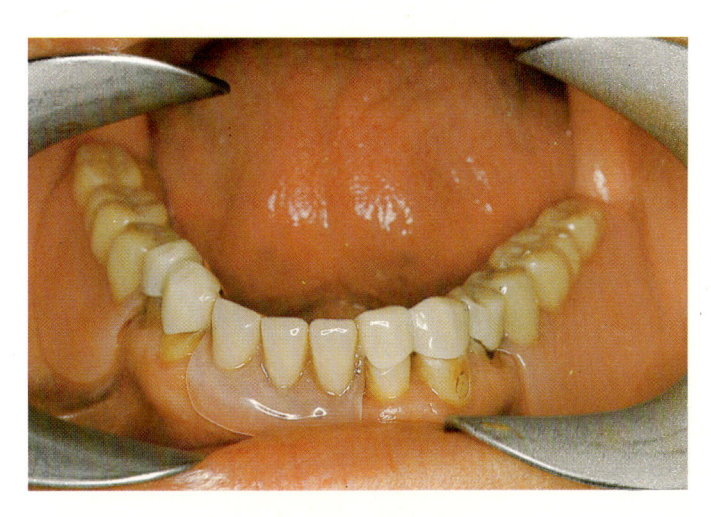

Abb. 4.5 Versorgung des Unterkiefers mit einer parodontal abgestützten und gingival gelagerten partiellen Prothese mit kunststoffverkleideter Onlayschiene, durch die gleichzeitig die Okklusion erhöht wird

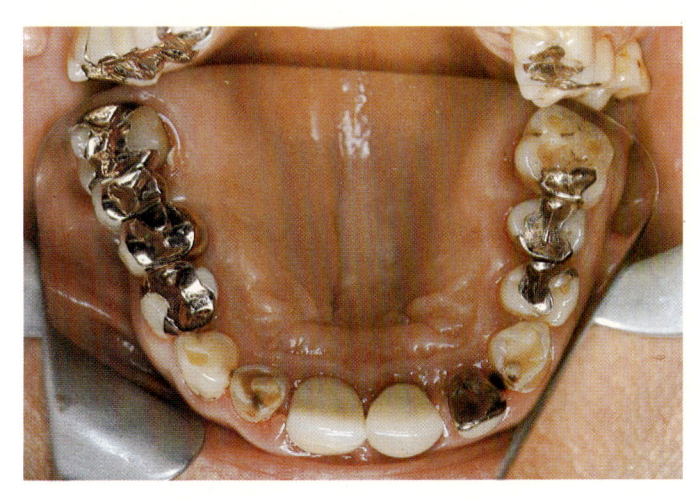

Abb. 4.6 Versorgung der oberen Seitenzähne durch Gußfüllungen, Kronen und eine einseitig labile Inlaybrücke von 17 auf die Krone 15 (Spiegelaufnahme)

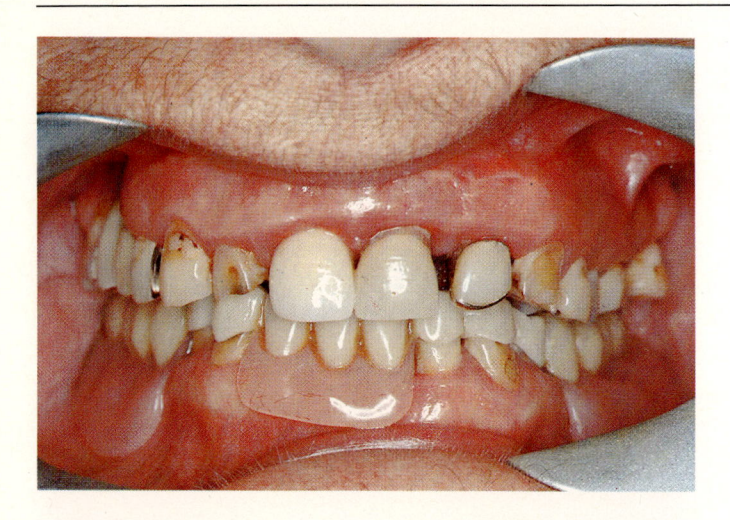

Abb. 4.7 Ausgangssituation nach umfangreichen Behandlungen mit tolerierter Okklusionserhöhung

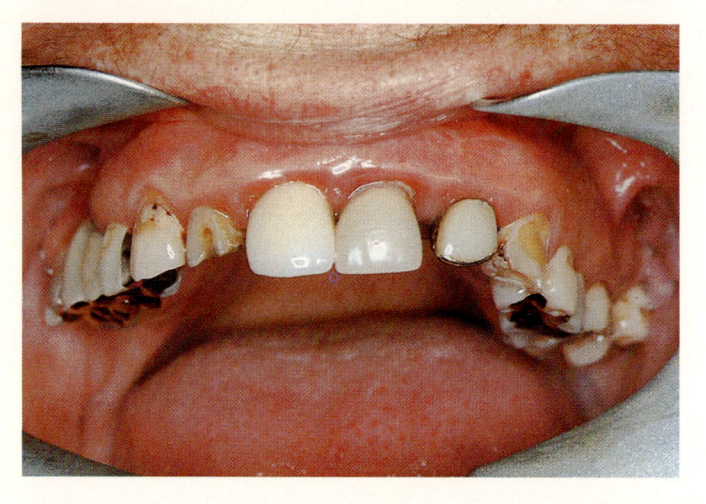

Abb. 4.8 Die detailliert zu schildernde Behandlung betrifft den oberen Frontzahnabschnitt von 13 bis 23; die Zähne 12, 21 und 22 können nicht erhalten und daher nicht in den vorgesehenen Brückenzahnersatz einbezogen werden

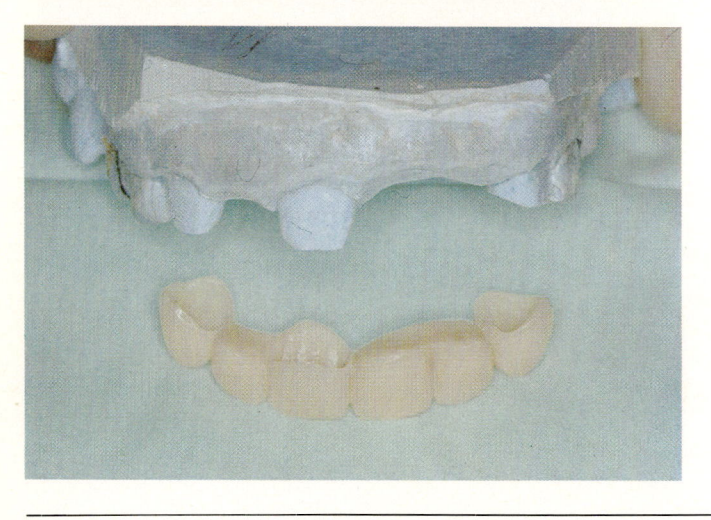

Abb. 4.9 Auf dem nach einer Abformung mit Alginat hergestellten Gipsmodell des Oberkiefers sind die Zähne 12, 21 und 22 und der Alveolarfortsatz leicht abgerundet radiert. Die als Brückenpfeiler vorgesehenen Zähne 13, 11 und 23 werden entsprechend der zu erwartenden Präparation abgetragen

4. Fall   175

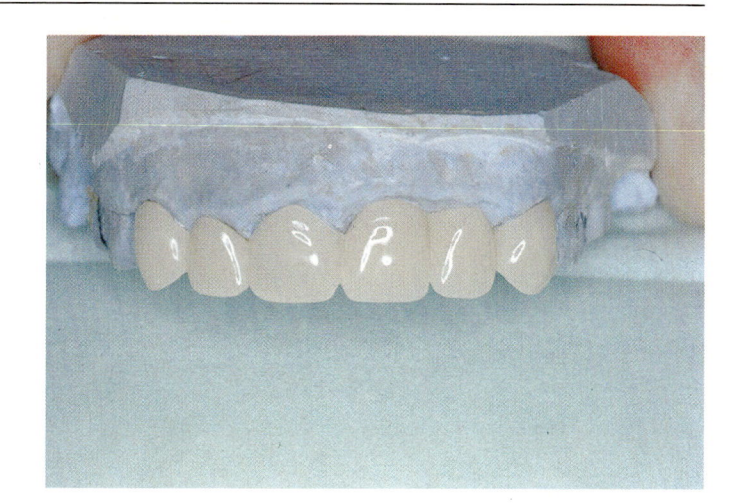

Abb. 4.10 Eine sechsteilige Frontzahnbrücke aus zahnfarbenem Kunststoff, als Immediatbrücke vorgesehen, wird auf diesem so vorbereiteten Modell hergestellt

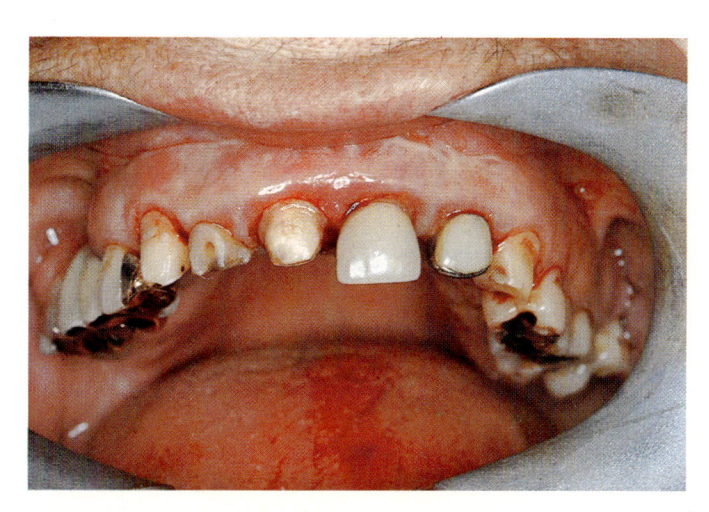

Abb. 4.11 In der nächsten Behandlungssitzung sind zunächst unter Injektion die Zähne 13, 11 und 23 als Brückenpfeiler präpariert worden

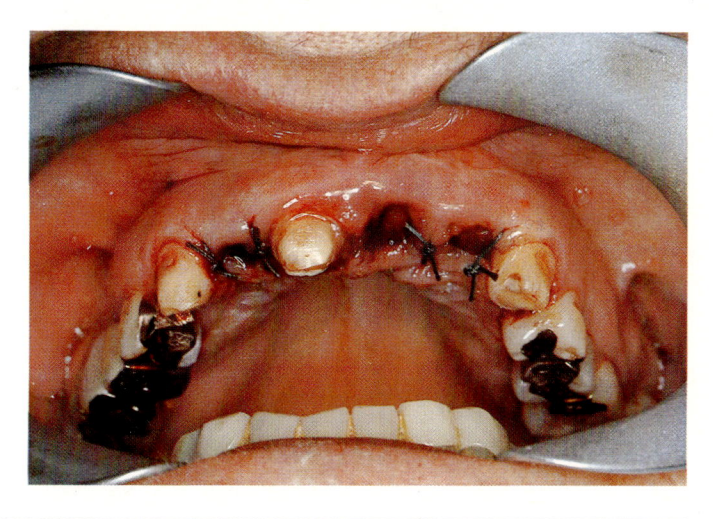

Abb. 4.12 Anschließend erfolgt die Extraktion der Zähne 12, 21 und 22 sowie die Wundversorgung inkl. Fixierung der Gingivaränder durch Nähte

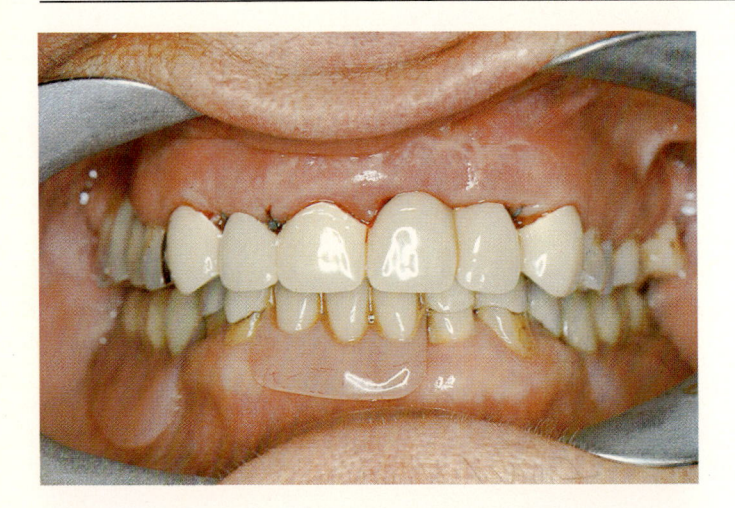

Abb. 4.13 Provisorische Brücke eingegliedert

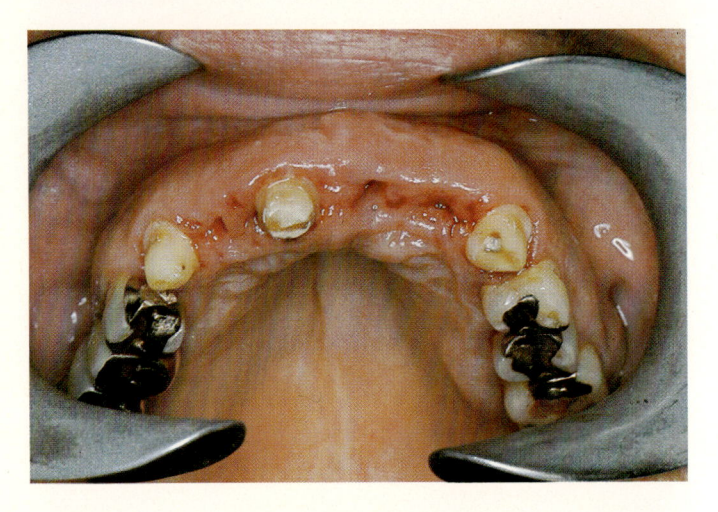

Abb. 4.14 Klinische Situation eine Woche nach Extraktion, Fäden entfernt

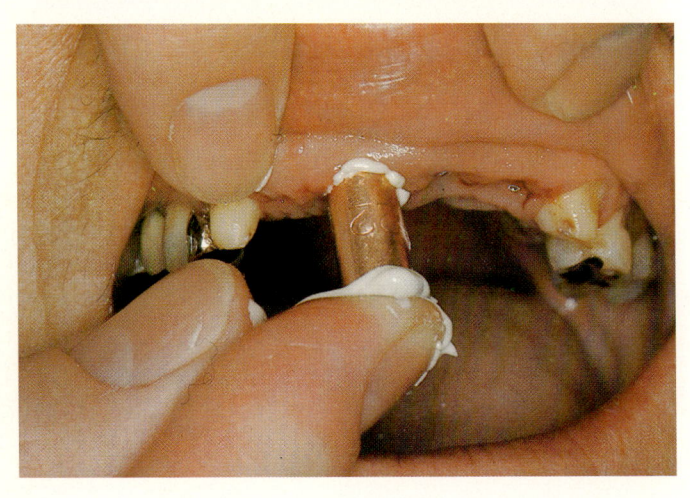

Abb. 4.15 Kupferring-Lastic-Abformung

4. Fall   177

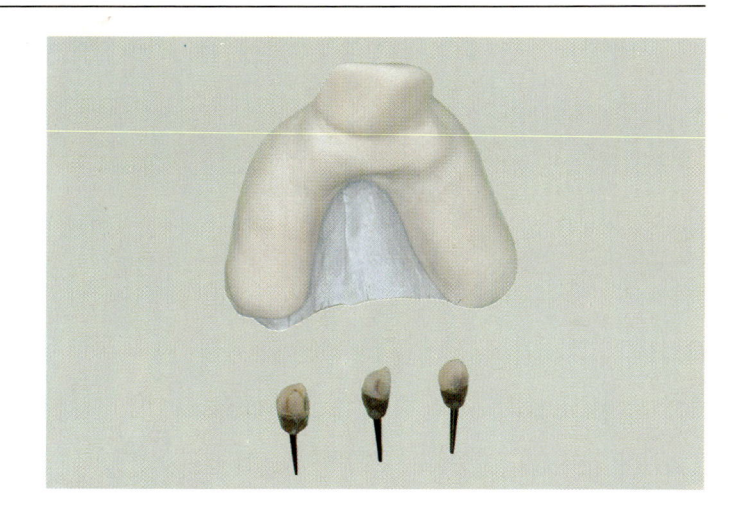

Abb. 4.16 Zahntechniker liefert drei Modellstümpfe mit Übertragungskappen und individuellem Löffel

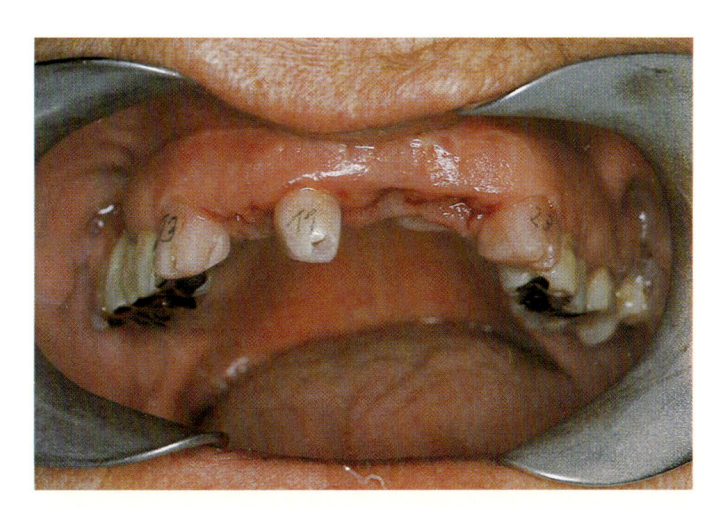

Abb. 4.17 Klinische Situation, zwölf Tage nach Extraktion; Übertragungskappen aufgesetzt, angepaßt und bezeichnet

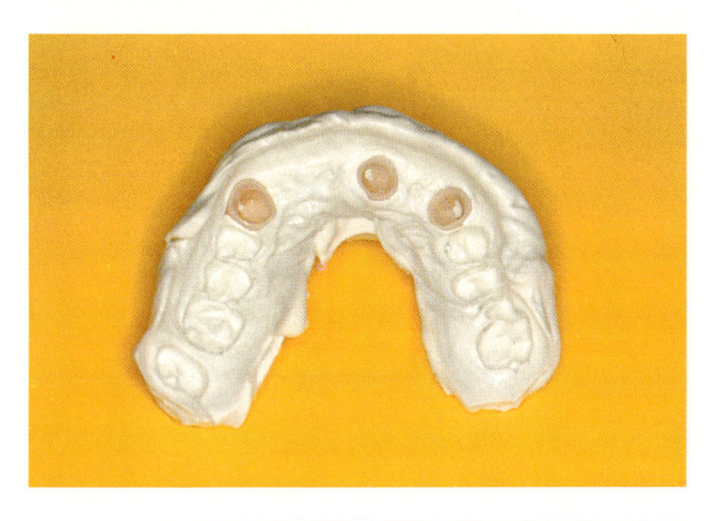

Abb. 4.18 Sammelabdruck des OK mit einem individuellen Löffel und Lastic 55

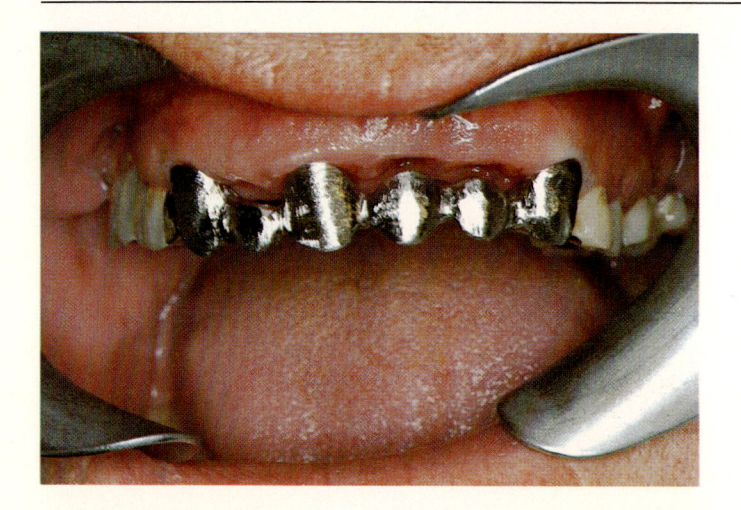

Abb. 4.19 Einprobe des Brückengerüstes aus einer aufbrennfähigen Edelmetall-Legierung (hier: Degudent Universal)

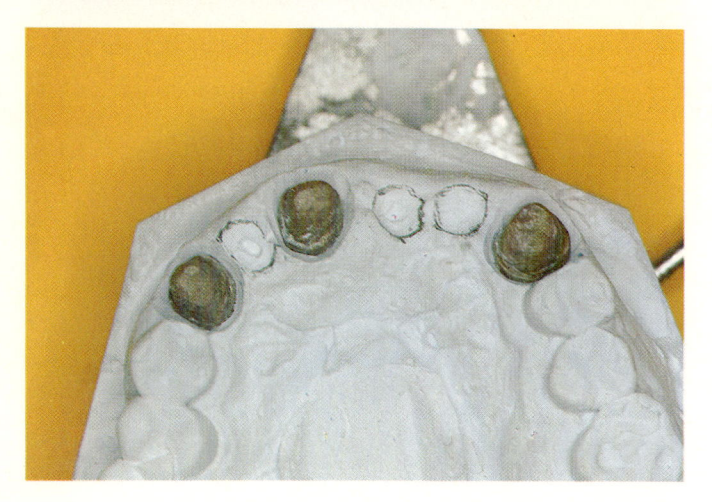

Abb. 4.20 Der Zahnarzt kann in diesem Falle am Modell radieren, da die klinische Untersuchung in den noch nicht epithelisierten Alveolen mit einem kugelförmigen Instrument eine weitere Schrumpfung des Alveolarfortsatzes erwarten läßt. Druck auf die kieferkammbedeckende Schleimhaut ist zu vermeiden

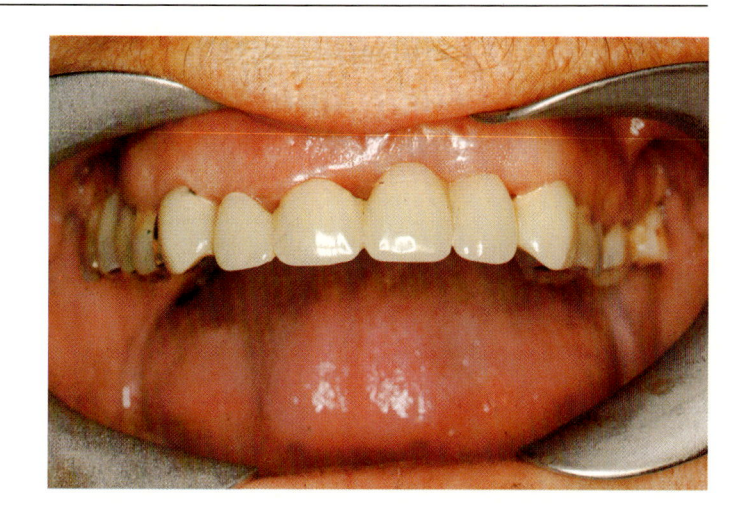

Abb. 4.21 Klinische Situation zwanzig Tage nach Extraktion der Zähne 12, 21 und 22

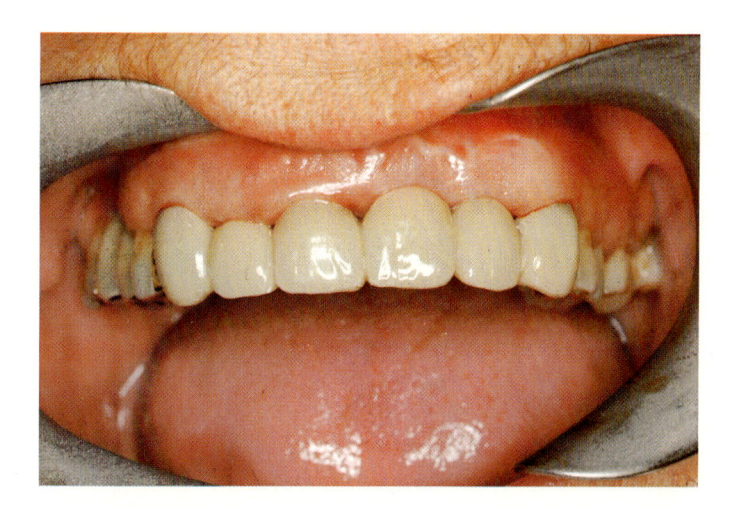

Abb. 4.22 Eingegliederte »Übergangsbrücke«, d. h. das aufbrennfähige Edelmetall-Gerüst ist mit zahnfarbenem Kunststoff verkleidet; ästhetisch notwendige Korrekturen sind leicht möglich

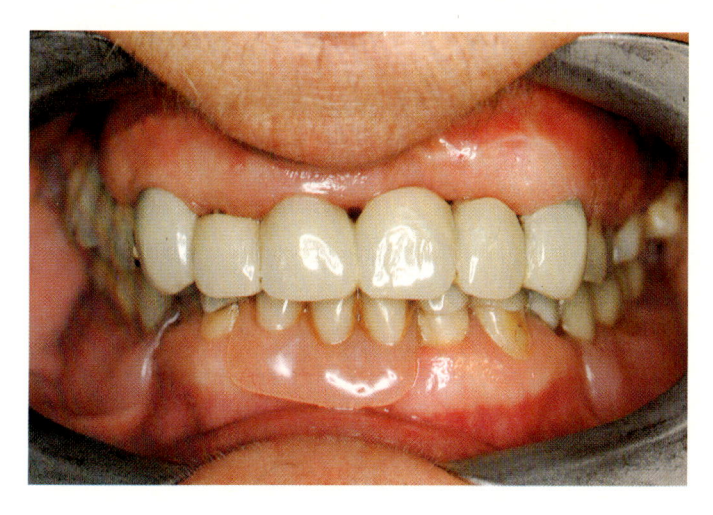

Abb. 4.23 Nach zwei Monaten Tragezeit wünscht die Patientin eine Anpassung der Brückenzwischenglieder nach weiterer Rückbildung, insbesondere der labialen Abschnitte des Alveolarfortsatzes

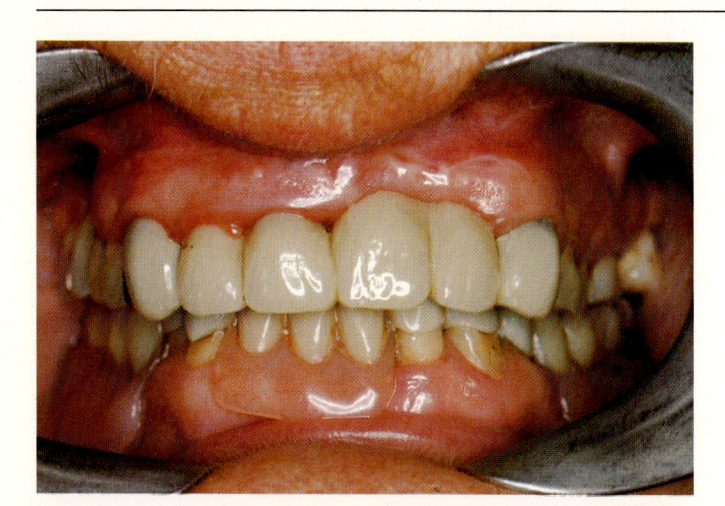

Abb. 4.24 In den folgenden zwei Monaten setzt sich der Rückbildungsprozeß des Alveolarkammes nicht wesentlich fort

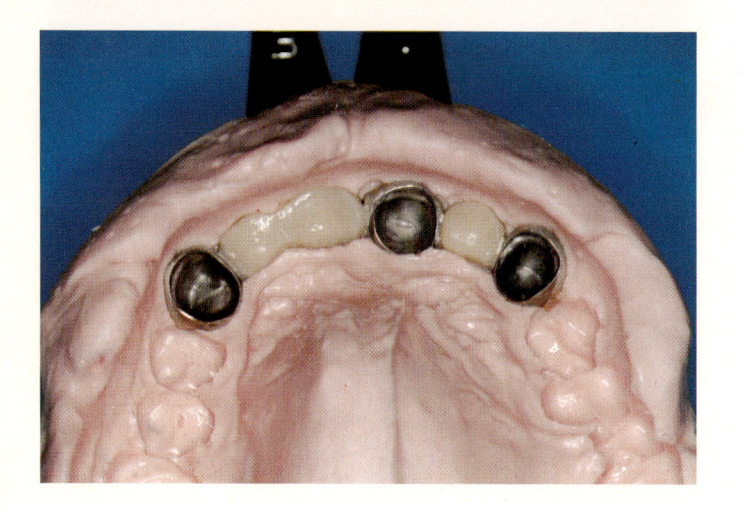

Abb. 4.25 Neben der Abformung mit Alginat für ein Leitmodell erfolgt Abformung mit Alginat unter Einbeziehung der Brücke zur Herstellung eines neuen Meistermodelles vom OK

4. Fall 181

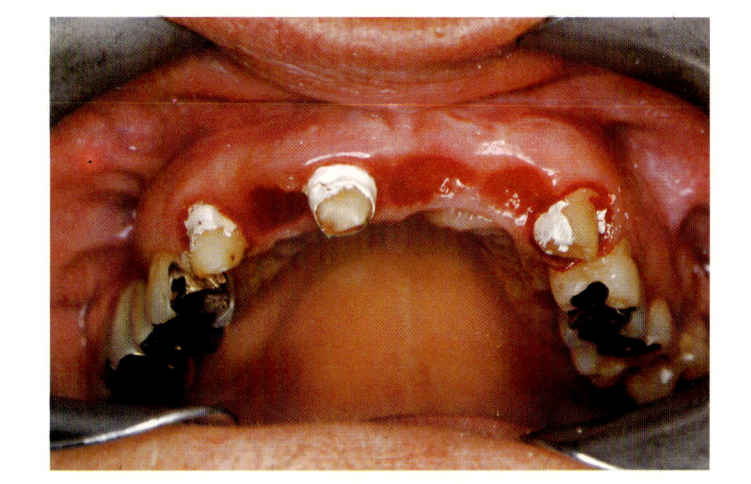

Abb. 4.26 Situation unmittelbar nach Abnehmen der zwei Monate lang getragenen kunststoffverkleideten Übergangsbrücke; die Patientin scheute normale Mundpflege, um die Brücke nicht zu lockern

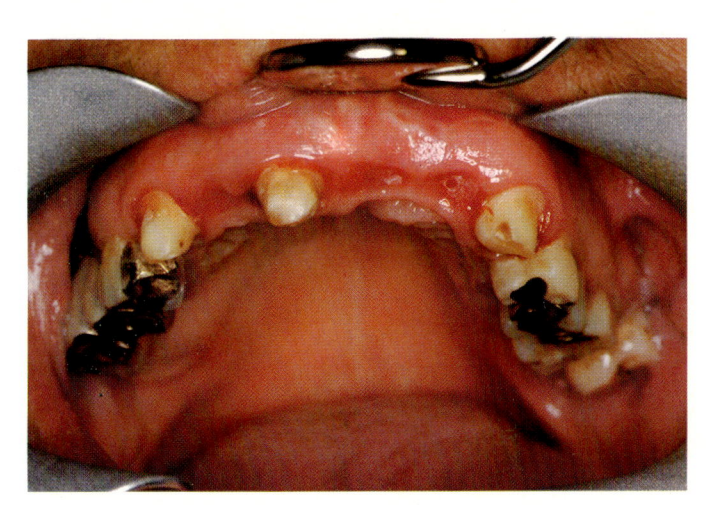

Abb. 4.27 Zustand zehn Tage später, vor Eingliederung der endgültigen Brücke

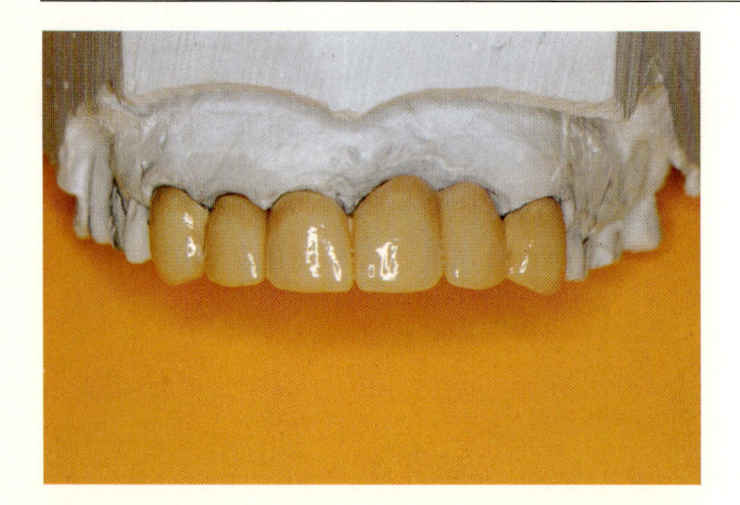

Abb. 4.28 Metallkeramische Brücke von 13 über 11 nach 23 auf dem OK-Modell

Abb. 4.29 Ansicht der metallkeramischen Frontzahnbrücke mit glasierten Brückenzwischengliedern von der Basis her

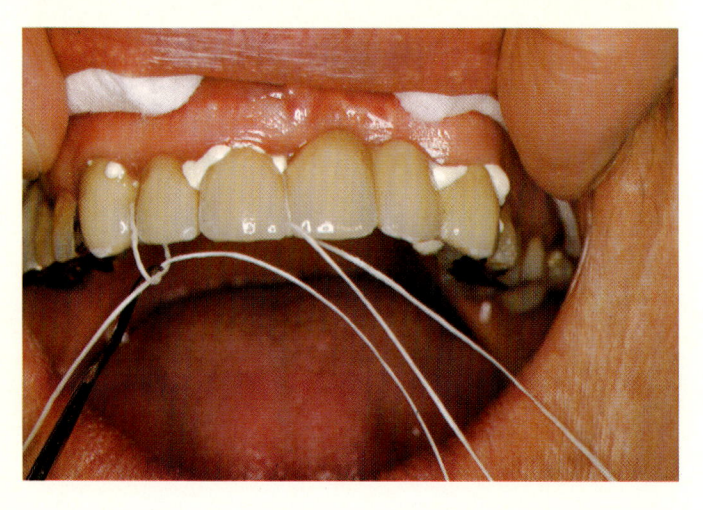

Abb. 4.30 Eingliederung der MK-Frontzahnbrücke mit feinkörnigem Phosphatzement unter Verwendung von Fäden. Mit diesen werden Zementreste unter den Brückenkörpern leicht entfernt

4. Fall 183

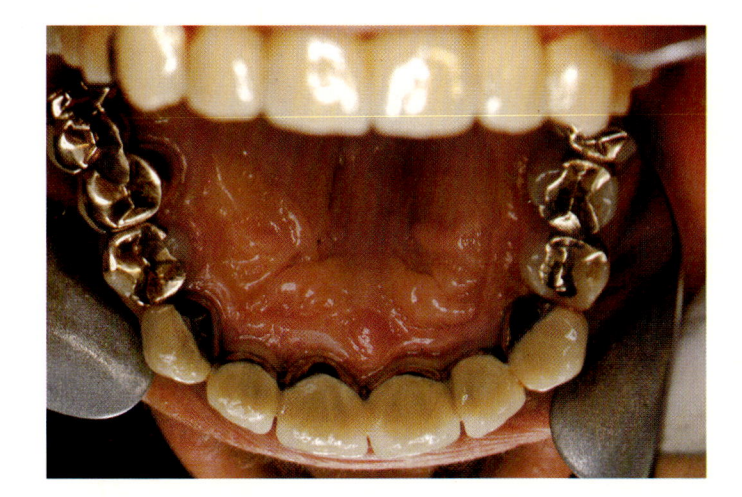

Abb. 4.31 Situation der palatinalen Seite (Spiegelaufnahme) unmittelbar nach der endgültigen Eingliederung

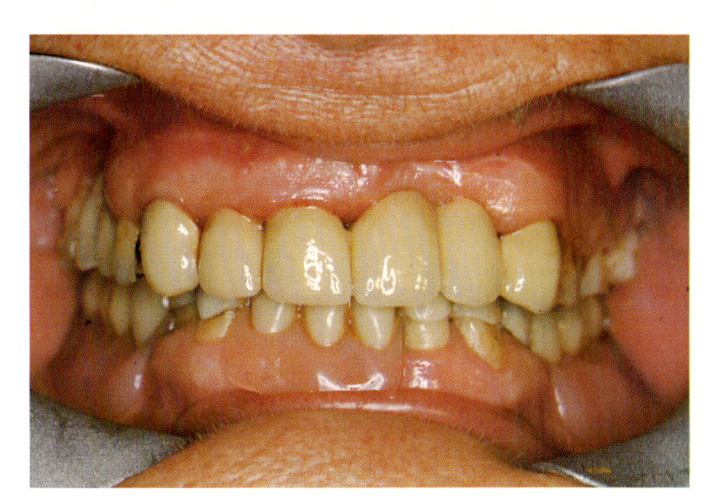

Abb. 4.32 Abschlußaufnahme in habitueller Okklusion unmittelbar nach Eingliederung und Feineinschleifen

5. Fall

Frau E. L., 57 Jahre alt
Vollständige Rehabilitation des OK und UK mit fixiertem antagonistischem Kontakt. Kombinierter Zahnersatz im OK und UK unter Verwendung von metallkeramischen Kronen und Brücken.

Die Schilderung der Behandlung von Frau E. L. soll nicht, wie in den bisherigen Behandlungsbeispielen, genau dem Ablauf entsprechend erfolgen, sondern die Anwendbarkeit keramisch verkleideter Kronen und Brücken im kombinierten Zahnersatz (aus fest eingliederbaren und herausnehmbaren Teilen bestehend) aufzeigen. Die Gesamtbehandlung wird mit Befunderhebung, Herstellung von Anfangsmodellen des OK und UK sowie dem Röntgenstatus eingeleitet, denen die Bewertung der Befunde, die Planung der Behandlung und des Behandlungsablaufes folgen. – Wegen abzuwartender Ausheilungsphasen sind sowohl für den Unterkiefer als auch für den Oberkiefer Immediatversorgungen, bestehend aus Kronen und schleimhautgelagerten partiellen Prothesen, einzuplanen. Der Patientin muß eine mehrmonatige Behandlungsdauer in Aussicht gestellt werden.

Die Behandlung bei der vollständigen oralen Rehabilitation von Ober- und Unterkiefer erfolgt in diesem Falle nach bewährten Regeln:
- Vorgefundene Okklusionshöhe nicht verändern!
- Ruheschwebe des Unterkiefers von 2 bis 3 mm aufrechterhalten!
- Die gesicherte, habituelle Okklusion nicht ohne *vorherige* Relationsbestimmung aufheben: z. B. beim Beschleifen in antagonistischen Stützzonen.
- Zunächst den Unterkiefer versorgen!

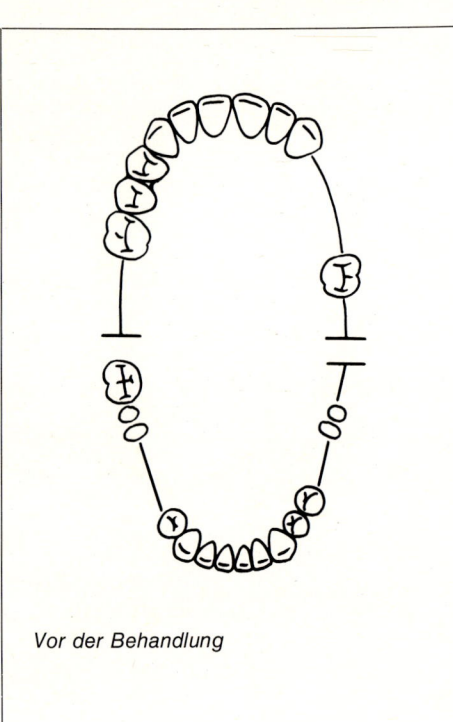

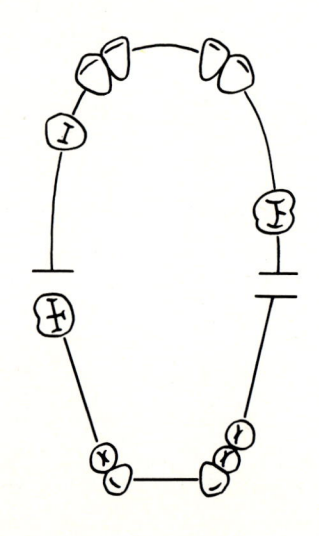

Vor der Behandlung

Nach der Vorbehandlung

- Die Spee'sche Kurve beiderseits im UK muß bei der Behandlung berücksichtigt werden.
- Die sogenannte Handbißnahme und die Arbeit im Mittelwertartikulator sind in diesem Falle ausreichend.
- Erst nach erfolgter UK-Versorgung mit der OK-Behandlung beginnen!
- Provisorische Versorgungen müssen immer so stabil sein, daß der Patient ohne Befürchtungen »unter Menschen gehen« kann.
- Zeitliche Pressionen sind für vollständige, orale Rehabilitationen nicht förderlich.
- Vor der endgültigen Eingliederung: Einschleifen in sicherer habitueller Okklusion und Spee'scher Kurve!
- Nach dem Zementieren der Krone und Brückenteile ist Okklusions- und Artikulationskontrolle notwendig.
- Feineinschleifen ist immer erforderlich.

Aufgrund dieser Planungs- und Behandlungsgrundsätze *beginnt die Behandlung im Unterkiefer mit Extraktionen* (Abb. 5.2 und 5.3) und immediatprothetischer Versorgung, da der Oberkiefer noch über einige Zeit so bleiben kann, wie er sich in Jahren entwickelt hat (Abb. 5.1). – Diejenigen Kronen im UK, die im sichtbaren Bereich liegen (44 und 34), werden mit metallkeramischen Facettenkronen versorgt. Sie können im UK die labiale Stufe mit einem Edelmetallrand übergreifen, da dieser nicht sichtbar ist. Auf der rechten Kieferseite ist von 44 nach 48 (Gußkrone) ein Dolder-Steggelenk geplant, auf dem der partielle untere Zahnersatz parodontal abgestützt ist; links im UK ist an die Modellgußprothese aus Edelmetall ein Freiendsattel mit Ersatz der Zähne 36 und 37 durch Teleskopierung auf 35 starr gelagert (Abb. 5.4). Das Außenteleskop ist mit zahnfarbenem Kunststoff verkleidet. Die keramische Verkleidung von Außenteleskopen ist eine der wenigen Kontraindikationen für die »Metallkeramik«. Es kann der Grundsatz aufgestellt werden, alle diejenigen Teile eines kombinierten Zahnersatzes, die fest eingegliedert sind, keramisch zu verkleiden. Das bedeutet andererseits, daß die aus dem Munde jederzeit vom Patienten selbst oder vom Zahnarzt herausnehmbaren Anteile durchaus mit Kunststoff verkleidet oder (bei Prothesen) mit Kunststoffzähnen bestückt sein können. Eine ästhetische Verbesserung wegen eintretender Verfärbung oder eine funktionelle Korrektur wegen Abrasion der Kunststoffanteile oder -zähne kann, wenn mit dem Laboratorium vorher vereinbart, in wenigen Stunden vorgenommen werden! Die in Abb. 5.5 von der Schleimhautseite her gezeigte partielle Prothese ist in die funktionsarmen Bereiche des Vestibulum und Cavum oris hinein extendiert. Charakteristisch für den dargestellten, kombinierten Unterkiefer-Zahnersatz (in situ Abb. 5.6) ist die Abänderbarkeit. Zu einem späteren Zeitpunkt können z. B. die beiden unteren Eckzähne (43 und 33) in den Zahnersatz einbezogen werden, oder allein als Pfeiler, für eine UK-Versorgung (z. B. der Lösung »fünf Minuten vor zwölf« nach Dolder) herangezogen werden.

Wie so häufig, entscheidet sich die Patientin bei der prothetischen Versorgung des Oberkiefers, offensichtlich wegen der sichtbaren Frontzähne, nicht für die abänderbare prothetische Lösung mit herausnehmbarem Ersatz auch der Zähne 11 und 21, sondern für die achtgliedrige, keramisch verkleidete Brücke von 15 nach 23. Ein herausnehmbarer Zahnersatz ist nicht zu vermeiden, wenn 14 Zähne des Oberkiefers ersetzt bzw. wieder aufgebaut werden sollen. Insofern ist die Zahnpfeiler-Verteilung im OK (Abb. 5.7) als günstig zu bezeichnen, da sich nur ein kurzer Freiendsattel im rechten Oberkiefer ergeben wird, der jedoch gut extendierbar ist. Somit kann die OK-Modellgußprothese, wie im Unterkiefer, starr und parodontal gelagert werden (Abb. 5.8). Distal der Brücke werden bei 15 und 23 aktivierbare Präzisionsgeschiebe (Degussa Nr. 2401, 2352) intrakoronal eingearbeitet, während der Zahn 27 eine in die Krone eingelagerte Gußklammer erhält (Abb. 5.9 und 5.10).

Da alle einbezogenen Brückenpfeiler mit einer Ausnahme (Zahn 23) vital sind, ist mit der Notwendigkeit der »Abänderbarkeit« des OK-Zahnersatzes in absehbarer Zeit nicht zu rechnen. Diese besteht nur bei Verlust des als Prothesenpfeiler herangezogenen Molaren 27; dieser Zahn könnte jederzeit, nach Verlust, leicht in den herausnehmbaren Zahnersatz einbezogen werden. Die partielle Prothese würde durch die Präzisionsgeschiebe genügend Halt haben.

Auch im Oberkiefer sind die sichtbaren, festsitzenden Teile des Zahnersatzes metallkeramisch verkleidet (Abb. 5.11); für den kunststoffverkleideten, herausnehmbaren Teil gilt das gleiche wie für den Unterkiefer.

Der Erfolg jeder prothetischen Arbeit ist letzlich abhängig vom Gelingen des Einzementierens der fest eingliederbaren Anteile eines kombinierten Zahnersatzes. Dieser Arbeitsvorgang erfordert viel Zeit – und Übung – und gute Zusammenarbeit mit der Helferin, die den Zement anrührt und in die Kronen einlegt u. a.

Unterkiefer- und Oberkieferzahnersatz sollten nacheinander eingegliedert werden. Zwischenzeitlich sind Kontrollen der Okklusion notwendig, um Fehler sofort ausgleichen (in schweren Fällen in Zusammenarbeit mit dem Laboratorium abändern) zu können. – Wird z. B. zuviel Zementbrei in die Kronen eingelegt, fließt dieser unter die herausnehmbaren Anteile des Zahnersatzes und härtet dort aus. Auf diese Weise kann die Entfernung der herausnehmbaren Anteile des Zahnersatzes problematisch werden. Die Verteilung von Vaseline auf dem herausnehmbaren Zahnersatz und den äußeren Abschnitten der festsitzenden Kronen und Brücken als Isolierschicht erleichtert wesentlich die Entfernung abgebundenen Phosphatzementes und damit die beabsichtigte Entfernung der herausnehmbaren, partiellen Prothesen. Was ist zu tun, wenn Phosphatzement das Herausnehmen der mobilen Prothesenanteile verhindert? Erstes Gesetz: Ruhig bleiben! Nicht zu viel am herausnehmbaren Teil des Zahnersatzes ziehen, sonst kommen die eben zementierten Kronen mit heraus oder sogar der oder die Pfeilerzähne! Auf keinen Fall mit dem Bleihammer und dem Hirtenstab arbeiten, sondern abwarten! (Gewaltanwendung ist bei metallkeramischen Arbeiten in der Regel verhängnisvoll, weil beim Hebeln oder Zerren leicht keramische Abschnitte muschelförmig ausplatzen können.) – Der Patient muß den Zahnersatz einige Tage tragen, auch ohne ihn herausnehmen zu können. Dann wird die Lösung des herausnehmbaren Prothesenteiles durch den Zahnarzt wiederum versucht. Innerhalb einer Trage- und Gebrauchsperiode von einigen Tagen werden möglicherweise die behindernden Phosphatzementbrocken vom Speichel angelöst oder unter Funktion der Metallteile aufeinander so zerrieben, daß das Herausnehmen doch noch gelingt. Das Aufschneiden eingegliederter Kronen o. ä. ist die letzte Behandlungsmöglichkeit! Den *Abschluß* der Behandlung bildet das

Feineinschleifen, wenn die herausnehmbaren Teile des Zahnersatzes sich eingelagert haben und wirklich »gängig« sind (Abb. 5.12). In der Regel haben die Patienten ein außerordentlich gut ausgeprägtes Gefühl für eine sichere, ausgeglichene habituelle Okklusion und Artikulation.

Überraschenderweise stellt man immer wieder fest, daß die Patienten trotz langer Behandlungszeit beim Abschluß mit dem eingegliederten Zahnersatz, besonders den herausnehmbaren Anteilen einer kombinierten Versorgung, nicht umgehen können. Sie müssen daher lernen, welcher Zahnersatz im Oberkiefer und welcher im Unterkiefer einzusetzen ist, und wie das gemacht wird. Viele Patienten sind trotz offenkundiger Intelligenz manuell ungeschickt und nur nach Unterweisung und Übung in der Lage, ihren Zahnersatz herauszunehmen und wieder einzugliedern. Sie müssen mehrfach angeleitet werden, am besten vor dem Spiegel, und Hilfen erhalten, bis sie es wirklich selbständig bewerkstelligen können. Diese Unterweisung kann mehr Zeit in Anspruch nehmen, als vorherzusehen ist. Mit den Schwierigkeiten steigt die Nervosität beim Patienten, aber auch beim Zahnarzt. Der Patient muß stets die Möglichkeit erhalten, schon am nächsten Tage wieder in die Praxis kommen zu können. Die Abreise in die Ferien am nächsten Morgen ist eine Kontraindikation für die Eingliederung von kombiniertem Zahnersatz! Eine Inkorporationszeit von mindestens einer Woche sollte im Behandlungsplan berücksichtigt sein.

Es sei bemerkt, daß die in dieser Darstellung behandelte Patientin »aus der Konfektion« – also dem Schneidereigewerbe – stammte. Sie konnte vom ersten Augenblick an sowohl mit dem unteren als auch mit dem oberen herausnehmbaren Zahnersatz völlig selbständig umgehen. Eine sehr seltene Beobachtung bei erstversorgten Patienten!

Die Behandlung nahm 22 Sitzungen in Anspruch, die eine Dauer zwischen 20 Minuten und zwei Stunden beanspruchten. Die gesamte Behandlungszeit betrug im Unterkiefer ca. acht Stunden, im Oberkiefer ca. acht Stunden und 30 Minuten, ohne daß einschneidende unvorhersehbare Mißerfolge und Wiederholungsarbeiten eintraten. Außerdem waren vier Nachsorgesitzungen zum Einschleifen, Druckstellenentfernen und Unterfüttern des Unterkiefer-Zahnersatzes notwendig. Dies alles sollte man wissen, bevor man umfangreiche Behandlungen durchführt, und auch der Patient muß vorher eine Zeitvorstellung erhalten und diese akzeptieren. Der zeitlich stark belastete, nervöse Patient überträgt diese Nervosität allzu leicht auf den Zahnarzt und seine Mitarbeiter. Bei umfangreichen prothetischen Versorgungen treten unter solchen Umständen immer unvorhergesehene Fehler auf und verlängern die Gesamtbehandlung.

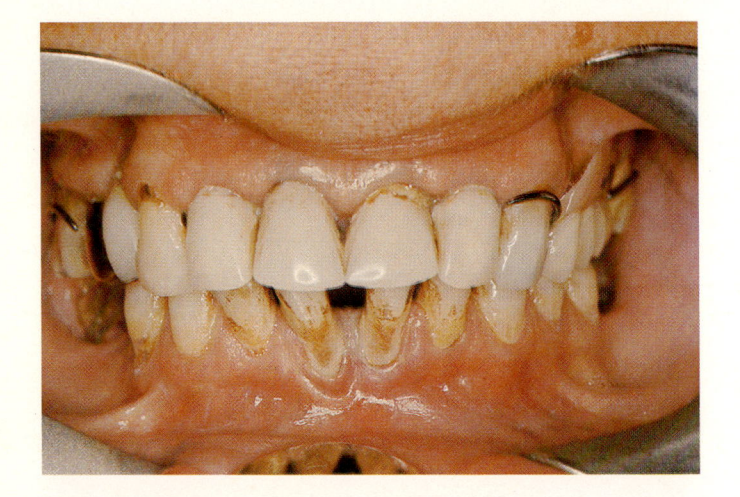

Abb. 5.1 Ausgangsbefund bei einer siebenundfünfzigjährigen Patientin, die eine vollständige orale Rehabilitation wünscht. Im Oberkiefer vor Jahren u. a. mit einer schleimhautgelagerten partiellen Kunststoffprothese und diversen Kronen versorgt

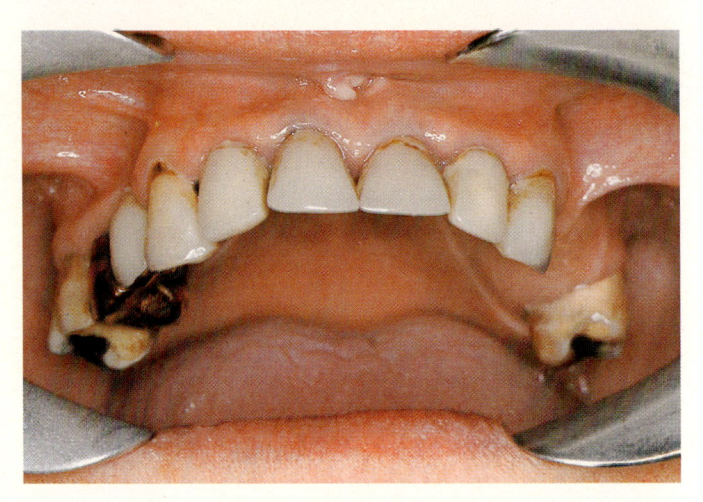

Abb. 5.2 Nicht alle Zähne des Oberkiefers können erhalten werden; 11, 21 und 16 sind zu extrahieren

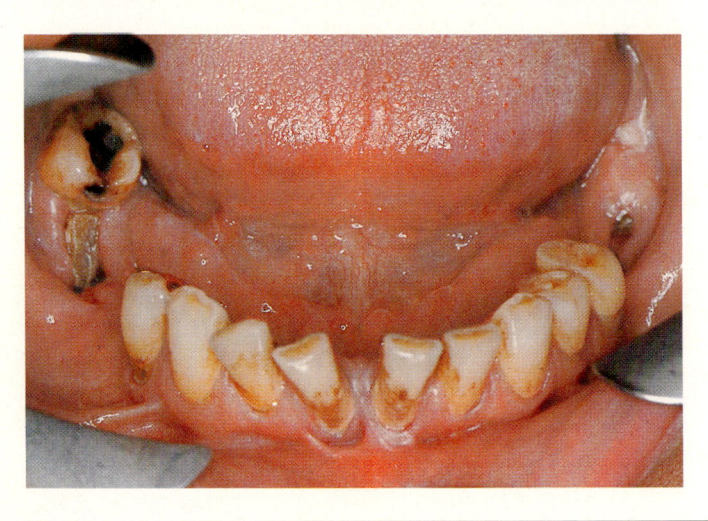

Abb. 5.3 Im Unterkiefer werden die vier Schneidezähne sowie die Wurzelreste entfernt, für einige Wochen wird eine Immediatprothese getragen

Abb. 5.4 Der Unterkiefer wird zuerst prothetisch versorgt. Die partielle Prothese ist auf der rechten Seite auf einen Steg von der MK-Krone 44 zur Gußkrone 48 gelagert, die vier Frontzähne sind an einem Modellguß aus Edelmetall befestigt, und der Freiendsattel links ist teleskopierend starr mit dem Kronenblock 34 (metallkeramische Krone) und dem Primärteleskop 35 verankert. Die im Munde fest zementierten Kronen 44 und 34 sind demnach metallkeramische Kronen, während die Verkleidung von 35 mit Kunststoff erfolgt. Die Modellgußprothese ist mit Kunststoffzähnen versehen

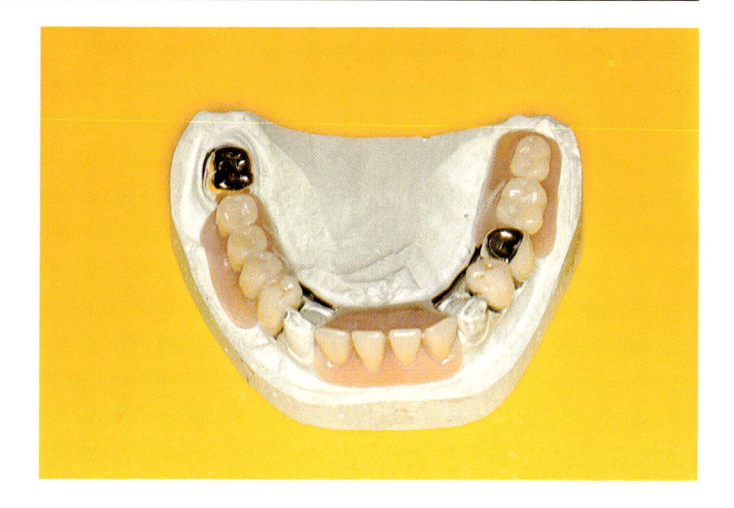

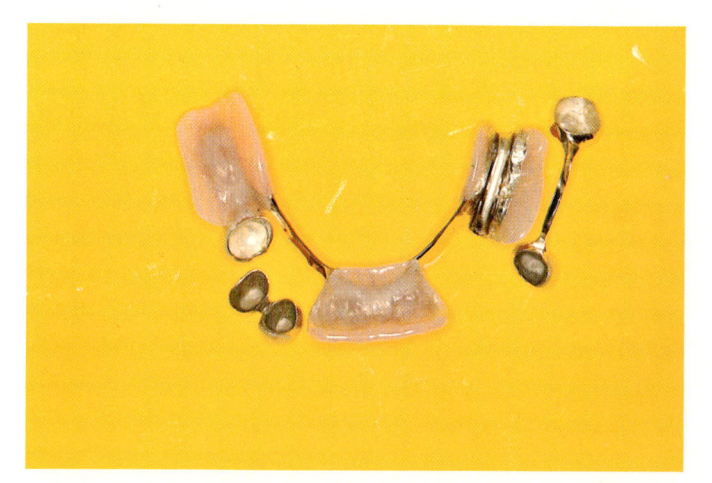

Abb. 5.5 Ansicht des aus festsitzenden und herausnehmbaren Anteilen bestehenden kombinierten Zahnersatzes von der Schleimhautbasis her, zerlegt in die Einzelteile

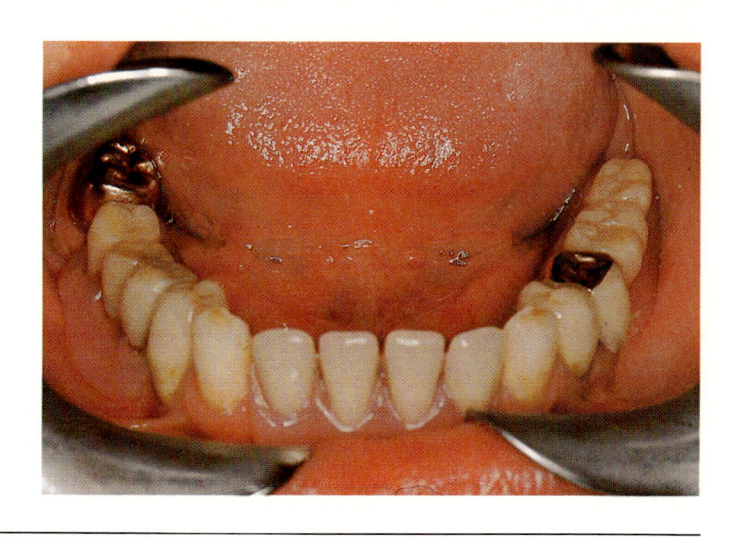

Abb. 5.6 Prothetische Versorgung des Unterkiefers in situ, die Zähne 43 und 33 sind in den Zahnersatz bisher nicht einbezogen worden. Das kann zu einem späteren Zeitpunkt, wenn eine Abänderung notwendig wird, erfolgen

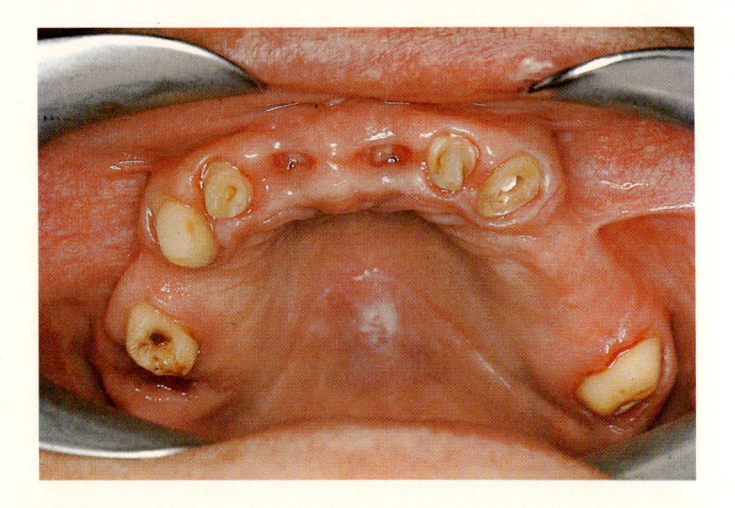

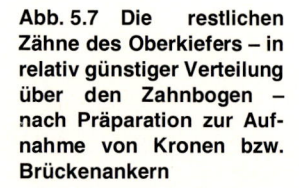

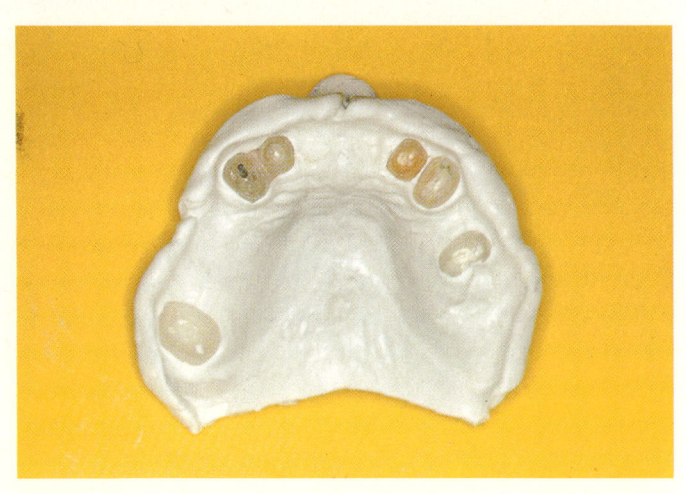

Abb. 5.7 Die restlichen Zähne des Oberkiefers – in relativ günstiger Verteilung über den Zahnbogen – nach Präparation zur Aufnahme von Kronen bzw. Brückenankern

Abb. 5.8 Der Sammelabdruck über den gesamten Oberkiefer mit einem individuellen Löffel und Lastic 55 enthält sechs Übertragungskappen, die z. T. im Munde mit schnellhärtendem Kunststoff verbunden bzw. durch Auftragen von Autopolymerisat so geformt wurden, daß sie alle fest im Abdruck verblieben. Gelingt die Abformung in dieser Weise, kann die gesamte Oberkieferversorgung ohne Gerüsteinprobe fertiggestellt werden, sofern die Relation des UK zum OK festgelegt worden ist oder noch bestimmt wird

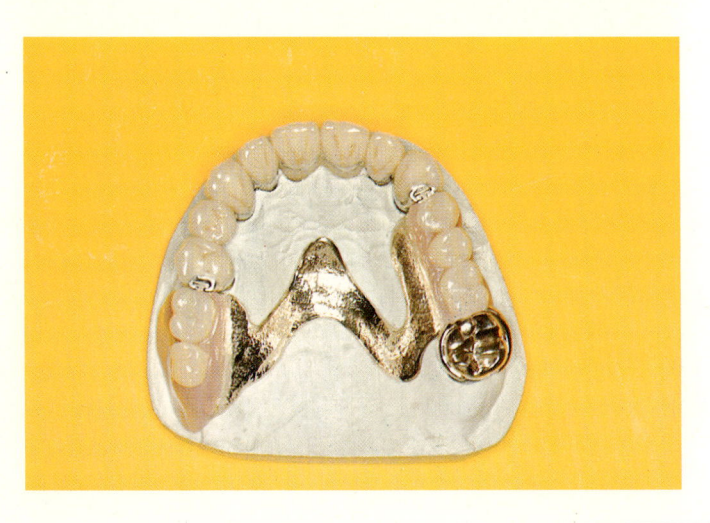

Abb. 5.9 Die prothetische Versorgung des Oberkiefers besteht aus einer metallkeramischen Brücke von 15 über 13, 12 bis nach 22 und 23. Eine partielle Modellgußprothese ist an 15 und 23 mit Präzisionsgeschieben verankert und bei 27 mit einer eingefrästen Gußklammer starr parodontal abgestützt

5. Fall 191

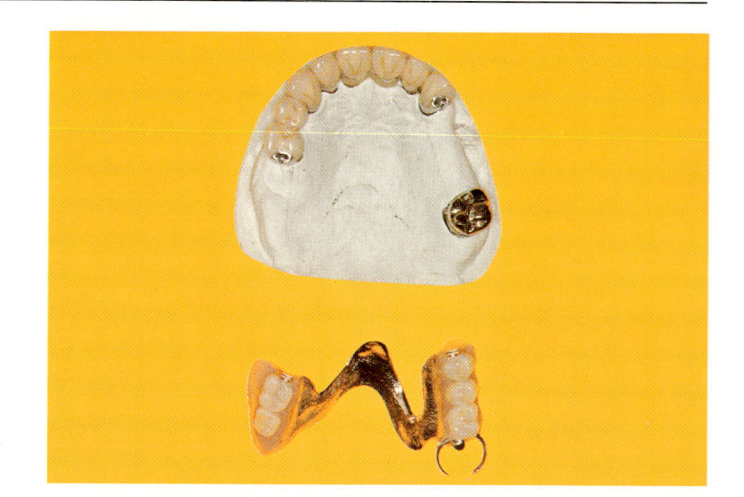

Abb. 5.10 Die beiden Teile des kombinierten Oberkiefer-Zahnersatzes getrennt; auf dem Modell die MK-Brücke und die Gußkrone 27

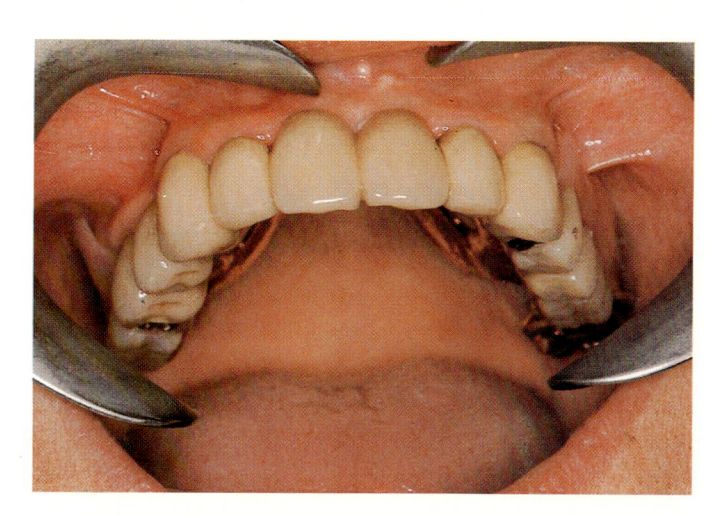

Abb. 5.11 Prothetische Versorgung des Oberkiefers in situ. Die fest zementierbaren Anteile sind keramisch verkleidet, die künstlichen Zähne der partiellen Prothese bestehen aus Kunststoff

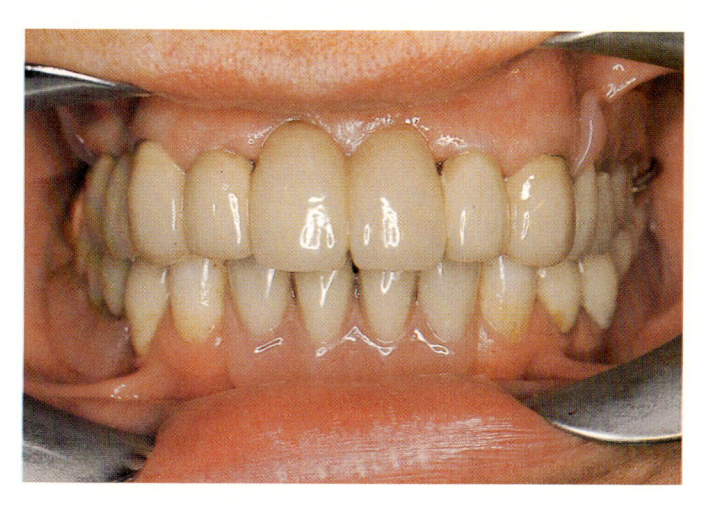

Abb. 5.12 Vollständige Rehabilitation von Ober- und Unterkiefer in habitueller Okklusion nach dem Zementieren der fest eingesetzten Teile und Feineinschleifen

Weitere Beispiele für metallkeramisch verkleideten Zahnersatz

6. Die große Brücke

Die große metallkeramisch verkleidete Brücke unterliegt aus verschiedenen Gründen anderen Regeln als der gleiche Zahnersatz in kunststoffverkleideter Form. Die zu erwartenden Schwierigkeiten liegen nicht so sehr im klinischen Ablauf der Behandlung als vielmehr in der Herstellung im Laboratorium und in der Eingliederung.

Gelegentlich kann man in Werbeschriften oder Anzeigen der Fachzeitschriften die vierzehn- oder gar sechzehngliedrige Metallkeramikbrücke in einem Stück gegossen sehen (siehe Abb. 8). Es mag sein, daß dieser Gußvorgang im Laboratorium heute durchführbar ist und wirklich alle Teile gut ausgeflossen sind, aber schon das Gerüst einer großen Brücke aus einem Stück kann aus mehreren werkstoffkundlichen Gründen nicht modellgerecht passen.

Die keramische Verkleidung des Brückengerüstes erfordert mehrmaliges Erwärmen auf die Schmelztemperatur der keramischen Massen, d. h. auf ca. 950° C. Für Edelmetall-Legierungen liegt der Abstand zur Soliduslinie des Schmelzintervalls in der Regel ca. 150° C höher als die Sinterungstemperatur der keramischen Massen, ebenso bei den sogenannten Spargold-Legierungen. Ein günstigerer Abstand von ca. 300° C Unterschied besteht bei den Nichtedelmetall-Legierungen. Mit der Verringerung des Temperaturabstandes Schmelzintervall der Metall-Legierung zu Sinterungstemperatur der keramischen Massen sinkt die Standfestigkeit des Brückengerüstes im Brennofen. Um hier Verschiebungen oder Durchbiegungen der Brückenkörper zu vermeiden, müssen die Brückenanker an allen möglichen Stellen während des Brennvorganges gut abgestützt sein. Für die große Metallkeramikbrücke besteht demnach eine von der Kunststoffverkleidung her nicht bekannte Herstellungsschwierigkeit in bezug auf die Paßgenauigkeit. Hinzu kommt die keramische Grundregel, daß die endgültige Form des Zahnersatzes in möglichst wenigen Bränden (drei bis fünf) hergestellt werden soll, um Veränderungen in den bereits gebrannten keramischen Abschnitten (Rekristallisation, Auftreten von Spannungen) zu vermeiden. Je größer die Brückenausdehnung ist, um so höher sind die Anforderungen an die Vorstellungskraft des Zahntechnikers beim Auftragen und Modellieren der ungebrannten keramischen Massen, die ja während des Brennvorganges zwischen 15 und 30 Vol.-% zusammensintern. So besteht die Gefahr, daß der Zahntechniker häufiger als wünschenswert brennen muß und damit nicht erkennbare Formungenauigkeiten und Qualitätsnachteile in die fertige Brücke einarbeitet. – Man sollte daher diese »akrobatische« technische Leistung nicht von seinem Zahntechniker verlangen.

Es bleibt immerhin die Möglichkeit, die dargestellten Komplikationsmöglichkeiten bei Edelmetall-Gerüsten durch Herstellung der großen Brücke in zwei, meistens drei Teilen zu umgehen. Die Lötung dieser Brückenteile erfolgt dann nach dem Aufbrennen der keramischen Massen. Aber auch der Lötvorgang keramisch verkleideter Brückenabschnitte ist keine technisch einfach zu bewerkstelligende Arbeit. Auch bleibt die mehrmalige Erwärmung der Brücke auf Löttemperatur (745 bzw. 800° C) notwendig, was ebenfalls zu den oben geschilderten Veränderungen führen kann.

Voraussetzung für die Eingliederung der großen metallkeramischen Brücke in den Mund durch Zementieren ist die spannungsfreie Adaptation (Applikation) auf die Brückenpfeiler. Bei diesem Arbeitsgang darf keinesfalls gedrückt oder Gewalt angewendet werden. Zu schnell können Sprünge oder muschelförmige Aussprünge in der Keramik entstehen; Schäden, die im Grunde nicht reparabel sind. Keramische Massen sind äußerst empfindlich gegen Innendruck (Zugspannungen), wie er z. B. beim Verkanten der Metallkeramikbrücke leicht entstehen kann. Dagegen ist Druck auf die keramischen Massen von außen, wie er beim Kauen entsteht, nahezu ungefährlich.

Die geschilderten Schwierigkeiten können umgangen werden, wenn die große, metallkeramisch verkleidete Brücke durch Präzisionsgeschiebe (Degussa Nr. 2 aus HSL; hochschmelzende Platingold-Legierung) teilbar gestaltet wird. Die Abbildungen 6.1 bis 6.5 zeigen das Beispiel einer sechzehngliedrigen Brücke, die auf acht Pfeilerzähnen verankert wird. Distal der Eckzähne 13 und 23 sind die Geschiebe bereits wegen der Angußfähigkeit von HSL in das Brückengerüst eingegossen worden (Abb. 6.3). An diesen Stellen bleibt die Brücke getrennt (Abb. 6.4); die Geschiebe (Abb. 6.5) werden nicht mit Zement ausgefüllt.

Sowohl das Gießen als auch die keramische Umkleidung der drei Gerüstteile erfolgen einzeln. Der Frontzahnteil der Brücke von 13 nach 23 (Abb. 6.1) wird unter Berücksichtigung der ästhetischen Wünsche des Patienten, die nach einem Kunststoff-Provisorium abgesprochen sind, zuerst hergestellt, inklusive des Glasurbrandes.

Dann werden die Seitenzahnbrücken keramisch umbrannt und vor dem abschließenden Glasurbrand in der Gegend der Geschiebe sehr genau durch Feinschleifen angepaßt. Die im Labor fertiggestellte MK-Brücke ist in Abb. 6.2 zu sehen. Bei 15, 22 und 24 sind Wurzelansätze (Pontopin) zu erkennen, die in die relativ wenig ausgeheilten und gering ossifizierten Alveolen hineinreichen.

Auch für die Eingliederung durch Zementieren ergeben sich aus der Teilbarkeit der großen Brücke Vorteile. Das Zementieren kann z. B. in zwei Phasen erfolgen. Zunächst wird der Frontzahnteil mit fünf Brückenankern fest eingegliedert, jedoch nicht ohne sich der Führung der gesamten Brücke durch die anderen beiden Brückenteile zu bedienen. Das heißt, es werden, während der Frontzahnabschnitt zementiert wird, die Seitenzahnbrücken ebenfalls an Ort und Stelle gebracht. Nach dem Abbinden des Zementes können sie wieder aus dem Munde entfernt und dann ihrerseits einzeln oder gemeinsam zementiert werden.

Die Ausdehnung der Brücke läßt dieses Vorgehen nacheinander ratsam erscheinen, insbesondere, wenn man einen solchen Zahnersatz erstmalig hergestellt hat und eingliedern muß. Die empfohlene Methode der Teilbarkeit in der dargestellten Weise (Abb. 6.4) hat weiterhin noch den Vorteil der Abänderbarkeit der großen Brücke in eine Frontzahnbrücke mit partiellem Zahnersatz für einen oder beide Seitenzahnbereiche, sofern einer der Brückenanker verlorengeht. Die Verankerung der Teilprothese erfolgt dann mittels Präzisionsgeschieben und somit in einer ästhetisch akzeptablen Form.

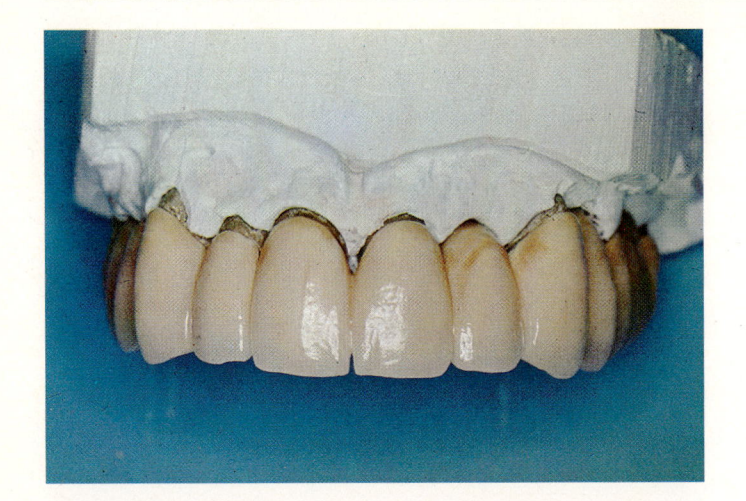

Abb. 6.1 Frontzahnbereich 13 bis 23 einer sechzehngliedrigen MK-Brücke. Form und Stellung der Zähne sind von den ursprünglichen Frontzähnen auf die provisorische Frontzahnbrücke aus Kunststoff übertragen sowie nach den Wünschen des Patienten korrigiert worden. Ein Modell dieser Frontzahnreihe stand dem Keramiker für seine Arbeit zur Verfügung

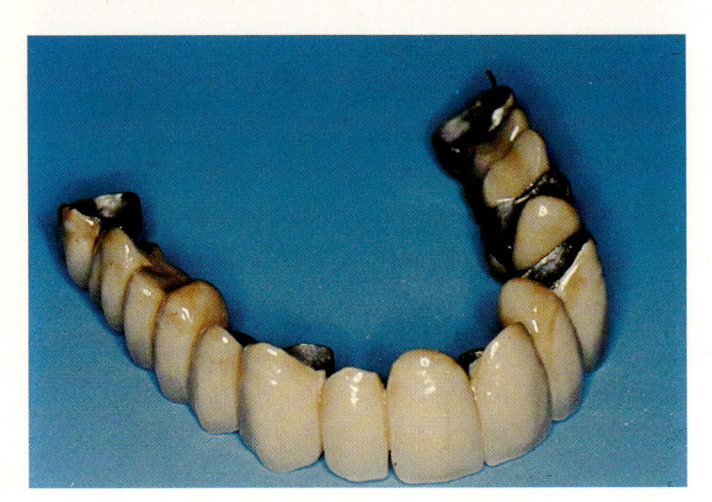

Abb. 6.2 Überblick über die »große Brücke«, die metallkeramisch verkleidet ist. Pontics (Wurzelansätze) sind bei 15, 22 und 24 zu erkennen. An diesen Stellen erfolgten erst vor wenigen Wochen Extraktionen, daher sind die Um- und Abbauvorgänge in diesen Kieferkammabschnitten noch nicht abgeschlossen

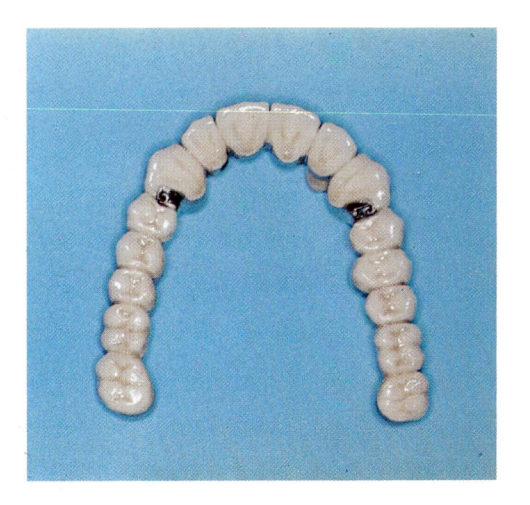

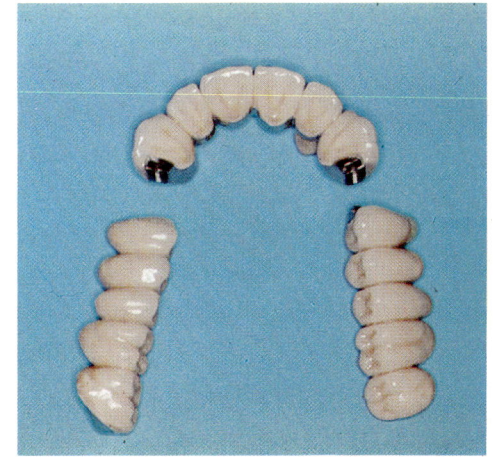

Abb. 6.3 Aus labortechnischen und klinischen Gründen ist es empfehlenswert, große Brücken durch Präzisionsgeschiebe auseinandernehmbar herzustellen. Distal von 13 und 23 sind diese Geschiebe in das Brückengerüst aus der Edelmetall-Legierung Degudent Universal eingearbeitet worden

Abb. 6.4 Durch die Präzisionsgeschiebe kann die »große Brücke« in drei Teilen hergestellt, gebrannt und einzementiert werden. Besonders wichtig ist dabei die keramische Herstellung in drei unabhängigen Brennvorgängen

196 *Weitere Beispiele für metallkeramisch verkleideten Zahnersatz*

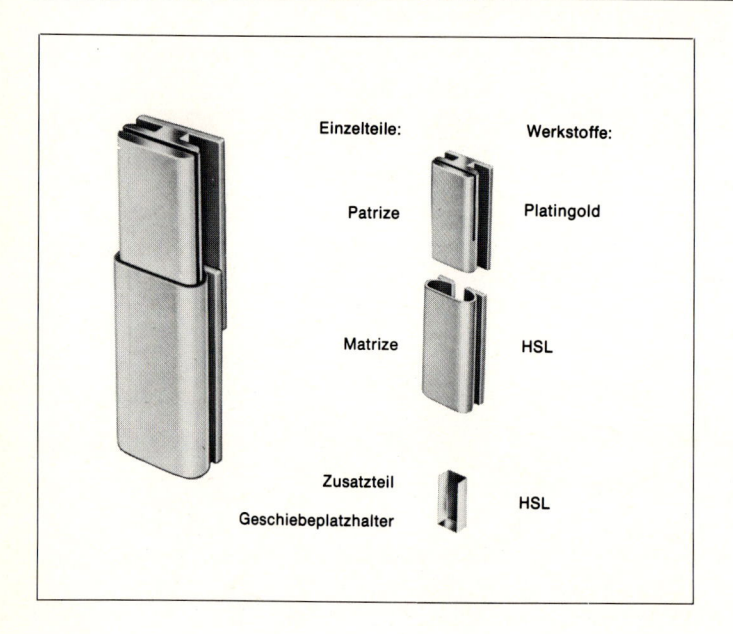

Einzelteile: Werkstoffe:

Patrize — Platingold

Matrize — HSL

Zusatzteil
Geschiebeplatzhalter — HSL

Abb. 6.5 Skizze des Präzisionsgeschiebes aus einer angußfähigen Platingold-Legierung (Degussa Nr. 2 aus HSL)

7. Kombinierter Zahnersatz mit metallkeramisch verkleideten Anteilen unter Anwendung der Frästechnik

Bereits durch die Darstellung einer Patientenbehandlung (5. Patient) ist demonstriert worden, daß in kombiniertem Zahnersatz, bestehend aus fest einzementierten und herausnehmbaren Anteilen, bei Kronen und/oder Brücken metallkeramische Verkleidung möglich ist. Diese Arbeitsweise stellt gegenüber den bei Einführung der Metallkeramik auf Edelmetallgerüsten angegebenen Indikationen eine wesentliche Erweiterung und Bereicherung der Möglichkeiten dar. Abb. 7.1 und 7.2 zeigen einen solchen kombinierten Zahnersatz, bei dem die Pfeilerzähne 13, 12 und 11 sowie 23 und 24 durch Kronenblöcke verbunden und metallkeramisch verkleidet sind; jedoch sind sie zusätzlich zur Verankerung der partiellen Prothese noch gefräst.

Die herausnehmbare partielle Modellgußprothese ist aus Edelmetall (Degulor M) gegossen und skelettiert (Abb. 7.2). Die beiden künstlichen Frontzähne 21 und 22 (Abb. 7.1) bestehen aus keramischem Material, sind also sogenannte Porzellanzähne. Das ist aus Gründen der Farbbeständigkeit gegenüber der keramischen Verkleidung günstig. Bei den Seitenzähnen handelt es sich um Kunststoffzähne, da wegen der Unterbringung der Modellguß-Retentionen im Basiskunststoff kein Platz für keramische Prämolaren und Molaren bleibt. Sie müßten an ihrer Basis so stark beschliffen werden, daß eine ausreichende Retention im Kunststoff nicht mehr gewährleistet wäre.

Von *A. Gaerny* ist die Methode der teilteleskopierten gefrästen Kronen und Brücken als Anker entwickelt worden. Mit dem herausnehmbaren Schienungsteil bezweckte er gleichzeitig den temporären Interdentalraumverschluß (IRV). Diese Schiene nimmt im Munde Beläge und Zahnstein auf und ist vom Patienten leicht zu reinigen, wenn sie herausgenommen wird. Diese auf Prophylaxe abzielende Maßnahme erfährt eine wesentliche Verbesserung, wenn die fest eingegliederten Teile des kombinierten Zahnersatzes nicht mit zahnfarbenem Kunststoff, sondern metallkeramisch verkleidet werden, da keramische Oberflächen wesentlich geringere Plaqueretention zulassen als Kunststoffoberflächen.

Im Rahmen der Bemühungen um Indikationserweiterung der Metallkeramik auf Edelmetallgerüsten beobachtet der Verfasser bei einigen Patienten den nach dem Prinzip *Gaernys* eingegliederten, kombinierten Zahnersatz seit mehr als zehn Jahren (z. B. ist eine Patientenversorgung im 4. Leitfaden der Degussa zur Metallkeramik beschrieben).

Eine gewisse anfängliche Schwierigkeit bestand darin, daß die Vickershärte in kp/mm² bei Edelmetall-Legierungen wie Degudent (heute als Degudent N bezeichnet) zwischen 170 und 200 liegt und daher schwer fräsbar ist. Der Zahntechniker klagt darüber, daß das Metall »schmiert«, d. h. zu duktil ist. Durch die Entwicklung und Einführung härterer, aufbrennfähiger Edelmetall-Legierungen, z. B. Degudent Universal (Vickershärte 200 bis 242 kp/mm²) sind die technischen Schwierigkeiten, die Fräsbarkeit betreffend, behoben.

Es bleibt die Notwendigkeit, den Arbeitsablauf im Laboratorium bei gefrästen Kronen, die metallkeramisch verkleidet werden, genau festzulegen: In einem Spezialhartwachs werden die als Anker vorgesehenen Geschiebe in das Wachs eingelassen. Die Eigenart dieses Wachses besteht in seiner Härte, die es fräsbar macht. Die in Abb. 7.3 dargestellten Kronenblöcke wurden auf diese Weise auf der palatinalen Seite vorbereitet und gegossen. Daraufhin folgte das Ausarbeiten der Kronenblöcke und die Verfeinerung der Fräsungen. Nun erst wird die keramische Verkleidung durch Aufbrennen der entsprechenden Massen (in diesem Falle Vita 68) nach den üblichen Regeln vorgenommen. Beim Oxidglühen, also dem ersten Arbeitsgang der keramischen Verkleidung, bildet sich natürlich auch auf den gefrästen Abschnitten, die nicht verkleidet werden sollen, eine Oxidschicht, die nach Abschluß der keramischen Arbeiten mit einem für die Glanzpolitur vorgesehenen Schleifkörper zu entfernen ist.

Nach Fertigstellung der Kronenblöcke 13, 12, 11 und 23, 24 inklusive der keramischen Verarbeitung (Abb. 7.3) beginnt die Herstellung des Modellgußgerüstes, dessen Guß, Ausarbeitung und Politur sowie die Verkleidung mit Basiskunststoff und künstlichen Zähnen (Abb. 7.5). Der Halt des partiellen Zahnersatzes ist durch Friktion der gefrästen Anteile der Kronen und durch zwei Präzisionsgeschiebe bei 13 und 24 (in Abb. 7.5 sind die aktivierbaren Patrizen erkennbar) gegeben. Die Skizze (Abb. 7.4) stellt die Gestaltung einer gefrästen Krone im Schnitt dar. Es soll gezeigt werden, daß die Unterbringung aller notwendigen Anteile einer gefrästen und verkleideten Krone das Volumen der Krone nicht zu vergrößern braucht. Besonders der Schienenteil muß nicht so stark gewölbt sein, weil die Versteifung von Zahn zu Zahn wesentlich zur Stabilisierung des herausnehmbaren Zahnersatzes beiträgt. Häufig kann man zu dick ausgeformte Modellgußabschnitte sehen. Die Qualität der heute verwendeten Gußmaterialien sowohl in Edelmetall als auch in Chrom-Kobalt-Molybdän sowie Chrom-Nickel-Legierungen wird nicht selten zu wenig berücksichtigt. Da die Elastizität der Modellgußgerüste groß ist, können sie durchaus grazil gestaltet werden.

Über Fräsungen und Geschiebe verankerte Modellgußprothesen (Abb. 7.5) sind anfänglich meist schwer einzusetzen und herauszunehmen, da die Friktion zu groß ist. Auch muß der Patient erst erfahren, daß der Zahnersatz nur zu entfernen ist, wenn er völlig parallel abgenommen wird. Es gelten die im 5. Behandlungsfall geschilderten klinischen und persönlichen Hinweise für den Patienten.

Gelegentlich ist es erforderlich, die hohe Friktion des herausnehmbaren Prothesenteiles »zu entschärfen«. Das geschieht gezielt mit dem Degussit-Stein. Bereits nach mehrmaligem Einsetzen und Herausnehmen sind die Stellen starker Reibung von Metall auf Metall, also die der Friktion zu erkennen. Eine wichtige parodontalprophylaktische Maßnahme ist es, eine zu hohe Friktion herabzusetzen. Beim Herausnehmen eines zu fest sitzenden Zahnersatzes werden die Pfeilerzähne auf Zug, also unphysiologisch – wie bei Extraktionen – belastet.

Es sei abschließend bemerkt, daß alle Patienten, die einen wie in den Abb. 7.1 bis 7.5 dargestellten Zahnersatz mit gefräster Verankerung des herausnehmbaren Teiles tragen, übereinstimmend den festen Sitz und die hohe Belastungsmöglichkeit beim Kauen zu schätzen wissen und hervorheben. Sofern nur wenige gefräste Anker vorhanden sind, läßt die Friktion während des Gebrauches bald nach, was der Patient jedoch nicht als unangenehm empfindet, da die Inkorporation des Zahnersatzes in der Regel vollständig erfolgte.

7. Kombinierter Zahnersatz mit metallkeramisch verkleideten Anteilen

Abb. 7.1 Frontzahnbereich 13 bis 23 eines kombinierten Zahnersatzes, bestehend aus zwei keramisch verkleideten Kronenblöcken 13, 12, 11 und 23, 24 sowie einer herausnehmbaren partiellen Prothese, von der hier die keramischen Zähne 21 und 22 in einem Kunststoffsattel zu sehen sind

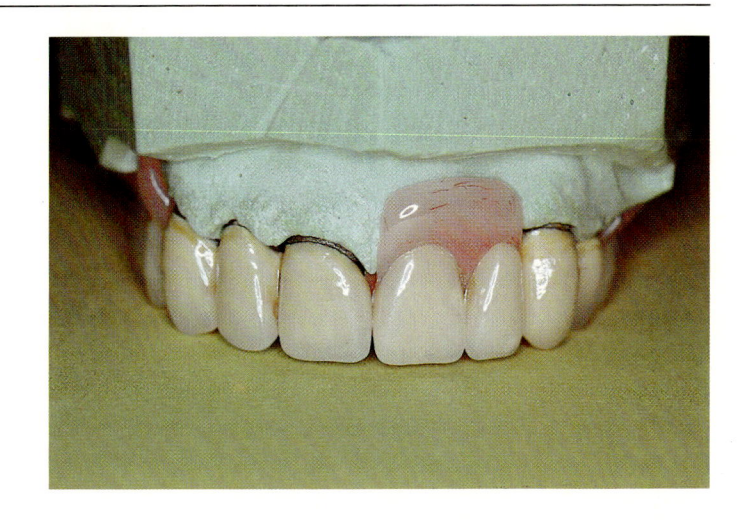

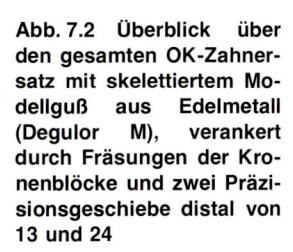

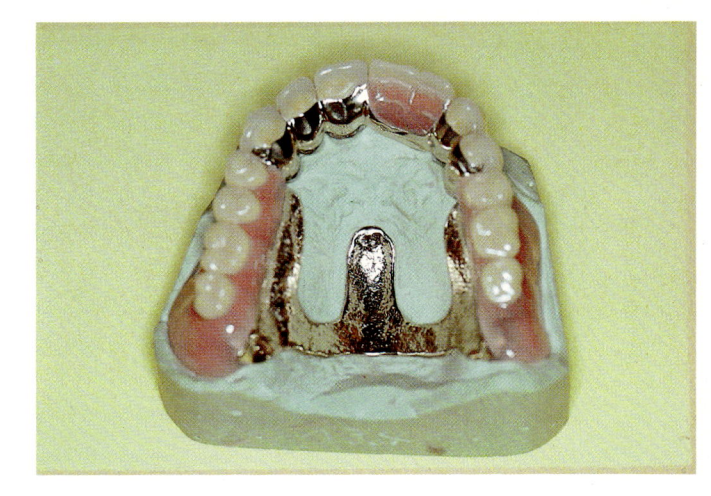

Abb. 7.2 Überblick über den gesamten OK-Zahnersatz mit skelettiertem Modellguß aus Edelmetall (Degulor M), verankert durch Fräsungen der Kronenblöcke und zwei Präzisionsgeschiebe distal von 13 und 24

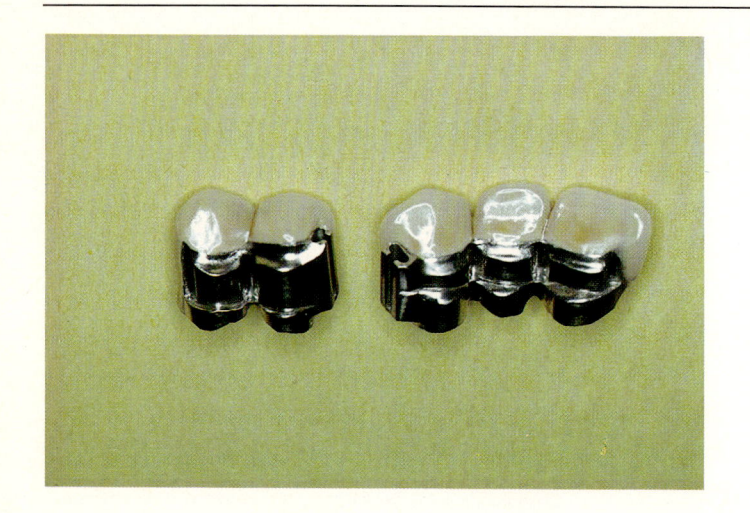

Abb. 7.3 Die metallkeramisch verkleideten Kronenblöcke in der Ansicht von palatinal nach Abschluß des keramischen Arbeitsganges und Politur der gefrästen Abschnitte der Kronen

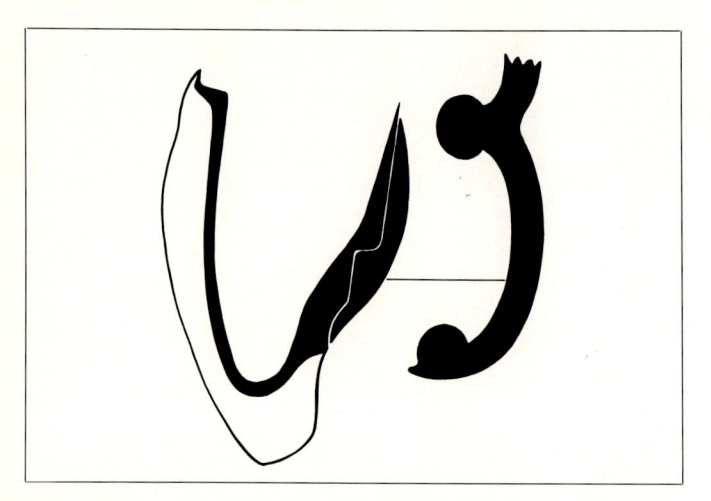

Abb. 7.4 Darstellung des Aufbaues einer teilteleskopierenden, metallkeramischen Krone. Keramische Massen: Vita 68, Kronengerüst: Degudent Universal, Schienenteil: Degulor M

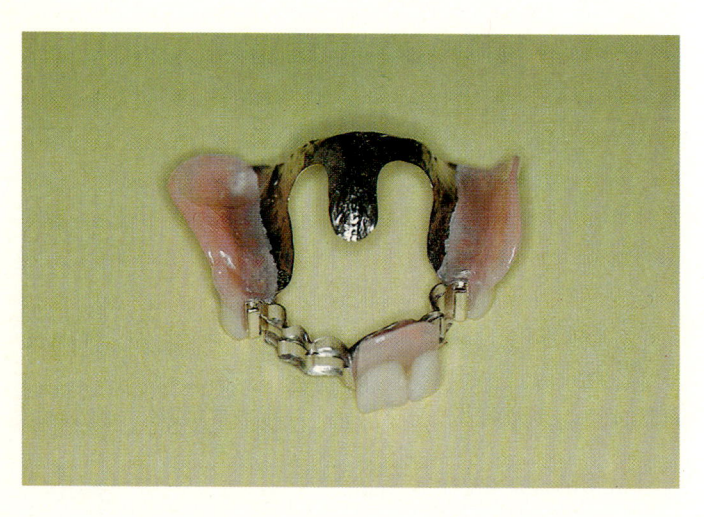

Abb. 7.5 Ansicht des herausnehmbaren Teils dieser kombinierten OK-Versorgung mit neun künstlichen Zähnen: Gefräste Schienenteile sind von innen zu erkennen sowie die zwei Patrizen der Präzisionsgeschiebe

11. Schrifttumsverzeichnis

11.1. Deutschsprachiges Schrifttum

1. *Baran, G. R.:* Veränderungen der metallischen Phasen an der Grenze Metall–Keramik bei Aufbrennlegierungen aus Nichtedelmetall. Dtsch. zahnärztl. Z. (im Druck)
2. *Beeck, K. H.:* Erfahrungen mit metallkeramischen Kronen und Brücken mit einem Überblick über die Entwicklung. Dtsch. Zahnärztebl. 23, 418 (1969)
3. *Breustedt, A.:* Fortschritte und Entwicklungstendenzen in der Stomatologie als Folge verbesserter Materialien – Teil II: Dentalkeramik. Dtsch. Stomat. 20, 214 (1970)
4. *Breustedt, A.:* Zahnärztliche Keramik. VEB Verlag Volk und Gesundheit, Berlin, 1965
5. *Brill, E.:* Leitfaden der zahnärztlichen Keramik. Berlinische Verlagsanstalt, Berlin, 1925
6. *Donaghy, L. F.:* Optimierung eines Metall-Porzellan-Systems für Applikationen. dental labor 24, 1072 (1976)
7. *Eichner, K.:* Kunststoff oder Porzellan? Dtsch. Zahnärztekal. 26, 76 (1967)
8. *Eichner, K.:* Über die Bindung von keramischen Massen und Edelmetallegierungen – Theorien und optische sowie elektronenmikroskopische Untersuchungen. Dtsch. zahnärztl. Z. 23, 373 (1968)
9. *Eichner, K.:* Beitrag zum Brückenzahnersatz nach dem metallkeramischen Verfahren – Klinische und werkstoffkundliche Ergebnisse. Dtsch. Zahnärztekal. 28, 89 (1969)
10. *Eichner, K.; Szantho von Radnoth, M.; Riedel, H.; Vahl, J.:* Mikromorphologische Untersuchungen der Gold-Keramikverbindungen verschiedener Systeme. Dtsch. zahnärztl. Z. 25, 274 (1970)
11. *Eichner, K.* und *Szantho von Radnoth, M.:* Metallkeramik, Kapitel 17, S. 275 in: Eichner, K.: Zahnärztliche Werkstoffe und ihre Verarbeitung. 3. Aufl. Dr. A. Hüthig Verlag, Heidelberg, 1974
12. *Eichner, K.:* Derzeitiger Stand der Metallkeramik aus werkstoffkundlicher Sicht (unter besonderer Berücksichtigung der Edelmetall- und Nichtedelmetall-Legierungen. Zahnärztl. Mitt. 67, 1181 (1977)
13. *Eichner, K.:* Grundsätzliche Ausführungen und Untersuchungen der Bindung von keramischen Massen auf Edelmetall-Legierungen. dental labor 25, 1641 (1977)
14. *Eichner, K.:* Untersuchungen der Bindung von neuen keramischen Massen auf neuen Edelmetall-Legierungen. Dtsch. zahnärztl. Z. 32, 955 (1977)
15. *Eichner, K.:* Prothetische Versorgung in 14 Beispielen – Leitfaden 4 der Vita-VMK/Degudent-Technik. Vita/Degussa 1968, 1970, 1972
16. *Eichner, K.* und andere: Eine mikromorphologische Dokumentation über die Verbindungszonen der Vita-VMK/Degudent-Systeme. Vita/Degussa 1971
17. *Feichlinger, Ch.; Gausch, K.; Kulmer, S.:* Über das Randschlußverhalten bei der Fertigung von Metallkeramikkronen. Ost. Z. Stomat. 70, 430 (1973)
18. *Freyberger, P.:* Fehlermöglichkeiten in der Metallkeramik. Zahnärztl. Welt/Reform 78, 1082 (1969)
19. *Gaycken, H.-K.:* Untersuchungen einer Chrom-Kobalt-Legierung und der aufbrennbaren keramischen Massen mit besonderer Berücksichtigung der Härte, Haftfestigkeit und Verarbeitungstechnik der Werkstoffe. Med. Diss. Hamburg (1971)
20. *Haag, D.:* Nachuntersuchung festsitzenden Frontzahnersatzes unter besonderer Berücksichtigung des Einflusses von Verblendwerkstoffen auf die marginale Gingiva. Med. Diss. FU Berlin, 1978
21. *Habeck, D.:* Abrieb und Härte an metallkeramischem Kronen- und Brückenzahnersatz. Med. Diss. FU Berlin 1971

22. *Häupl, K.; Reichborn-Kjennerud, I.; Fehr, C. U.:* Zahnärztliche Kronen- und Brückenarbeiten. 2. Auflage. Verlag H. Meusser, Leipzig, 1938
23. *Heners, M.:* Theoretische Grundlagen der Anwendung von Metallkeramik im Zahn-, Mund- und Kieferbereich. Zahnärztl. Praxis *28*, 26 (1977)
24. *Henning, G.:* Die Metall/Keramik-Bindung. dental labor *24*, 1065 (1976)
25. *Herrmann, H. W.:* Aufbrennkeramik: Edelmetall- oder Nichtedelmetall-Gerüste. dental labor *24*, 1205 (1976)
26. *Hofmann, M.* und *Güller, R.:* Untersuchungen über den Einfluß der Schulterform auf die Bruchfestigkeit von Mineralkronen. Dtsch. zahnärztl. Z. *24*, 778 (1969)
27. *Ilg, V. K.:* Zahnärztliche Keramik. C. Hanser Verlag, München (1949)
28. *Jantzen, J.:* Festsitzender Zahnersatz mit individuellen und fabrikmäßig hergestellten Porzellanzähnen (Prisma-Verblend-Porzellan). Zahnärztl. Rdsch. *69*, 370 (1960)
29. *Kerschbaum, Th.* und *Voß, R.:* Guß- und metallkeramische Verblendkronen im Vergleich – Ergebnisse einer Nachuntersuchung bei Teilprothesenträgern. Dtsch. zahnärztl. Z. *32*, 200 (1977)
30. *Kerschbaum, Th.:* Metallkeramische Verblendkronen nach mehrjähriger klinischer Bewährung. Zahnärztl. Mitt. *67*, 1195 (1977)
31. *Kirsten, U.:* Die Jacketkrone. Verlag Meusser, Leipzig, 1929
32. *Klaunick, J.:* Füllungen nach dem Metallkeramikverfahren. Dtsch. zahnärztl. Z. *23*, 1467 (1968)
33. *Kobes, L.:* Die Lösung prothetischer Fälle mit der Wiron-Aufbrennkeramik. dental labor *19*, 29 (1971)
34. *Lenz, P.:* Rasterlektronenmikroskopische Untersuchungen an Grenzflächen von metallkeramischen Systemen. Dtsch. zahnärztl. Z. *30*, 121 (1975)
35. *Lenz, P.* und *Krekeler, G.:* Zur Präparationsgestaltung bei VMK-Kronen. Dtsch. zahnärztl. Z. *31*, 951 (1976)
36. *Leu, M.:* Praktische Aspekte der Metallkeramik. Schweiz. Mschr. Zahnheilk. *78*, 1 (1968)
37. *Marxkors, R.:* Der Kronenersatz in: Praxis der Zahnheilkunde, Band III C 4. Urban & Schwarzenberg, München, Berlin, Wien 1969
38. *Mathé, D. von:* Über die Hejcmann'sche Emailkrone. Dtsch. zahnärztl. Wschr. *36*, 1093 (1933)
39. *Meyer, E.:* Die Basisgestaltung des Brückenkörpers. Zahnärztl. Welt/Reform *86*, 285 (1977)
40. *Meyer, J. M.* und *Nally, I. N.:* Manuskripte der Vorträge auf der Tagung der CED der IADR 1974 und 1976
41. *Mitsch, R.:* Experimentelle Untersuchungen über die Scherfestigkeit der Verbindung zwischen Porzellan und Chrom-Nickel-Legierungen und die Auswirkung wiederholten Einschmelzens. Med. Diss. Mainz (1971)
42. *Moffa, J. P.:* Edelmetallfreie Legierungen in Verbindung mit aufgebrannten Prozellan-Verkleidungen. dental labor *21*, 611 (1973)
43. *Plischka, G.:* Probleme der Aufbrennkeramik auf Nichtedelmetallen. Öst. Z. Stomat. *70*, 387 (1973)
44. *Plischka, G.:* Gaslöslichkeit in Aufbrennlegierungen als Ursache von Mißerfolgen in der Metallkeramik. dental labor, *24*, 45 (1976)
45. *Pfannenstiel, H.:* Aufbrennlegierungen. dental labor *20*, 29 (1972)
46. *Püchner, J.:* Der Einfluß der Brenntemperatur auf die Haftfestigkeit von zahnärztlichen Metallkeramischen Verbindungen. Med. Diss. FU Berlin 1971
47. *Ritze, H.:* Untersuchungen einer Gold-Platin-Legierung und den dazu aufbrennbaren keramischen Massen unter besonderer Berücksichtigung der Härte, Haftfestigkeit und Homogenität der Werkstoffe. Dtsch. Zahn-, Mund- u. Kieferheilkunde *47*, 346 (1966)
48. *Ritze, H.:* Frontzahnersatz: Kunststoff oder Porzellan. Dtsch. zahnärztl. Z. *24*, 905 (1969)
49. *Ritze, H.:* Verblendkronen-Verblendbrücken-Kunststoff oder Porzellan. dental labor *17*, 701 (1969)
50. *Sauer, G.:* Untersuchungen über die Verblendung von Nichtedelmetall-Legierungen. Dtsch. zahnärztl. Z. *33*, 125 (1978)

51. *Schmitz, Kh.:* Dental-Keramik, Kap. 16, S. 245, in: Eichner, K. Zahnärztliche Werkstoffe und ihre Verarbeitung. 3. Auflage. Dr. A. Hüthig Verlag, Heidelberg, 1974
52. *Schmitz, Kh.* und *Schulmeyer, H.:* Bestimmung der Haftfestigkeit dentaler metallkeramischer Verbundsysteme. dental labor *23*, 1416 (1975)
53. *Steinberg, P. G.* und *Schmitz, Kh.:* Grundriß der Dental-Keramik. Verlag Neuer Merkur, München, 1967
54. *Stöhr, Gerd:* Nachuntersuchungen an Frontzahnkronen aus verschiedenen Werkstoffen. Med. Diss. FU Berlin, 1978
55. *Singer, F.:* Metallkeramik: Fehlerquellen und ihre Vermeidung. Zahnärztl. Welt *83*, 1081 (1974)
56. *Sperner, F.:* Toxikologie von Nichtedelmetall-Dental-Legierungen. dental labor *25*, 953 (1976)
57. *Sturm, W.:* Fragen zur Präparation bei der Vita-VMK/Degudent-Technik. Zahnärztl. Welt *65*, 18 (1964)
58. *Sturm, W.:* Die Indikationen der Vita-VMK/Degudent-Technik. Zahnärztl. Welt *65*, 142 (1964)
59. *Szantho von Radnoth, M.; Lautenschlager, E.:* Untersuchungen über die Morphologie der Grenzfläche zwischen Edelmetall-Legierungen und aufgebrannten keramischen Massen an Kronen. Dtsch. zahnärztl. Z. *24*, 1029 (1969)
60. *Szantho von Radnoth, M.:* Elektronenmikroskopische Untersuchungen über die Bildung von Oxidschichten an metallkeramischen Systemen. Dtsch. zahnärztl. Z. *25*, 259 (1970)
61. *Troester, P. M.:* Nachuntersuchungen von getragenen metallkeramischen Arbeiten und klinische sowie labortechnische Folgerungen. Dtsch. zahnärztl. Z. *32*, 959 (1977)
62. *Voss, R.:* Die Festigkeit metallkeramischer Kronen. Dtsch. zahnärztl. Z. *24*, 726 (1969)
63. *Voss, R.:* Möglichkeiten und Grenzen der Metallkeramik. Zahnärztl. Welt *79*, 139 (1970)
64. *Voss, R.:* Präparation der Pfeilerzähne, Kronen- und Zwischengliedformen für die Metallkeramik. Zahnärztl. Mitt. *67*, 1189 (1977)
65. *Voss, R.* und *Eichner, K.:* Orientierende Untersuchungen über die Festigkeit metallkeramischer Kronen aus neuen Werkstoffen. Dtsch. zahnärztl. Z. *33*, 456 (1978)
66. *Wagner, E.:* Die theoretischen Grundlagen der Vita-VMK/Degudent-Technik. Zahnärztl. Welt *66*, 343 (1965)
67. *Weber, K.:* Häufige Fehler in der Metallkeramik. dental labor *24*, 332 (1976)
68. *Weissmann, H.:* Die Aufbrennkeramik. Zahnärztl. Welt/Reform *82*, 669; 803; 1119 (1973)
69. Deutsche Patentschrift Nr. 1 533 233 (1970) Degudent Universal. Offenlegungsschrift 24 40 425 (4. 3. 76) Degucast. Offenlegungsschrift 24 24 575 (4. 12. 75) Degudent G

11.2. Fremdsprachiges Schrifttum

1. *Anthony, D. H.; Burnett, A. P.* und *Smith, D. L.:* Shear Test for Measuring bonding in Cast Gold Alloy-Porcelain Composites. J. Dent. Res. *49*, 27–33 (1970)
2. *Bauer, R. W.* und *Eden, G. T.:* Survey on the use of casting alloys in commercial Dental Laboratories. Mitteilung des NBS, Washington
3. *Berger, Ch. C.:* Control of color of crowns for pulpless anterior teeth. J. prosth. dent. *19*, 58 (1968)
4. *Brecker, S. C.:* Porcelain baked to Gold – a new medium in Prosthodontics. J. Prosth. Dent. *6*, 801 (1956)
5. *Craig, R. G.; El-Ebrashi, M. K.; Peyton, F. A.:* Stress Distribution in Porcelain-Fused-to-Gold. Crowns and Preparations constructed with Photoelastic Plastics. J. dent. Res. *50*, 1278 (1971)
6. *Craig, R. G.; El-Ebrashi, M. K.* und *Farah, J. W.:* Stress Distribution in Photoelastic models

of transverse Sections of Porcelain-fused-to gold Crowns and preparations. J. Dent. Res. *52*, 1060 (1973)

7. *Dunn, B.* und *Rersbick, M. H.:* Adherence of Ceramic Coatings on Chromium-Cobalt Structures. J. Dent. Res. *55*, 328 (1976)

8. *Dupont, P.:* Large ceramo-metallic Restorations. Inter. Dent. J. *18*, 287 (1968)

9. *Eichner, K.* und *Szantho von Radnoth, M.:* The Gold-porcelain interface: a comparison of studies untertaken, using the electron and scanning electron microscope. I. Quintessenz intern. *1*, June (1971). II. Quintessenz intern. *1*, Juli (1971)

10. *Eichner, K.:* The Gold-Porcelain Interface Kap. 11, S. 319; In: Scientific Aspects of Dental Materials. Herausgegeben von J. A. von Fraunhofer. Butterworth, London 1975

11. *Farah, J. W.* und *Craig, R. G.:* Distribution of Stresses in Porcelain-fused-to-metal and Porcelain Jacket Crowns. J. Dent. Res. *54*, 255 (1975)

12. *Goeller, I.; Meyer, J. M.* und *Nally, J. N.:* Comparative study of three coating agents and their influence on bond strength of porcelain-fused-to-gold alloys. J. Prosth. Dent. *28*, 504 (1972)

13. Guide to Dental Materials and Devices 4th Edition 1968/69, Page 30. American Dental Association

14. *Herzberg, Th. W.; Gettleman, L.; Webber, R. L., Moffa, J. P.:* Effect of metal surface treatment on the masking power of opaque porcelain. J. Dent. Res. *51*, 468 (1972)

15. *Hobo, S.; Shillingburg, H. T.:* Porcelain-fused-to-metal: Tooth preparation and coping design. J. Prosth. Dent. *30*, 28 (1973)

16. *Hoffmann, E. J.:* How to utilize porcelain fused to gold as a crown and bridge material. Dent. Clin. N. A. 1965, Pg. 57.

17. *Huget, E. F.; Driredi, N.; Cosner, H. E.:* Characterization of gold-palladium-silver and palladium-silver for ceramic-metal restorations. J. Prosth. Dent. *36*, 58 (1976)

18. *Huget, E. F.; Drivedi, N.* und *Cosnar, H. E. jr.:* Properties of two nickel-chromium crown- and-bridge alloys for porcelain veneering. J. Am. Dent. Ass. *94*, 87 (1977)

19. *Jeffrey, T. J.:* Construction of Combination Porcelain to Gold and Porcelain Jacket. NACDL Journ. 1969, Pg. 17

20. *Jendresen, M. D.:* Non-Precious Metals and the Ceramo-Metal Restoration. Jour. Indiana Dent. Ass. *54*, 6 (1975)

21. *Johnston, J. F.; Dykema, R. W.* und *Cunningham, D. M.:* The use and construction of gold crowns with a fused porcelain veneer – a progress report. J. Prosth. Dent. *6*, 811 (1956)

22. *Jones, D. W.; Jones, P. A.* und *Wilson, H. J.:* The modulus of elasticity of dental ceramics. Dent. pract. 22, 170 (1972)

23. *Jones, D. W.:* Statistical parameters for the strength of dental porcelain. Dent. pract. *22*, 55 (1971)

24. *Kelly, M.* und *Asgar, K.:* Tensile Strength Determination of the Interface between Porcelain fused to gold. J. Biomed. Mater. Res. *3*, 403 (1969)

25. *King, B.; Tripp, H.; Duckworth, W.:* Nature of Adherence of Porcelain Enamels to Metals. J. Amer. Ceram. Coc. *42*, 504 (1959)

26. *Knap, F. J.* und *Ryge, G.:* Study of Bond strength of dental Porcelain fused to metal. J. Dent. Res. *45*, 1047 (1966)

27. *Koseyan, G. K., Biswas, Ch. P.:* A Study of ceramic-metal restoration process. J. Prosth. Dent. *36*, 694 (1976)

28. *Larine, M. H.* und *Custer, F.:* Variables Affecting the strength of Bond between Porcelain and Gold. J. Dent. Res. *45*, 32 (1966)

29. *Lautenschlager, E. P.; Greener, E. H.; Elkington, W. E.:* Microprobe Analyses of Gold-Porcellain Bonding. J. dent. Res. *48*, 1206 (1969)

30. *Leinfelder, K.; Servais, W.:* Platinum-Free, High-Fusing Gold Alloys for Enamel Veneering. J. dent. Res. *49*, 884 (1970)

31. *Leone, E. F.* und *Fairhurst, C. W.:* Bond strength and mechanical properties of dental porcelain enamels. J. Prosth. Dent. *18*, 155 (1967)

32. *Luborich, R. P.* und *Goodkind, R. J.:* Bond strength studies of precious, semiprecious and

nonprecious ceramic-metal alloys with two porcelains. J. Prosth. Dent. *37*, 288 (1977)

33. *McLean, J. W.:* The Science and Art of Dental Ceramics. Monographs I, II, III, IV. Louisiana State University, USA, 1976

34. *McLean, J. W.:* The Ceramo-Metallic Bond Kapitel 10, S. 307; in: Scientific Aspects of Dental Materials. Herausgegeben von J. A. von Fraunhofer. Butterworth, London, 1975

35. *McPhee, E. E.:* Hot-pressed porcelain process for porcelain-fused-to metal restoration. J. Prosth. Dent. *33*, 577 (1975)

36. *Meyer, J.:* Contribution à l'Etude de la Liaison Céramométallique des Porcelaines cuites sur Alliages en Prothèse Dentaire. Thèse No. 1535, Geneve 1971

37. *Miller, L. L.:* Framework Design in Ceramo-Metal Restoration. Dent. Clinics North Amer. 21, 699, 1977

38. *Mintz, V. W.; Caputo, A. A.; Belting, Chr. M.:* Inherent structural defects of porcelain-fused-to-gold restorations: A preliminary report. J. Prosth. Dent. *32*, 544 (1974)

39. *Moffa, J. P.; Guckes, A. D.; Okawa, M. T.; Lilly, G. E.:* An evaluation of nonprecious alloys for use with porcelain veneers. Part II. Industrial safety and biocompatibility. J. Prosth. Dent. *30*, 432 (1973)

40. *Moffa, J. P.; Lugassy, A. A.; Guckes, A. D.; Gattleman, L.:* An evaluation of nonprecious alloys for use with porcelain veneers. Part I. Physical properties. J. Prosth. Dent. *30*, 424 (1973)

41. *Nally, J. N.; Monnier, D.; Meyer, J.-M.:* Distribution topographique de certains éléments de l'alliage et de la porcelaine au niveau de la liaison céramo-métallique. Schw. Mschr. Zahnheilkd. *78*, 868 (1968)

42. *Nally, J.; Farah, J.; Craig, R.:* Experimental stress analysis of dental restorations. Part IX. Two-dimensional photoelastic stress analysis of porcelain bonded to gold crowns. J. prosth. Dent. *25*, 307 (1971)

43. *Nally, J. N.:* Chemico-physical analysis and mechanical tests of the ceramo-metallic complex. Inter. Dent. J. *18*, 309 (1968)

44. *Nally, J.-N.; Berta, J.-J.:* Recherches expérimentales sur les propriétés mécaniques des céramiques cuites sur alliages. Schw. Mschr. Zahnheilkd. *75*, 93 (1965)

45. *Nielsen, J. P.* und *Tuccilo, J. J.:* Calculation of interfacial stress in dental porcelain bonded to gold alloy substrale. J. Dent. Res. *51*, 1043 (1972)

46. *Nishiyama, Y.; Wakai, H.* und *Nogucki, H.:* Various factors affecting the bonding strength of porcelain fused to gold alloys. Bult. Tokyo Dent. Coll. *12*, 99 (1971)

47. *O'Brien, W.; Kring, J.; Ryge, G.:* Heat Treatment of Alloys to be used for the fused Porcellain Technique. J. prosth. Dent. *14*, 955 (1964)

48. *O'Brien, W.; Ryge, G.:* Relation between Molecular Force Calculations and Oberserved Strength of Enamel-Metal Interfaces. J. Amer. Ceram. Soc. *47*, 5 (1964)

49. *Pietrovski, J.* und *Massler, M.:* Alveolar ridge resorption following tooth extraction. J. Prosth. Dent. *17*, 21 (1967)

50. *Ryge, G.:* Current American research on Porcelain-fused-to-metal restorations. Inter. Dent. J. *15*, 385 (1965)

51. *Shell, J. S.; Nielsen, J. P.:* Study of the bond between gold alloys and porcelain. J. dent. Res. *41*, 1424 (1962)

52. *Shillingburg, H. T.; Hobo, S.; Fisher, D. W.:* Preparation design and margin distortion in porcelain-fused-to-metal restorations. J. Prosth. Dent. *29*, 276 (1973)

53. *Silver, M.; Klein, G.; Howard, M. C.:* Platinum-Porcelain Restorations. J. Prosth. Dent. *6*, 695 (1956)

54. *Smith, B. B.:* Considerations in the current use of porcelain to gold. Inter. Dent. J. *18*, 280 (1968)

55. *Smith, D.; Burnett, A.; Brooks, M.; Anthony, D.:* Iron-Platinum Hardening in Casting Golds for Use with Porcelain. J. dent. Res. *49*, 283 (1970)

56. *Stein, R. S.:* A Dentist and a dental Technologist – Analyze Current Ceramo-Metal Procedures. Dent. Clinics North Amer. 21, 729 (1977)

57. *Stein, R. S.:* Symposium on Ceramics. Dent. Clinics, North Amer. *21*, 659 (1977)

58. *Straussberg, G.; Katz, G.* und *Kuwata, M.:* Design of gold supporting structures for fused porcelain restorations. J. Prosth. Dent. *16*, 928 (1966)

59. *Szantho von Radnoth, M.; Lautenschlager, E. P.:* Metal Surface Changes during Porcelain Firing. J. dent. Res. *48*, 321 (1969)

60. *Tuccillo, J. J.* und *Nielsen, J. P.:* Shear Stress Measurements at a Dental Porcelain-Gold bond Interface. J. Dent. Res. *51*, 626 (1972)

61. *Tunick, G.:* Porcelain and Gold – Problems and Answers. CDT Digest *4*, 2 (1973)

62. *Vickery, R. C.; Badinelli, L. A.:* Nature of Attachment Forces in Porcelain-Gold Systems. J. Dent. Res. *47*, 683 (1968)

63. *Vincent, P. F.; Stevens, L.; Basford, K. E.:* A comparison of the casting ability of precious and nonprecious alloys for porcelain veneering. J. Prosth. Dent. *37*, 527 (1977)

64. *Warpeha, jr. W. S.* und *Goodkind, R. J.:* Design and technique variables affecting fracture resistance of metal-ceramic restorations. J. Prosth. Dent. *35*, 291 (1976)

65. *Weinberg, L. A.:* A new design for porcelain-fused-to-metal prostheses. J. Prosth. Dent. *17*, 178 (1967)

66. *Weinberg, L. A.:* New design for anterior unit-built porcelain prostheses. J. Prosth. Dent. *21*, 61 (1969)

67. *Wight, Th. A.; Bauman, J. C.; Pelleu, jr. G. B.:* An evaluation of four variables affecting the bond strength of porcelain to nonprecious alloy. J. Prosth. Dent. *37*, 570 (1977)

68. *Yli-Urpo, A.:* Investigation of a Dental Gold Alloy and its Ceramic Bonding. Acta odont. scand. (1975) (Sonderdruck)

12. Sachverzeichnis

Abdeckung, opake 99
Abdrucklöffel 74 ff.
Abformung 72 ff.
Abformung, Fehlerquellen 75 f.
–, Vorbehandlung 73 f.
–, Ziele 73
Abformwerkstoffe, Dimensionsverhalten 77
Abplatzen der Keramik 81, 107 f., 109, 111, 115, 117
Abrasion 110, 164
Abriebtest 62
Abschertest 61
Absprengungen der Keramik 81, 107 f., 109, 111, 115, 117
Ästhetik 18 f., 68 f., 72, 97 ff., 121
Anfertigung metallkeram. Arbeiten 65 ff.
Anforderungen, funktionelle 20
Anhänger mit MK-Verkleidung 105
Anmischen 100
Artikulation 101, 110
Aufbrennen, Kontraktion 116 f.
Aufwachstechnik 121
Ausdehnung, thermische 18, 34 ff.
Außenteleskope 104 f., 185

Behandlung, klinische 67 ff.
Behandlungsabläufe 123 ff.
Belastungstests 54 ff.
Benetzbarkeit 18, 35
Beryllium-Allergien 29
Biegefestigkeit 21
Bindung 21, 27, 31 ff., 54 ff., 113
Blasenbildung 30, 46, 48, 113 f., 117
Blendgolde 27, 54 f., 99
Bonding agents 27, 33
Brennen, wiederholtes 65, 102, 106 f., 150, 167 f., 192
Brenntemperatur 56
Bruchbelastung 58 f., 92
Brücken, Durchspülbarkeit 95
–, Entfernen 120
–, größere 22, 105 f., 151, 192 ff.
–, provisorische 149, 165, 167
Brückenanfertigung 90 ff.
–, Kauflächengestaltung 93

–, Stabilität 92
Brückenzwischenglieder, Gestaltung 91, 94 ff., 112, 117

Deckgolde 27, 33, 54 f., 99
Degasing 46, 48
Diamantschleifer 112, 115
Diskrepanz, zervikale 100
Doppelabformverfahren 73 f., 123
Druck- u. Gewaltanwendung 66, 109, 132, 151, 186, 193
Druckbelastung 54 ff.
Druckspannungen 36, 58

Effekte, optische 97 ff.
Eingliederung metallkeram. Arbeiten 65 ff.
–, Druckanwendung 66, 109
–, spannungsfreie 65
–, Verkanten 109
Einstückguß 22, 105
Einwachsen der Modellstümpfe 80
Einwirkungen, schlagartige b. Zementieren 101
Elastizitätsmodul 24
Elektronenstrahlmikroanalyse 48 ff.
Elementverteilung 50 ff.
EM-Keramik, Vorteile und Nachteile 14, 20 ff.
EM-Legierungen 27 f.
–, Bindung 32 f.
–, goldfarbene 27, 99
–, Indikation 104
–, Röntgenanalysen 48
–, Schmelzintervalle 18
–, Zusammensetzung 27
E-Moduli 24
Entfernen v. MK aus dem Munde 120
Epithelansatz 82
Ermüdungsbruch 22

Farbauswahl 98 f., 110, 129
Farbeffekte 97 ff.
Federrand 86 f., 102
Fehler d. Fremdverschulden 108, 109, 114
– d. Labor 111 ff.
– d. Zahnarzt 109 f.
Fehlerquellen i. d. MK 107 ff.

Feineinschleifen 99 ff., 102 f. 108, 110, 133, 151, 187
Feinkornzement 100, 133
Festigkeit, Kronen 56 ff.
–, Metalle 17, 23, 54
–, MK-Bindung 54 ff.
Fingerprobe 108
Finierer 115
Fluoreszenz 97 f.
Forderungen a. d. Metallkeramik 17 ff.
Formveränderungen d. Metalls 116
Frakturen d. Keramik 22, 103, 105, 107, 111, 114, 119
Froschaugen 30, 113 f.
Frühkontakte 64, 108, 110

Geschiebe 105, 186, 193, 198
Gewalt- u. Druckanwendung 66, 109, 132, 151, 186, 193
Gingiva, Belastung 20
–, Entzündung 81
–, Rückbildung 70
–, Verletzung 73 f.
–, Vorbehandlung 77
–, Zustand 81, 82 ff., 94 f., 130
Glasurschicht 66, 102 f., 133, 152
Grenzflächenuntersuchung 36 ff., 60
Grobeinschleifen 110
Grundlagen, werkstoffkundliche 27 ff.
Grundmassen 99

Härte, Metalle 17, 23
Haftung 17, 31 ff., 60 ff.
Heißextraktion 48
Höckergestaltung 106, 121
Hohlkehlpräparation 70, 115, 149

Indikation f. Metallkeramik 104 ff.
–, falsche 110
Inzisalkante, Gestaltung 88
Isolation 19, 23

Kälteleitfähigkeit 19, 21, 23
Kasuistik 123 ff.
Kauflächengestaltung 21
Keramik, Glasur 66, 102 f., 133, 152
Keramikfrakturen 22, 103, 105, 107, 111, 119
Keramikränder, spitz auslaufende 65
Keramikschicht, Korrekturen 107, 118
–, Schwachstellen 65
–, Stärke 65, 67, 111

Keramische Massen 17, 29 ff., 65, 67
–, Eigenschaften 30
–, Haftung 17, 31 ff.
–, Schichtstärke 65, 67
Klinische Behandlung 67 ff.
Knirschpatienten 105
Kombinierter Zahnersatz 184 ff., 197 ff.
Konkrementbildung 81, 83, 91
Kontraindikation f. Metallkeramik 104 ff., 187
Kontraktion d. Aufbrennen 116 f.
Kontrollmodell 80
Korrekturen d. keram. Schicht 117
Kronen, Entfernen 120
–, Festigkeit 56 ff.
–, Überdimensionierung 88 ff.
–, verlängerte 70
Kronenformen 85 ff.
Kronengestaltung 57, 80 ff., 88 ff.
–, Außenflächen 88
–, Fehlerquellen 81
– b. Jugendlichen 83
–, Kontaktpunkte 88
–, Metallgerüst 57
–, Randspalt 102
–, Stabilität 56 ff., 85 ff.
–, Stufenpräparation 69 ff., 85 f.
–, Überdimensionierung 88 ff.
Kronenrand, Aufbrennen von Keramik 86
Kronenrandgestaltung 80 ff., 109

Laborverarbeitung v. NEM-Legierungen 28 f.
Lichtdurchlässigkeit 97 f.
Lötung 112 f., 192

Makrostufen 81, 87
Marginale Gingiva 20, 70, 73 f., 77, 81, 82 ff., 95, 130
Mechanische Untersuchungen 54 ff.
Metalle, Festigkeit 17, 23
–, Härte 17, 23
Metallkeramik, Abriebtest 62
Metallkeramik, Anfertigung u. Eingliederung 65 ff.
–, Druckanwendung 66
–, Entfernen a. d. Munde 120
–, Indikation 104 ff.
–, Kontraindikation 104 ff.
–, Oberflächengestaltung 54 ff.
–, Schwierigkeiten b. Anfertigung und Eingliederung 120
–, thermisches Verhalten 35 f.

Mikromorphologie d. Grenzflächen 36 ff.
Modellanfertigung 70, 72 ff., 77 ff., 80, 95, 129
–, Fehlerquellen 77 ff.
–, Radieren 95, 129, 165 f.
–, Sägeschnitte 77, 80, 95, 151
Modellstümpfe, Einwachsen 80, 95
Mundbeständigkeit 19, 20
Muschelförmige Aussprünge 81, 109, 111, 115

NEM-Keramik, Indikation 106
–, Schwierigkeiten 25
–, Vorteile u. Nachteile 22 ff.
NEM-Legierungen, Bindung 33 f.
–, Härte 23
–, Laborverarbeitung 28 f.
–, Röntgenanalyse 48 f.
–, Schmelzintervalle 18, 23
–, Temperaturleitfähigkeit 23
–, Verarbeitung 15, 24
–, Zusammensetzung 28
Nickel-Allergien 25
Nischenbildung, Vermeidung 94 f.

Oberflächengestaltung, Metallkeramik 54 ff.
Ofenlötung 112 f.
Okklusion 76, 101, 105, 110, 131, 150, 164, 186
Okklusionserhöhung 101, 164
Opazität 98 f.
Optische Effekte 97 ff.
Oxidbildner 32
Oxidbildung 24 f., 27, 99, 113

Papillenbeeinträchtigung 80, 95, 130 f., 152
Paßgenauigkeit 24, 116, 151, 192
Pfeilerzahn, Präparation 109, 149, 165
Physikal. Eigenschaften 18
Plaquebildung 91, 108, 167, 197
Präparation 67 ff., 116, 123 f., 129 ff.
– b. Gingivarückbildung 70
–, konische 69
– d. Pfeilerzahnes 109
–, Stufenpräparation 69 ff., 85 f., 102
–, ungenaue 109
– b. verlängerter Krone 70
–, Wärmeentwicklung 68
–, Zahnhartsubstanz 21, 71 f.
Präparationsform u. Zementfilmdicke 100
Präparationsgrenze 67, 69 f., 73, 82, 109, 116
Präparationsinstrumente 115
Präparationsziel 68 f.
Präzisionsgeschiebe 105, 186, 193, 198

Probetragen 118, 151, 168
Pulpaschädigungen 68, 70

Radierungen a. Modell 95, 129, 165 f.
Randschluß 86, 133
Randspalt 102
Regeln f. d. Anwendung v. Metallkeramik 65 ff.
Reparaturmöglichkeiten 22, 107, 117, 119
Rillenschleifer 71 f.
Ritzhärte 62 f., 66

Sägeschnitte 77, 80, 95, 151
Sammelabformung 76 f., 80, 130 ff. 150, 165
Schichtstärke d. Keramik 65, 67, 111
Schleimhautbelastung 19
Schliff-Facetten 103
Schmelz-Zementgrenze 82, 83
Schmelzintervalle 18, 35, 192
Schmelzwulst 88
Schneidekantenfraktur 109, 114
Spätsprünge 107 f., 117, 119
Spannungen 35 f.
Spannungsfreie Eingliederung 65 f.
Spannungsoptische Untersuchungen 58 ff.
Spannweiten b. Brücken 105
Spargold-Legierungen 15, 28, 104
–, Schmelzintervalle 18
–, Zusammensetzung 28
Sprayanwendung 68, 123
Sprödigkeit 21
Sprünge i. d. keram. Schicht 105, 107 f., 111, 119
Stufenpräparation 69 ff., 85 f., 102, 109, 149
Sulkus 83
Suprakontakte 102, 108, 111, 133, 155

Taschenbildung 75, 81 f., 84
Temperaturleitfähigkeit 19, 21, 23
Thermische Ausdehnung 34 ff.

Überbrennen 65, 107
Überdimensionierung d. Kronen 88 ff.
Übertragungskappen 76 f., 80, 130 ff., 150

Ultraschall-Zahnsteinentfernung 108
Untersuchungen, mechanische 54 ff.
–, spannungsoptische 57 ff.
–, werkstoffkundliche 31 ff.

Verblendung, keramische 24
Verletzungen b. d. Präparation 68

Vorabformung 77

Wärmeentwicklung b. Präparation 68
Wärmeleitfähigkeit 19, 21, 23
Werkstoffkunde, Grundlagen 27 ff.
–, Untersuchungen 31 ff.

Zahnarzt, Zusammenarbeit m. Zahntechniker 19
Zahnersatz, kombinierter 184 ff., 197 ff.
Zahnfleischbluten 90
Zahnfleischentzündungen 83, 90, 152
Zahnfleischtaschen 75, 81 f., 84, 123, 133
Zahnfleischverletzungen 68
Zahnhartsubstanz, Präparation 21, 67, 84, 87
Zahnsteinentfernung, Ultraschall 108
Zahntechniker, Aufgaben 19 f.
Zemente, gekühlte 101
Zemententfernung 102
Zementieren 22, 99 ff., 110
–, Schlagwirkungen 101
Zementfilmstärke, unterschiedliche 100 f.
Zervikale Diskrepanz 100
Zugspannungen 36, 58
Zugfestigkeit 31 f., 54 ff.

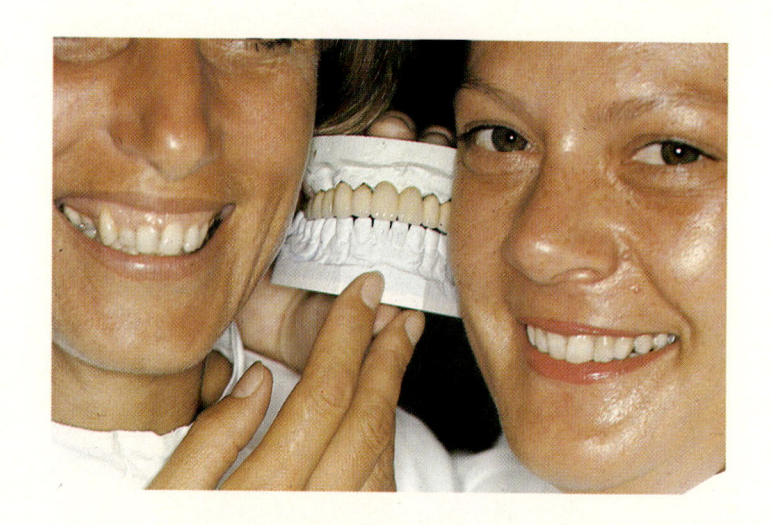

Freude an der Metallkeramik